ジョージ・ザイダン 著

藤崎百合 訳

化学同人

INGREDIENTS

THE STRANGE CHEMISTRY OF WHAT WE PUT IN US AND ON US

by George Zaidan

This edition published by arrangement with Dutton, an imprint of Penguin Publishing Group, a division of Penguin Random House LLC., through Tuttle-Mori Agency, Inc., Tokyo

母さん、父さん、そしてジュリア。
ごめんよ。

もくじ

第Ⅲ部 チートスを食べていいのか悪いのか

まえがき

ＭＩＴに入学したとき、まるでホグワーツみたいだと思った。魔法としか思えないようなことをする魔女や魔法使いばかりがいたのだから。なかでも最高の魔法は、たくさんのオタク仲間に囲まれた生活が突然始まったこと。まだフェイスブックも存在せず、オタクは無害でかわいらしいお利口さんだと思われていた時代のことだ。そして、気づけば僕もその一人だった。僕も魔法を使えたんだ。

僕にもグリフィンドール寮に入れるような勇気と無鉄砲さがあればと思う。だけど、僕は根っからのレイブンクロー寮生だった。もの静かで、変わり者で、揉め事には関わらない。友達から、「楽しいことにアレルギーがあるんじゃないの」なんて言われてたくらいだ。客観的に見れば、そのとおりだった。金曜日の夜はたいてい部屋にこもって勉強していたし、パーティーなんか一度も参加した記憶がないし、なんといっても自主的に化学を専攻したくらいなんだから。つまり、有機化学（親しみを込めて「orgo」とも呼ばれる）の講義を三回とったということだ。しかも、受講後は、有機化学の授業のティーチングアシスタントを務めさえした……二回もね。うーん、確かに、楽しいことに対して重度のアレルギーがあったとしか思えないな。

基礎有機化学で何が一番面白いかというと、分子の組み立てを学べることだ。実験室ではなくて、紙の上でだけどね。原材料となるいくつかの分子と、組み立てるべきターゲット分子が示される。こんな感じだ。

原材料（ベンゼン、ホルムアルデヒド）
ターゲット分子（ジフェニルメタノール）

求められているのは、原材料からターゲット分子に至るまでの道筋を示すことだ。この問題なら、回答の一つは、臭化鉄、臭素、マグネシウム、テトラヒドロフラン、クロロクロム酸ピリジニウムが登場する五段階のプロセスになるだろう。

魔法とは真逆じゃないかって？ 実際のところ、こういったことを学ぶのは、特殊な料理教室に通うのと似ているかもしれない。それも、新たな料理を創作したり、包丁を自作したり、これまでにない調理技術を発明する方法を学べるような料理教室だ。包丁の持ち方とかレシピどおりのつくり方だけじゃなくてね。基礎有機化学は、筋道が通る程度に体系化されていて、しかも、創造性を発揮できるような自由度もある学問なんだ。

次に、僕は上級有機化学を受講した。

ある日の講義で、教授がダイエットコーラ片手に教室にやってきた。教授は頭をのけぞらせながらごくごく飲んで、まるでコマーシャルを撮影しているみたいに「ぷはあああ」と大きく息を吐いて「ダイエットコーラ、これぞ命の妙薬！」と宣言した。珍しいことではない。この教授の授業は、半分くらいはこんな感じで始まるのだ。（変わり者であると同時に、素晴らしい教師だった。）はっきり覚えているけれど、教授はその宣言をしてから黒板にこんな化学反応式を書いて、反応の生成物を予想してみるよう学生たちに言った。

SOME CHEMICAL + SOME OTHER CHEMICAL → ?
（ある化学物質）（別の化学物質）

僕はそれまでそんな反応式は見たことがなかったし、周りの学生の表情から察するに、彼らも初めてのようだった。誰も答えずにいると、教授は式の最後に四文字書き加えた。

SOME CHEMICAL + SOME OTHER CHEMICAL → AHBL
（ある化学物質）（別の化学物質）

「ＡＨＢＬが何か、わかる人はいるかな？」と教授は尋ねた。

これまでずっと優等生でやってきた三七人は、すぐさまパニックに陥った。前の学期ではこんなの習っていない。それに、僕はその数年、周期表の覚え直しはしていなかったけれど、ＡＨＢＬが周期表に載っていないことは断言できた。ＡやＬなんて元素はないし、水素（Ｈ）はほかの原子に挟まれたりなんてしない。それにホウ素（Ｂ）がほかの原子と結びつくための手は三つであって、二つじゃないはずだ。アルファベットの大文字だけというのも変だし……。

そうか。あの表現の略語だ。

SOME CHEMICAL ＋ SOME OTHER CHEMICAL → ALL HELL BREAKS LOOSE
（ある化学物質）（別の化学物質）（大混乱）

つまり、二種類のかなり単純な化学物質が反応するだけでも、何千もの新たな化学物質を生成するということであって、化学者が純粋な化学物質を一種類だけ合成しようとするのはまったくの無意味なのだ。

僕はこの反応式のことを今にいたるまで考え続けている。左側には単純さが、右側にはカオスがある。全体として、僕らが基礎有機化学の講義で学んだ、美しくて魔法のような化学反応とは正反対だ。

さて、僕らが毎日体内に取り込んでいる化学物質の種類は、本当にものすごくたくさんある。水、チートス（訳注　チーズ味のスナック菓子）、タバコ、日焼け止めクリーム、電子タバコ……。リストはほとんど無限に続く。こういったさまざまな物質が、僕らの体を構成する化学物質と反応したら、いったい何が起こるのだろうか。

さっきの「命の妙薬」教授の言葉を借りると、ＡＨＢＬ（大混乱）となるのか？

もしそうなら、その大混乱によって、僕らの健康はどんな影響を受けるのだろうか。

その答えを探し回ったのだが、そこで見つけたものに驚いてしまった。科学の世界における物事は、僕が想像していたものとはまったく違っていたのだ。どういうことか話し始める前に、少し時間をもらって説明しておきたいのは、僕がこの本で皆さんにお伝えする情報をどうやって見つけたのかということだ。

実は、読むことによって、見つけたのだ。

当たり前じゃないかって？

僕は情報を、「科学を」読むことで見つけた。読むというより、解読や翻訳といったほうが近いかもしれない。なにせ、科学は一種の外国語なのだから。科学には独自の特殊な用語と文法、リズム、隠語があり、戦いだってある。（たとえば英語で誰かのことを「not serious」と表現した場合、単に、楽しい人だとか、堅苦しくない人だといった意味になる。しかし、科学の世界でそんな表現をしようものなら、それは大変な侮辱であって、白手袋で相手の顔をはたいて決闘を申し込むのと同じくらいの意味をもつのだ。）

科学の解読には、科学者のためだけに書かれた短い出版物を読むことが含まれる。正式には「学術論文（journal article）」と呼ばれるものだが、ほとんどの科学者はこれを「論文（paper）」と呼ぶ。論文とは、科学者が好き勝手に実験したり、考察したりして、その内容がどれだけ素晴らしいかを世界中の科学者たちに知らせたくなったときに発表するものだ。これはしょっちゅう起こることなので、論文は山のようにある。少なくともすでに六〇〇〇万本あって、新しい論文が毎年約二〇〇万本ずつ加わっている。これらの論文の読み方を身につければ、映画『アラジン』で歌われているような「ホール・ニュー・ワールド（新しい世界）」が目の前に開ける。世界がどのように機能しているのかを知りたいと思ったなら――たとえば「植物はどうやって光と空気から糖分をつくっているのか？」とか「人がお尻に入れるもので最も奇妙なものとはなんだろう」といった疑問をもったなら——あなたが最初に向かうべきものとは、世界中の論文の山である。科学者はこれを「文献（the literature）」と呼ぶ。

そんなわけで、この本を書くときに抱いていた、いろいろな疑問への回答を得るために、僕は文献へと目を向けた。数本の論文を読んで、数人の科学者に話を聞きに行った。それから、さらに数本の論文を読んで、別の科学者たちを訪ねた。文献の世界に足を踏み入れると誰もが往々にしてこうなるのだが、僕はすっかりそこに引き込まれてしまった。目を通した論文数が一〇〇本に届く頃には、自分がそれまで事実として学んできたことのうち、いくつかは誤りだったことに気づいた。論文数が五〇〇本に達する頃には、魅力的な事実や興味深い話がたくさん見つかっていたので、それについて書かなくてはと考えるようになった。そして、一〇〇〇本に達する頃には（八〇人の科学者への取材もしていた）、自分が世界をまったく新しい視点から見ていることに気づいた。僕が文献を読むことで得たのと同じ体験を、この本を通じて、皆さんにも体験してもらえればと思っている。

冒険の旅に出る前に、僕が何者であって、皆さんがこの旅の道すがら、どんな景色を見ることになるのかをはっきり伝えておこう。僕は現役の科学者ではない。ここ一〇年間で僕がやってきた仕事とは、科学を英語へと翻訳することであり、できるだけ正確で、かつ楽しめるものとなるよう努めてきた。だから、プロの科学者みたいに文献の世界にどっぷりはまっているわけではない。文献をひとすすりしては吐き出して、その味わいの意味するところをつかもうとする。つまり、それほど華やかではないワイン評論家のようなものだ。そんなわけで、この本には誤りが含まれているかもしれない。見つけたと思ったらぜひ知らせてほしい。僕のメールアドレスは oops@ingredientsthebook.com、ツイッターのユー

この本に含まれる内容	ほかの本に含まれる内容
加工食品はどれくらい悪いのか。どの程度の確信をもって、そう言えるのか。	あなたの二酸化炭素排出量
日焼け止めクリームは安全なのか。使って問題ないのか。	食の持続可能性
電子タバコはどうなのか。	遺伝子組換え作物
コーヒーは体にいいのか悪いのか。	科学研究費
星座から、なりそうな病気がわかるのか。	政治
公共プールのにおいは何でできているのか。	サッカー
太陽光のもとでフェンタニルを過剰摂取するとどうなるのか。	野球
キャッサバとソ連のスパイの共通点とは。	ほかの球技全般
あなたはいつ死ぬのか。	

ザー名は @georgezaidan。教えてもらった誤りをしっかり調べて、そこからどんな発見があるか確認するからね。

伝えておきたいことがもう一つある。情報があまりにも膨大だったので、編集の段階で多くを削らざるをえなかった。そこで、この本に何を盛り込んで、何を盛り込まなかったのかを示す簡単な一覧表をつくった。

表の右列の項目はどれも重要なものだし、その多くは左列の項目と密接に関係しているのだけれど、僕も二作目以降のためにネタをとっておく必要があるものでね。

それではシートベルトをしっかり締めてくれ。行く手にはでこぼこ道が待っている。

追記。本書では、どれが僕自身の見解で、何が広く受け入れられていて、どの点で意見が分かれているかを、できるだけわかりやすく示したつもりだ。僕の見解ではない部分については、ほとんどすべての文章に、文献のなかの一本以上の論文という裏付けがある。そして、科学から英語に正しく翻訳できていることを確認するために、八〇人以上の科学者から話を聞いた。僕が読んだ論文と取材をした科学者の一覧を次のサイトに掲載している（ingredientsthebook.com）。僕が用いた論文へのリンクも可能な範囲で掲載したので、読者の皆さんも読むことができる（論文購読料が必要な場合でも、簡単な要約は無料で確認できるからね）。

第Ⅰ部

そもそも なぜこんなものが 存在するのか

“How to Do a Coffee Enema (Behind-the-Scenes in My Bathroom)”
「コーヒー浣腸のやり方（バスルームという舞台裏）」
――YouTube 動画のタイトル

第1章

加工食品って、体に悪いんだよね？

この章で登場するのは

成分表示、糖尿病、二つの無人島、ポルノ、お手製チートス

ダイエットに励む人が「地獄への道はバターで舗装されている」なんて言うけれど、その表現はもう古い。

地獄への道は、市販のチョコレート菓子の石畳にシロップ入りのカラフルな飴がそこかしこに散りばめられ、チートスの粉がまぶされている。あなたを運ぶ馬車の車体はスニッカーズ製、その車輪は丸いオレオで、それをグミの馬がひいているのだ。つまり地獄への道の材料とは、工業的かつ不自然な化学物質を、不道徳にも食べものの形に仕立てた何かであって、それらは防腐処置を施された後にカラフルな箱に詰められて、食べてはいけなくなる寸前まで売られている。簡単に言えば、加工食品は毒だとい

うことだ。

そうだろう？

もちろん、正真正銘の毒ではない。チートス一つを口に放り込んだところで、即死するはずがない（青酸カリが一～二グラム混入していたら話は別だが）。しかし、もしあなたが三〇年間毎日チートスの小袋を二つずつ食べ続けたとしたら？　つまり、二万一九一五袋、六〇〇キログラム以上ということだ。それだけ食べれば、心臓病やがんや死のリスクはどのくらい変わるのだろうか。はたまた、それがチートスのせいだと断定できるのだろうか。容疑者のチートス一個を裁判所まで引きずっていくわけにもいかない。たとえできたとしても、チーズでコーティングされたコーンスナックが、被害者の心臓に一撃を食らわす様子を映し出す、画質の粗い監視カメラの映像がなくては、有罪判決を勝ち取るなんてまず無理だ。しかも、同胞のチートスたちが仲間を裏切るなんて考えられない。チートスは密告屋（チクリや）ではないのだから。

加工食品の訴訟問題はさておき、先ほどの疑問に対する答えはどこかにあるはずだ。加工食品によって、発がんリスクは高くなるのか、ならないのか。心臓発作のリスクはどうなのか。人体にとって有害なのか、無害なのか。こんな風に考える読者もいるだろう。「体に悪いってことくらいわかってるよ。だって食べると気分が悪くなるからね」。なるほど。体の声に耳を澄ませることについては僕も大賛成だし、あなたの日常生活に関する貴重なサンプルではある。しかし、それは単に、ノシーボ効果があなたに表れているのかもしれない。ノシーボ効果とは、悪い方向に出るプラシーボ効果のようなものだ。何かで気分が悪くなりそうだと思えば、そうなる。このような心理効果とは無関係に、実際に気分が悪くなったとしても、それが長期的な決定を行うための判断材料になるわけではない。あなたの気分を悪くする原因でも、長期的に見て死や疾病のリスクに影響を及ぼさないものはたくさんある。たとえば、普通の風邪とか、ケーブル会社に電話したときとかね。それに、長期的な死や疾病のリスクにかなりの悪影響を及ぼすにもかかわらず、あなたがいい気分になるものだってある。たとえば、喫煙のように。

長期的な決定を行うためには次のことを知る必要がある。

1　加工食品は厳密にどのくらい体に悪いのか。

2　チートスの消費量を倍にすると、リスクも倍になるのか。それとも、チートスの消費量がある閾(しきい)値を超えてはじめて、何らかの悪影響が生じるのか。

3　チートスを食べるたびに、寿命はどのくらい縮まるのか。

4　体に悪いというけれど、どのくらい悪いのか。日常的に加工食品を食べることによって、寿命はどのくらい縮まると考えられるのか。

僕はてっきり、これらの疑問への答えはインターネットのどこかにあるはずで、あとは検索するだけだと思っていた。わかったのは、確かに答えはあるということだ――ある意味では、ということだけど。そして、僕はそれらの答えを見つけた――これも、ある意味では、ということだけど。しかし、ほかにもたくさんのことを知ることになり、それによって、僕の食べものや消費者製品への見方は変わった……それも、想像もしていなかった方向に。とはいえ、極端なものの見方から、一八〇度逆の見方へと変わったわけじゃない。牛乳にひたしたオレオのかけらに悪魔の姿を見ていたのが、急に消えて天使の歌声が聞こえ出したということもない。そういう話ではなくて、僕という存在に新たな次元が加わったような感じなのだ。

この本では、僕が経験したのと同じく、加工食品からスタートする。第Ⅰ部では、加工食品を巡る心配事と、そもそもなぜこんなものが存在しているかについて話そう。そして第Ⅱ部では加工食品を越えて、僕たちが日常的に身をさらしている化学物質のいくつかを取り上げることにする。チートスからはしばらく離れて、日焼け止め剤やタバコに集中したい。第Ⅲ部では、この章で紹介する怖くなるようないろんな数字を再度取り上げて、「これらの数字は科学によってどうやって導き出されたのか」を問い直す。最後に、こういったすべてのことが、あなたにとってどのような意味をもつのか、解明を目指そう。

さて、宣伝はここまでにして、本題に取り掛かろう。加工食品が体に悪いかどうかを明らかにするには、まず加工食品について定義しなくてはならない。定義が必要な理由を理解するには、加工食品が血圧に与える影響を調べるための次の（完全に仮想的な）実験について考えるのがいいだろう。

1　被験者一〇〇人を一つの部屋に閉じ込める。
2　半数の五〇人に加工食品づくしの食事を与えて、残りの五〇人には加工食品なしの食事を与える。
3　その日から一〇日間にわたって、全員の血圧を測定する。

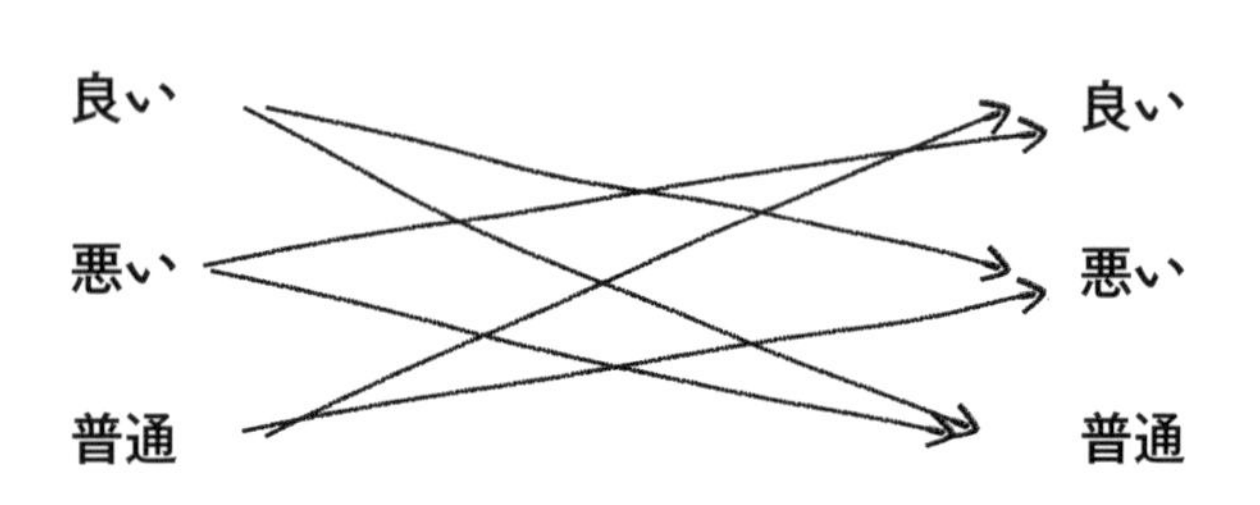

この実験を行うには、加工食品とはなにかということについて、皆の意見が一致していなければならない。なぜなら、この人間モルモットたちに食べさせるすべての加工食品を、誰かが実際に買って来なくてはならないのだから。

当たり前じゃないかって？　だが、もし「加工食品」の定義が、誰が見ても明らかなものでないのならば、この実験の結果だって明らかなものではなくなる。買い出し担当者に、ラップにくるまれて売られている食べものを買ってくるようにとの指示が出たとしよう。とても明快な指示だ。しかしこれでは、金色のホイルで包まれた高級な洋ナシでも、スニッカーズでもいい。プレーンなオートミールでも、ラッキーチャーム（訳注　カラフルなマシュマロ入りシリアル）でもいい。焼きたてのバゲットでも、市販の袋入り菓子パンでもいい。どちらが購入されてもおかしくないのだ。実験に用いる食べものの定義がはっきりしていなければ、実験の結果は上の図のようにどうとでもなってしまう。

要するに、ごちゃごちゃで何もわからない。そういうわけで、加工食品によって早死にするかどうかを科学的に検証するには、まず「加工食品」を定義する必要がある。

そんなの簡単だ、ホグワーツの組分けみたいにすればいいじゃないかって？

ジャム → 加工されていない（グリフィンドール！）
オレオ → 加工されている（スリザリン）
トルティーヤ → グリフィンドール！
チートス → スリザリン
オリーブ → ソフトグリフィンドール！
チューイングソフトキャンディ → スリザリン

言いづらいが、このホグワーツ方式は非科学的だ。ここにあげた食べものはすべて——グリフィンドールだろうがスリザリンだろうが——何らかの形で加工されている。この分類は、なんとなく良さそうとか悪そうとかいう感覚に基づいて食品を分けただけなのだ。だからといって、これらの食べものをすべて「加工食品」としてしまうのも、正しいとは思えない。そもそも、「加工されている」というカテゴリーを、「ジャム」も「チートス」も含むほど広範なものにするのは意味がないように思われる。それに、「加工されていない」食品のリストに含まれるのが、せいぜい生肉と生野菜くらいになるのは、あまりに少なすぎるだろう。

とにかく、加工食品と加工されていない食品には、何か根本的な違いがあるはずだという気がする。

たとえば、誰もが知っている児童文学の名作『ハリー・ポッター』の後で、設定もタイトルもキャラクターもよく似た人気ポルノ映画『ハリー・ポッチャリ』がつくられたとしよう。似てはいてもこれらには何か根本的な違いがあるはずだという気がするだろう？　それと同じことだ。

「加工食品」の定義として、多数の人が無意識のうちに使っている基準がある。その食品がどの程度複雑そうに感じられるかという基準だ。この方法は突き詰めれば次の二つの要素にいきつく。「その食品にどれほど多くの成分が含まれているか」と「それらの成分がどれほど発音しやすいか」である。化学者は、これを無意味で馬鹿げた定義だと一蹴するだろうが、少し時間をとって、よく考えることにしよう。第一に、この定義は明快でシンプルだ。ただし、加工食品を科学しようとする場合には、あまりよろしくない。なぜか？　たとえばあなたが、これらの二つの基準に基づいて、「加工食品指標（Processed-Food Index：ＰＦＩ）」なるものを考え出したとする。こんな感じの指標だ。

ＰＦＩ ＝ 成分の数 ＋ 全成分の名称に含まれる音節の総数

たとえばスキットルズ（市販のフルーツ風味のキャンディ）のＰＦＩはこのようになる（詳細は一七ページの図を参照）。

PFI = 19 成分 + 84 音節 = 103

お次は、スマーティーズ（市販の糖衣チョコレート）のＰＦＩ。

PFI ＝ 9 ＋ 34 ＝ 43

今度は、コーヒーのPFIだ。（＊1）

PFI ＝ 約1000 ＋ 約4000 ＝ 約5000

成分と音節

SUGAR（砂糖） 2

CORN SYRUP（コーンシロップ） 3

HYDROGENATED PALM KERNEL OIL（水添パーム核油） 9

CITRIC ACID（クエン酸） 4

TAPIOCA DEXTRIN（タピオカデキストリン） 6

MODIFIED CORN STARCH（加工コーンスターチ） 5

NATURAL AND ARTIFICIAL FLAVORS（天然香料と人工香料） 10

RED 40 LAKE（食用赤色40号レーキ） 4

TITANIUM DIOXIDE（二酸化チタン） 7

RED 40（食用赤色40号） 3

YELLOW 5 LAKE（食用黄色5号レーキ） 4

YELLOW 5（食用黄色5号） 3

YELLOW 6 LAKE（食用黄色6号レーキ） 4

YELLOW 6（食用黄色6号） 3

BLUE 2 LAKE（食用青色2号レーキ） 3

BLUE 1（食用青色1号） 2

BLUE 1 LAKE（食用青色1号レーキ） 3

SODIUM CITRATE（クエン酸ナトリウム） 5

CARNAUBA WAX（カルナウバロウ） 4

PFI＝19成分＋84音節＝103

直感的には、スキットルズもスマーティーズも、加工の度合いは同程度と思われるが、ＰＦＩによると、スキットルズのほうが二・四倍、多く加工されていることになる。コーヒーは焙煎されてから熱湯で抽出されるわけだが（比較的シンプルな加工だ）、ＰＦＩからすると、スキットルズの四九倍、スマーティーズの一一六倍も加工されていることになる。

問題は、こうやってＰＦＩで測られるのが、加工の度合いなどではなく、ＦＤＡ（アメリカ食品医薬品局）がどのように成分表示を規制しているか、そして化学者たちが分子にどのような名前をつけているかであるということだ。たとえば、栄養強化小麦粉に含まれるある分子は、異なる三つの名前をもつ。

- riboflavin（リボフラビン）
- vitamin B_2（ビタミンB_2）
- 7,8-dimethyl-10-[(2S,3S,4R)-2,3,4,5-tetrahydroxypentyl]benzo[g]pteridine-2,4-dione（7,8-ジメチル-10-[(2S,3S,4R)-2,3,4,5-テトラヒドロキシペンチル]ベンゾ[g]プテリジン-2,4-ジオン）

これら三つの名称はまったく同じ分子を指しているのに、ＰＦＩの値はそれぞれでまったく違う数字になる。コーヒーのように、さらに複雑な分子の混合物になると、話はもっとややこしい。コーヒーには成分表示がついておらず、ＰＦＩを算出するために何を使えばいいのかもわからない。「Coffee（コーヒー）」（PFI = 3）なのか、「Coffea arabica（アラビカコーヒーノキ）」（PFI = 6）なのか。それとも先に示したように、一杯のコーヒーに含まれることが現時点でわかっているすべての化学物質の一覧を使うのか（PFI = 5000）。方針の違いによって、コーヒーはスキットルズの三〇分の一だけ加工されていることにも、四九倍加工されていることにもなるだろう。

つまり、こんなふうに直感的に「成分の複雑さ」の度合いを判断する方法は、食料品店でぱっと見て比べるぶんにはいいかもしれないが、科学的とは言えないのだ。

科学的な検証にも耐えうる食品加工の合理的な指標を考え出すのは難しいが、栄養学者であり公衆衛生学の研究者でもあるカルロス・モンテイロは、彼の研究チームと協力して、NOVAという食品分類システムを提案した。このシステムでは、食品加工の「性質、範囲、および目的」に基づいて食品が分類される。つまり問われるのは、食品をどう加工したのか、どの程度加工したのか、なんのために加工したのかである。数値的な指標を用いるのでもないし、加工されている・いないの二種類に分けるのでもない。NOVA分類には、「未加工あるいは最低限加工した食品」から「超加工食品」まで、四つのグループが設けられている。各グループにどんな食品が入るか、いくつか例をあげよう。

グループ1：食用の植物、動物、または植物と動物の一部、あるいはそれらを（ほぼ）元の形のままで保存するような処理がなされたもの。モンテイロの分類によると、牛乳やドライフルーツ、米、プレーンヨーグルト、コーヒーなどがこのグループに含まれる。

グループ2：そのまま食べるためではなく、料理をつくる際に使われる食材。バター、砂糖、塩、メープルシロップなど。

食品A

栄養成分表	
1人前の分量	100g
カロリー	160
脂質	14.7g
炭水化物	8.5g
食物繊維	6.7g

食品B

栄養成分表	
1人前の分量	100g
カロリー	23
脂質	0.4g
炭水化物	3.6g
食物繊維	2.2g

グループ3：グループ1の食品にグループ2の食品を加えてつくられたもの。ハムやジャム、ゼリー、油漬けツナ缶、焼きたてのパンなど。

グループ4：炭酸飲料、アイスクリーム、チョコレート、インスタント食品全般、粉ミルク、朝食用シリアル全般、キャンディ、包装されたパン、その他のあれやこれや。チートスもここに入る。

かなり直感的な分け方に思えるが、話を進める前に指摘しておきたいのは、このNOVA分類は従来の食品研究の手法からかけ離れているということだ。現在、栄養学におけるほとんどの研究で焦点が当てられているのは、食品に何が含まれているかである。ところが、NOVA分類でおもに焦点が当てられているのは、食品に何がなされているかなのだ。栄養成分表を見れば一目瞭然だろう。

　何が含まれているかという観点からすると、食品Aと食品Bは似ても似つかない。食品Bと比べると、食品Aには炭水化物が二倍以上、食物繊維が三倍、脂質に至っては三七倍が含まれている

食品D

栄養成分表	
1人前の分量	100g
カロリー	375
脂質	0.1g
炭水化物	93.5g
食物繊維	0.2g

食品C

栄養成分表	
1人前の分量	100g
カロリー	304
脂質	0g
炭水化物	82.4g
食物繊維	0.2g

（忘れちゃいけない、カロリーは七倍だ）。それなのに、NOVA分類では、食品AもBも同じグループ1に属している。（食品Aはアボカドで、Bはホウレンソウだ）。

別の例も見てみよう。

食品Cと食品Dには、カロリー、食物繊維、糖質（炭水化物）、脂質が同程度含まれている。しかし、NOVA分類では、食品Cはグループ2で食品Dはグループ4だ。それぞれ何の食べものか、わかるかな？（＊2）

NOVA分類では、何が含まれているかよりも、何がなされているかに重点が置かれているが、たまたまそうなったのではない。モンテイロが書くように、食品に何がなされているかが「食品、栄養、および公衆衛生を考える際に最も重要なこと」だという理論に、この分類法が基づいているからだ。かなり大胆な戦略だが、これによりモンテイロは名を揚げた。世界保健機関、汎米保健機構、そして国連食糧農業機関が、このNOVA分類に強く傾倒するようになったのだ。

このNOVA分類の要となるのがグループ4だ。モンテイロが「超加工食品」あるいは「超加工食品および超加工飲料」と呼ぶグループで、ここに属する食品は「原形をとどめる程度の加工ではなく、大部分または全体が、食品と添加物から抽出された物質を配合してつくられたものであって、グループ1の食品がそのまま含まれることはほとんどあるいはまったくない」とされる。超加工食品に含まれるのは、ほかの食品では見られない添加物、たとえば香料や着色料、そして以下のいかにも食欲をそそる素材の数々である。「炭酸化剤、安定剤、増量剤に減量剤、消泡剤、固結防止剤、光沢剤、乳化剤、界面活性剤、および保水剤」。しかし定義は、何が食品に添加されるかにとどまらない。モンテイロによると、超加工食品とは、工学的プロセスにより製造され、安価さと簡便さを目的として設計された食品だという。このプロセスの最終段階として「魅力的な包装が施され、大量に販売され」ているのだ。

このような描写を目にするのは初めてかもしれないが、僕らが「加工食品」として直感的に認識してきたものが的確に表現されている。おかしいくらい安くて、とてつもなくお手軽で、万人受けするおいしさで、材料の食品からはかけ離れた見た目となった食品群だ。つまり、NOVA分類は、あなたが見ているのが『ハリー・ポッター』なのか『ハリー・ポッチャリ』なのかを言いあてられるような合理的なシステムとなっているわけだ。

では、このNOVA分類を用いた研究を見ていこう。

僕たちの食生活において超加工食品が占める割合の大きさときたら、本当に驚かされる。アメリカでは摂取カロリーの五八％以上を超加工食品が占めている。半分以上なのだ！　カナダはそれより少しマ

シな四八％で、いつもお高くとまっているフランスは三六％。我らがアメリカはフランスには負けているけど、スペイン（六八％）には勝っている。そんな僕らをまるで健康オタクのように見せてくれるのが、ドイツとオランダの七八％！　数字のあまりの大きさに、怪しい科学を検出する僕のレーダーがついつい反応しそうになる。だが、この数字はすべてカロリー摂取量における割合であって、超加工食品というのはたいていカロリーが高いものなのだ。ある日、あなたが口にしたのがコーラ二リットルと生のホウレンソウをカップに一四杯分だったとすると、一日の摂取カロリーの九〇％を超加工食品が占めることになる。また別の日にファーストフード店のソニックで（すごくおいしそうな）オレオ・ピーナッツバターシェイクをラージサイズで注文したとしよう。この日の超加工食品のカロリー摂取量を五一％にまで抑えようと思ったら、棒状のバター二本か、ホウレンソウ二三二杯分を食べなくてはならない[*3]。

つまり、僕らは超加工食品を明らかにたくさん食べている。**だけど、そのせいで僕らは殺されつつあるのだろうか？　もしそうなら、どうやって？**　実は、超加工食品が僕らを殺す方法はたくさんある。人体に有害な化学物質があまりに多く含まれているかもしれないし、人体に有益な化学物質が足らなすぎるのかもしれないし、超加工食品によって単に僕らが肥満になって、そのせいで死ぬのかもしれない。

ここで重要な疑問が一つ出てきたね。加工食品によって僕らは肥満になるのだろうか？　これについて次のような仮説を立てることができる。「ここ二〇〇年間で非常に簡単に手に入るようになった超加工食品は、極度にカロリーに富んでいて、安価で、とてもお手軽に食べられる。しかも、中毒性が生じるように設計されている。食べる割合が多くなるほど、とくに糖分と脂質の摂取量が増えて、食物繊維と微量栄養素は不足する。次第に僕らの体重は増えて過体重または肥満となり、結果として、ほぼあらゆる疾病のリスク、とくに糖尿病と心臓病、がんのリスクが上昇する」というものだ。だが、これらの食品を扱う多国籍複合企業は、このことを気にしていなさそうだ。彼らは基本的にタバコ産業の戦略を見倣っているだけなのだから。今は楽しく荒稼ぎをして、人が死ぬのは後の話だ。

この仮説のなかには正しい箇所もあることがすでにわかっている。たとえば、モンテイロが定義する超加工食品が発明されたのは人類史においてごく最近のことだ。コカ・コーラ、ドクターペッパー、チョコレートのハーシー、ガムのリグレー、シリアルで知られるポスト、キャラメルポップコーンのクラッカージャック、アイスクリームのブレイヤーズ、ミルクチョコのキャドバリー、焼き菓子のエンテンマンズ、ペプシ、ゼリーのジェロ、キャンディのトッツィロールなど。これらの企業や商品が設立あるいは発明されたのは、いずれも一八七七年から一九〇七年にかけてである。そして、時代の流れと共に、これらの超加工食品の消費量は増え続けた。これまでにあげた数字を信用しないとしても、アメリカ人なら誰でも「スターバースト」というお菓子を知っているという事実からして、いかに超加工食品が普及しているかは明らかだろう。そして、肥満の問題は現在も深刻さを増す一方だ。アメリカにおいて肥満者の数は喫煙者の二倍以上にのぼり、世界各国で大量に出版されている健康雑誌の努力もむなしく、その数は着実に増加している。

こうなると、すぐにでも結論を出したくなる。僕らの目の前には二つの命題があって、一つが「アメリカで肥満が増加している」、もう一つが「アメリカでは以前よりも超加工食品が大量に食べられるようになっている」だ。この二つの命題を「なぜならば」という言葉でつなぐのは、この上なく簡単なことだ。しかし、アメリカ社会で起きている変化はそれだけではない。オフィスでは一日中座ったままで仕事をすることが増えた。誰もがかつてないほど経済的にも精神的にもストレスを感じている。携帯電話やソーシャルメディア（とは名ばかりの社会的疎外を生じさせやすいメディア）のおかげで、人間はこれまでにはなかった形で、自意識過剰になったり、落ち込んだり、友人に嫉妬したりするようになった。たぶんあなたも、パーティーサイズのチートス大袋をいっぺんに食べてしまうくらい自分の気持ちを落ち込ませる要因を、もう一四個くらい思いつくに違いない。僕がインタビューした科学者のなかには、ニコチンに食欲抑制の効果があることから、人々の禁煙が、肥満の流行の小さいながらも一因かもしれないと言う人たちもいた。ある科学者は、住宅の間取りが影響している可能性があるとさえ考えていた。最近の住宅ではキッチン、つまり家中の食べ物がある場所が家の中心に置かれているので、食の欲求を満たすのが容易になったというのだ。それから、僕たちの遺伝子のことも忘れてはならない。人類史のほぼすべての期間において食糧はとてつもなく不足していたために、人間は余剰カロリーをため込むように進化した。今は余剰カロリーが当たり前の時代なので、誰もがそれをため込んでいる――つまり「太り続けている」というわけだ。

これらすべての要因が、等しく責められるべきかもしれないし、主犯格は超加工食品であって、ほかの要因はお飾り程度の影響しかないのかもしれない。

超加工食品によって肥満になるかどうかを試したければ、こんな実験が適切だろう。

1　大人数の集団、たとえば二万人ぐらいを見つける。全員が、人生すべてをあなたに捧げるとい

う契約書に喜んでサインしてくれること。

2　まったく条件が同じで三万キロメートルばかり離れている無人島を二つ見つける。それぞれにまったく同じホテルを建てる。

3　参加者二万人を、一万人ずつのグループに分けて、それぞれの島にあるホテル・カリフォルニアに閉じ込める。

4　片方のグループには超加工食品を多く含む食事を、もう片方には超加工食品をあまり含まない食事を、数十年間にわたり与える。

5　どうなるかを記録する。

6　重要なポイント。島を出ることや、もう片方の島に泳いで渡ること、実家や地元の友達から食料を受け取ることは絶対に許されない。

この種の、グループごとに違ったことをしてもらう実験のことを、ランダム化比較試験という。実験の最後には、超加工食品を多く与えたグループと少なく与えたグループとで、肥満になるリスクを比較する。片方のリスクをもう片方で割ったものを相対リスクという。インターネットを使ったことのある人なら、相対リスクを使った記述を見たことがあるはずだ。たとえば、検索キーワードを「egg risk」としてグーグル検索をしたら、アメリカの公共ラジオ局NPRのこんな記事を見つけた。「研究者によると、毎日卵を二個食べると心臓病のリスクが二七％増加する」。（心配ご無用。卵を食べるべきかどうかという話にはまた後で戻るから。）

この記事での卵のリスクを含めて、食品に関する相対リスクのほとんどは、ランダム化比較試験の結果から判明したものではない。こういった数字は「たくさんの人びとに依頼して、長年にわたる定期的な追跡調査を行うけれども、いかなる形においても食生活や行動を変えさせるような働きかけはしない」というタイプの調査に基づいている。こういった調査を「前向きコホート研究」という。この場合には、追跡調査を終えてから、超加工食品の摂取量によるグループ分けを行う。そして、ランダム化比較試験と同じように、超加工食品の摂取量が少ないグループに分類された人と、多いグループに分類された人とで、肥満になるリスクを比較する。この数字を割り算すれば、相対リスクが得られるという流れだ。

相対リスクのもつ意味は、ランダム化比較試験によって得られた場合も、前向きコホート研究で得られた場合も同じである。相対リスクとは、もう片方のグループと比べて自分が相対的にどの程度まずい状況にあるかを示す指標なのだ。ご近所さんがピューマに襲われるリスクが二五％で、あなたが襲われるリスクが四〇％ならば、ご近所さんに対するあなたの相対リスクは、四〇を二五で割って一・六となる。つまり、こういうことだ。

あなたはご近所さんの一・六倍まずい状況にある。

あなたはご近所さんの一六〇％まずい状況にある。

あなたはご近所さんより六〇％多く、まずい状況にある。

三つの文が示しているのは同じ内容だ。ことピューマに関しては、あなたの隣人のほうがあなたよりもマシな状況にある。だが、巷で見かける相対リスクは、ピューマと関係するものなどまずなくて、健康と関係するものばかりだ。いくつかの例を、とくに超加工食品と関連のある例を見るとしよう。

カルロス・モンテイロのＮＯＶＡ分類は、登場したのがかなり最近なので、それほど多くの研究はなされていない。超加工食品と肥満の関係を調べた前向きコホート研究は、これまでのところ一つだけで、スペインで行われた八〇〇〇人に対する九年間の追跡調査のみだ。論文の著者らによると、超加工食品を約四倍食べていた人は、九年後に過体重または肥満になるリスクが二六％高かったという。

ほかにはどんな結果が出ているだろうか。

フランスの研究者たちが一〇万人以上を募集して、平均で五年間の追跡調査を行い、がんの罹患について調べている。その結果、平均して約四倍の超加工食品を消費していた人びとは、なんらかのがんの発症率が約二三％高いことがわかった。同じデータを解析したほかの研究チームは、超加工食品を二倍以上食べるグループは過敏性腸症候群（ＩＢＳ）を発症するリスクがおよそ二五％高いことを発見している。また、スペインでの調査結果に戻ると、超加工食品を二・五倍以上食べる人のグループは、九年のあいだに高血圧を発症するリスクが約二一％高いこともわかった。極めつけとして、この絶望パフェの頂上を飾る腐ったサクランボともいえる結果を紹介しよう。ＩＢＳの高リスクを発見した研究チームが、同じフランスのデータを解析して発見したのだが、超加工食品を一〇％多く食べたグループは死亡リスクが一四％高かったのだ。

率直に認めるが、これらの結果には僕も少しばかり驚いた。いや、正直に言おう。ちょっとしたパニックを起こしてしまった。がんの発症リスクが二三％高いだって？　ＩＢＳのリスクが二五％高くて、肥満のリスクも二六％高い？　死亡リスクが一四％高くなる？　**そんなクソみたいなものが合法だということ自体、おかしくないか?!**

そうだね、ちょっとどころか、かなりパニックかもしれない。

僕がパニックに陥ったのには理由が二つある。一つ目。これらの数字が本当に恐ろしいから。二つ目。僕は化学者としての専門教育を受けているから。

二つ目の理由は、パニックになる理由としては変じゃないかと思われそうなので、説明しよう。あなたの目の前に二つの風船があると想像してほしい。それぞれに、混じりけのないシアン化物ガスが封入されている。片方の風船に封入されているのは、マサチューセッツ州の有機果樹園で、自然な形で生育したリンゴから、手作業で採取された種に含まれていたシアン化物だ。（そのとおり、リンゴの種にはシアン化物が含まれているのだ。後の章でまた取り上げる。）もう一方の風船のシアン化物は、アンドルソフ法によって合成されたものだ。その方法とは、白金の存在下で、メタンとアンモニアを酸素のなかで華氏二〇〇〇度（摂氏一〇九三度）を超える温度で燃焼させるというもの。さて、それぞれの風船のガスを吸い込むとしたら、どちらがより安全だろうか？

もちろん、どちらでもない。どちらを吸い込んでも、あなたは死んでしまうだろう。化学者にとって、次の文章は信念と言ってもいいほど自明のことだ。「もしも二つの分子の化学的構造が同じならば、それが人体に及ぼす影響は同一である」。リンゴがつくるシアン化物も、人間がつくるシアン化物も、**どちらも**シアン化物であることには変わりない。さて、この「シアン化物」という単語を「パウンドケーキ」に置き換えてみよう。信念とまではいかなくとも、化学者にとっては完全に理にかなった文章になる。有名料理家のアイナ・ガーテンが焼いたパウンドケーキも、工場で製造されたパウンドケーキも、どちらもパウンドケーキであることには変わりない。なので、それぞれが健康に及ぼす影響が大きく異なるという見解を与えられても、化学者からすると、どうしても正しいようには感じられないのだ。たとえ工場でつくられたものに少しばかり添加物が入っていたとしても、である。しかし、これこそがモンテイロの主張なのだ。食品が何であるかということよりも、食品に何がなされたかのほうが重要だというのだから。化学者にとっては、「自然のシアン化物は工業的なシアン化物に比べると毒性が低い」と言われるようなもので、もちろん理にかなっていない。しかし、科学者以外のほとんどの人にとっては、モンテイロの主張は、強力で、直感にそぐうもので、自明でさえある。この考え方の違いから、ほとんどいつでも同じような会話が生まれることになる。ゴリゴリの化学者と一般人が食品について話をすると、次のような感じになってしまうのだ。

化学者から見たところの「会話」

ヒッピー「俺が買うのは、有機栽培や有機飼育の、一〇〇％天然の、素材のままの、未加工の食べものだけだ」

化学者「どの言葉も、何の意味もありませんが」

ヒッピー「意味ならあるさ！　つまり、俺が食べるものには、化学物質が入ってないってことだ」

化学者「それは、食べものに対する主張として成り立っていませんよ。どんな食べものも化学物質ですから。というか、地球上のあらゆるものは化学物質でできていることはご存じですか？　あなたも化学物質でできているんですよ」

ヒッピー「俺の体は聖なる神殿なんだ」

化学者「あなたの体が、巨大で、内部に大空間があって、司祭しか入れないような場所だということですか？」

ヒッピー「とにかく俺は、自然な食べもののほうが健康的だと思ってる。話は終わりだ」

化学者（頭を抱えるも、力が入りすぎて頭蓋骨がつぶれる）

さて、今度は一般人の視点から見てみよう。

非化学者から見たところの「会話」

健康意識の高い消費者（以下、**消費者**）「健康的な食品を選びたいと思っていますが、自分ですべてを調べるのは難しいですし、誰を信用していいのかもわかりません。ですので、有機栽培や天然の食材を買うようにしています。気が楽になりますし、少しは健康的でしょうから」

遺伝子組み換え食品賛成派の化学信奉者（以下、**化学信奉者**）「君はくだらないマーケティングの手口に騙されているんだよ」

消費者「けど、食品にはいろいろな化学物質が添加されているでしょう？　そういった化学物質について、私にはなんの知識もないですし……」

化学信奉者「**食品は全部、正真正銘、化学物質だけでできているんだ。君だって一〇〇%、化学物質なんだ。君の周りの全世界が、一〇〇%、化学物質なんだ。古今東西あらゆるものが、化学物質なんだってば！**」

消費者「そんな大声を出さなくても聞こえますよ」

化学信奉者「**僕に口答えするんじゃない、この田舎者が**」

消費者「いいから、一〇〇%天然素材で、有機栽培で、添加物もホルモン剤もなしで、加工されていない食品を買わせてくださいよ。それから、あんたはとっとと失せろ」

化学信奉者（理由はよくわからないが、自分で自分の顔を殴る）

さて、上記の会話は本質的に次のような主張になるだろう。

ヒッピー「化学物質は悪だ」

化学信奉者「あらゆるものは化学物質だ」

だけど、どちらの主張もばかげている。

ヒッピー氏に対して僕ならこう言うだろう。「すべての化学物質が悪だなんて、本気かい？　水も、空気も、すべての食物も？」

化学信奉者に対しては、こう言うだろう。「言葉がわからないのかい？　ヒッピー氏が言ってるのは、成分表示に載っているけど見たことも聞いたこともないような名前の化学物質は、体に悪いんじゃないかってことだよ」。というわけで、「化学物質」が何を指すかという、言葉の定義を巡る衒学的な闘いには立ち入らず、ヒッピー氏の実際の懸念に答えるよう努めたい。彼らの懸念とは、化学物質によっては人間の健康に害を及ぼすものがあるけれど、それがどの化学物質なのかよくわからない、ということだ。

以前は僕も「すべては化学物質だよ、バカだなあ」派の熱心な信者だった。だが、食品の加工法によって、さまざまな病気にかかるリスクが二桁のパーセンテージで増加すると主張する複数の研究論文を読んで、人生で初めてこう思った。「参ったな、ヒッピー連中が正しいのかもしれないぞ」。これらの研究は、僕が理解していると思い込んでいたあらゆることに真っ向から挑戦するものだった。ビニール袋入りで売られている超加工食品のパンは、店内で焼き上げられたパンよりも、僕らの体への悪影響が本当に大きいのだろうか。凍った状態で売られている大量生産の缶入りレモネードは、レモン数個分の果汁に砂糖三カップを加えてつくった手づくりレモネードよりも、本当に体に悪いのか？　では、袋菓子のチートスについてはどうだろうか。

僕らが食料品店で買うような袋入りチートスがどうやってつくられているのかを説明しよう。まず、コーンミール（トウモロコシ粉）と水を混ぜた生地が、コルク栓を抜くときのように機械で練られるのだが、その際の強い摩擦のためにコーンミール中の水分が沸騰して膨張する。それによって生地のなかにさまざまな空洞が生じて、チートス独特の空気感が生まれるのだ。この工程はかなり奇妙に感じられるかもしれないが、自宅の台所でもチートスにかなり似たおやつを気軽につくることができる。僕はこの本を書くための調査の一環として、食文化の歴史家であるケン・アルバーラから話を聞いた。彼はたまたまその前日に、なんちゃってチートスをつくったばかりだった。彼の即興のレシピはこんな感じだ。

①　ライスヌードルをゆでる。
②　それを食品乾燥機にかける（食品乾燥機とは、食品に含まれる水分のほとんどを蒸発させるように設計された、換気口つきの超低温オーブンのこと）。
③　乾燥させたライスヌードルに、油をスプレーする。
④　電子レンジで膨らむまで加熱する。
⑤　お好みのスパイス粉をふりかける。たとえば、シラチャなど。
⑥　ジャジャーン！　なんちゃってチートスの完成だ。

ほかにも、『Bon Appétit（ボナペティ）』誌が運営するYouTubeチャンネルでは、チートスをもっと忠実に復元するかなり力の入ったレシピをクレア・サフィッツが完成させていて、誰でもインターネットで確認できる。ケン・アルバーラの即興チートスであれ、クレアのグルメ・チートスであれ、はたまた買ってきた本物のチートスであれ、あなたが食べるのは香辛料がふりかけられた炭水化物だという点は同じだ。なので、工場で製造されたチートスのほうが、自家製の・自然素材の・有機のチートスよりも体に悪いといった考えに対して、化学者としての自分は反射的にそんなはずはないだろうと思ってしまう。

しかし、データをざっくり見た限りにおいては、超加工食品を多く食べるほど、健康状態が悪化して死のリスクが高まるというのが正しそうなのだ。

なんてこった。

それで……、結局、正しいのはどっちなんだろう？

先に進む前にいったん立ち止まって、興味の対象は超加工食品の健康効果だけではないということを確認しておこう。僕らが気にしているのは、あらゆる食品なのだ！「加工食品を食べるべきか」というのは山と積まれた疑問の一つにすぎない。真の問いとは、「何を食べるべきか」である。

その問いへの究極の答えに僕らがたどり着く前に、次のことを知っておくべきだろう。究極の答えがなんであれ、自分はその答えを知っているのだと熱烈に信じていて、それを声高に主張する人びとが少数にしろ存在している。（ほら、「昔ながらの食べものを、腹八分目、植物中心で」みたいなことを言う人っているよね？）食べもの（あるいは日焼け止めや化粧品、洗剤）によっては、ほとんど満場一致の同意が得られている事柄もあれば、理屈抜きの、宗教戦争レベルでの論争が巻き起こっている事柄もある。この状況が最も顕著なのが、いわゆる「ダイエット」だろう。ダイエットの種類はばかばかしいほどたくさんあるし、新しいものが常に出現している。しかし、上辺にあるものを取り去れば、ダイエット（食生活）というのは結局のところ二つのリストなのだ。良いもののリストと悪いもののリスト、つまり、食べるべき食品のリストと食べるべきではない食品のリストである。それで全部だ。この二つのリストという非常にシンプルな構造から、驚くほど多様な選択肢が生み出されている。たとえば、ダイエットに関する最近の本のタイトルにはこんな感じだ。

The Paleo Diet（旧石器時代式ダイエット）
The Flex Diet（フレキシブル・ダイエット）
The Simple Diet（シンプル・ダイエット）
The 3-Season Diet（三季節ダイエット）
The Easy-Does-It Diet（ゆっくりダイエット）
The Aquavore Diet（水取り込みダイエット）
The Peanut Butter Diet（ピーナッツバター・ダイエット）
The Supermarket Diet（スーパーマーケット・ダイエット）
The Good Fat Diet（良質脂肪ダイエット）
The Belly Melt Diet（お腹消え失せダイエット）
The 5-Bite Diet（五噛みダイエット）
The Dakota Diet（ダコタ式ダイエット）
The Scripture Diet（聖書式ダイエット）
The Uncle Sam Diet（アンクル・サム・ダイエット）
The Plateau-proof Diet（停滞期なしダイエット）
The 4 Day Diet（四日ダイエット）
The 17 Day Diet（一七日ダイエット）
The Alternate-Day Diet（一日おきダイエット）

The 20/20 Diet（20/20 ダイエット）
The No-Time-to-Lose Diet（忙しい人向けダイエット）
The Thermogenic Diet（熱発生ダイエット）
The G.I. Diet（低ＧＩダイエット）
The Good Mood Diet（良い気分ダイエット）
The Salt Solution Diet（減塩ダイエット）
The Nordic Diet（北欧式ダイエット）
The Thin Commandments Diet（痩せの十戒ダイエット）
The Great American Detox Diet（アメリカ式デトックス・ダイエット）
The Better Sex Diet（性生活改善ダイエット）
The Sleep Diet（快眠ダイエット）
The Couch Potato Diet（カウチポテト・ダイエット）
The Self-Compassion Diet（自愛ダイエット）
The No S Diet（S抜きダイエット――スナック・スイーツ・お代わり（セカンド）なし）
The Lemon Juice Diet（レモンジュース・ダイエット）
The Baby Fat Diet（産後ダイエット）
The Yoga Body Diet（ヨガ・ボディ・ダイエット）
The Four-Star Diet（大将級ダイエット）

The Warrior Diet（戦士ダイエット）
No-Fad Diet（一時的ブームで終わらないダイエット）（＊4）
The Martini Diet（マティーニ・ダイエット）

そして極めつけがこれだ。

The Diet to End All Diets: Losing Weight God's Way（あらゆるダイエットに決着をつけるダイエット――神の方法で体重を落とす）

ダイエット本のタイトルは、イギリスのパブの名前のようなものだ。ほとんどデタラメで意味がないのに、響きだけはとてもいい！　共通点はほかにもある。イギリスのパブと同じくらい古くから存在するダイエット本だってあるのだ。ここで二冊の本を紹介しよう。片方は一八七〇年に出版された本で、もう片方は二〇一八年の出版だ。どっちがどっちか、わかるかな？

書籍A
『医学博士R・レオニダス・ハミルトン教授の発見と比類なき業績、とくに肝臓、肺、血液をはじめとする慢性疾患の特徴と治療法について――教授の経歴の概略（ハーパーズ・マガジン誌より）および疾病の定説となった教授の理論と素晴らしい治療実績も所収』

書籍B

『医療霊能者が肝臓を救う――湿疹、乾癬、糖尿病、レンサ球菌、にきび、痛風、腹部膨満、胆石、副腎ストレス、疲労、脂肪肝、体重の問題、小腸内細菌異常増殖、そして自己免疫疾患への解決策』

書籍Aのほうが古いわけだが、病名から見分けがついたのではないだろうか。ところで、僕ら現代人には食に対する「自然」志向があるけれど、この傾向は決して現代的なものではない。一八八一年にこんなタイトルの本が出版されている。『完璧な食生活――人類古来の自然な食事への回帰を提唱する論考』。

驚くしかない。

ワイン好きの人なら、一七二四年のこの古典を楽しめるだろう。『ブドウジュース、あるいはワインが水よりも望ましいことについて。この論考で示されるのは、ワインの偉大なる効能によって健康が維持されること、そしてほとんどの病気からの回復が可能であることだ。この素晴らしい治療薬による数多くの治療の実例と、その使用法、治療としての予防機能も紹介される。ワイン醸造業者へのアドバイス付き』。

まったく飲まない人が仲間外れにならないよう、一七七九年のこの本も紹介しておこう。『ミネラルウォーターの使用および乱用についての論考。水を飲む際のルールについて。慢性疾患に苦しむ患者のための食事プラン』。

一九一四年にはユージーン・クリスチアンが五巻（！）からなる食生活に関する本を発表している。

『食の百科事典――食物に関する疑問に対する論考、全五巻。食物の化学と人体の化学をわかりやすい言葉で説明し、これら二つの食のプロセスに関する学問分野を統合することにより、食物の消化吸収と老廃物の排出を正常化することで胃腸およびその他すべての消化器疾患の原因を取り除く』。

ダイエット（食生活）と健康とは、いつの時代も、本のジャンルとして最強だ。グーテンベルクは聖書の印刷を終えると、次はダイエットの本にとりかかったんじゃないだろうか。そして以降ずっと、この手の本が印刷され続けているのだろう。もちろん、本だけに限った話ではない。インターネットには、ターキーに肉汁をかけるための巨大スポイトを用いて、コーヒー浣腸をするよう勧める人や（やるなら室温まで冷ましてからだよ！）、自分の尿を飲むよう勧めたりする人びとがいる。こと食べものと健康の話となると、少なくとも三〇〇年前に始まって、その後ずっと積み重ねられてきた、情報の巨大な津波が存在するのだ。要するに、ダイエットや健康について検索などしようものなら、たいていは混乱することになって、心配事が増えて、鼻の奥に膿汁が溜まる可能性が七％くらい増えることになる。

確かに、超加工食品に関する数字はかなり恐ろしい。しかしその一方で、僕たちは食べものをさまざまなカテゴリーや等級に分けては、あるものを賛美し、別のものを悪者扱いするということを何百年間も続けてきた。今回の「超加工食品」が目新しい一時的な流行りではないと誰に断言できるだろう？　だが、さらにそのまた一方で、「自然の状態から離れた食品ほど人体に悪い」という主張は、かなり強く直感に訴えるものではある。

第Ⅰ部の残りの章では、いろいろな話題を取り上げながら、明快な答えにたどり着くという目的に向かって進む。まず、地球上のあらゆる食物を生成している、ある化学反応について見ることにしよう。

それから、僕たちの祖先たちがなぜ食物を加工したのかという次の三つの重要な理由について考察する。
理由その1　痛みを伴う即死を避けるため。
理由その2　痛みは少ないけれどもっと時間がかかる死を避けるため。
理由その3　単に楽しいから。
だが、死や楽しみについて考える前に、あらゆる食物が始まるところを確認しようではないか。それは、地球上で最も重要な化学反応なのだから。

（＊1）コーヒー豆は生きた細胞でできており、細胞はそれ自体が何千もの化学物質でできている。焙煎したコーヒー豆で確認されている化学物質の種類は九五〇以上にのぼり、おそらくはまだ検出・特定されていない化学物質がさらに多く含まれているだろう。

（＊2）答えは……食品Cがハチミツで、食品Dがゼリービーンズだ。

（＊3）数字が気になる人のためにわかりやすく言うと、オレオ・ピーナッツバターシェイクのラージは、棒状のバター二本よりも、そしてホウレンソウ二三二杯よりもカロリーが高いってことだよ。（ちなみにバターはグループ2で、ホウレンソウはグループ1の食品だ。）

（＊4）なんとも皮肉な名称だ！

第2章 人間を殺そうとする植物たち

二酸化炭素、排便、植物の配管、生物の電池、コンドーム、有毒なイモ、NASAのアイスクリーム

人間は、狩った大型動物を火で調理するようになるまでは、食糧のほとんどを植物に頼ってきた。人間だけではない。地球上のあらゆる動物は、植物を食べるか、植物を食べた動物を食べるか、植物を食べた動物を食べた動物を食べるか、植物を食べた動物を食べた動物を食べた動物を食べるか、植物を食べた動物を食べた動物を食べた……。

もう続けなくてもわかるだろう。

植物は本質的に魔法使いだ。太陽からのエネルギーを利用しつつ、空気と土壌から自分の体を成長させているのだから。植物は、直接的にしろ間接的にしろ、文字どおり地球全体を養っている。その秘密

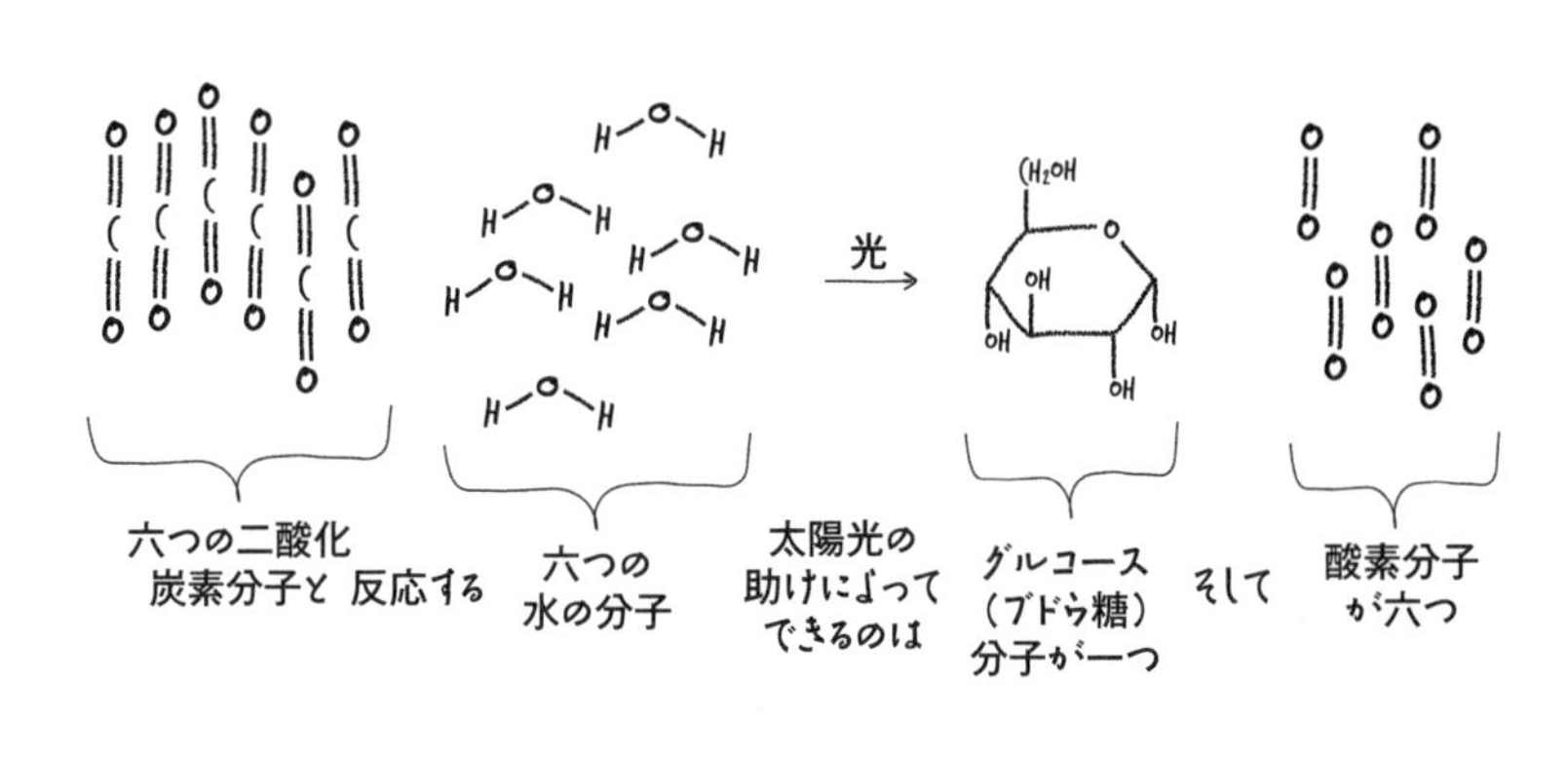

とは何か？　答えを知っている人もいるだろう。高校時代に習った、「光合成」だ。こんな化学反応式を見たことはないだろうか。

$$6CO_2 + 6H_2O \rightarrow C_6H_{12}O_6 + 6O_2$$

（気体）（液体）（水溶液中）（気体）

図のほうがわかりやすい人は、上の図で感じがわかるかな。

（ところで、化学物質について検索したことがある人は、この図のような表現方法を見たことがあるだろう。これは化学物質を簡潔に表現したものだ。それぞれの文字が原子一つに対応していて、Cは炭素、Oは酸素、Hは水素だ。直線は化学結合を表していて、この場合は原子間で共有している電子のことだ。二本以上の線が集まって直接つながっている場所には炭素原子がある。書かれてはいないが、あると思ってくれ。なぜ化学者が炭素を全部は書かないのかというと、大きな分子の場合、いつまでたっても書き終わらなくなるからだ）。

高校で光合成について習うと、こんな感じの説明をされる。

「植物は太陽から得た光のエネルギーを利用して、六個の二酸化炭素と六個の水分子を、一個のグルコース（ブドウ糖）分子と六個の酸素分子へと変える」

　瞬間的に寝てしまい、机に強く頭をぶつけて飛び起きたよ。この文章を分解して順番に見ていこう。まずは冒頭の「植物は太陽から得た光のエネルギーを利用して……」の部分から。

　人間がソーラーパネルを発明したのは一九五〇年代のことだ。だが、植物はそれを五億年前に発明していた。というのは、植物の葉（＊1）は実質的に小型ソーラーパネルなのだ。植物は超小型の分子機械を組み立てる方法を発明した。その分子機械は、光子一個がぶつかるとそれに反応して自らの形や動きを変化させて、光のエネルギーを利用して糖をつくることができる。

　さて、次の「……六個の二酸化炭素と……」という部分。

　僕たちの観点からすると、大気中の二酸化炭素は増えすぎている。（やあどうも、気候変動さん！）だが、植物の観点からすると、二酸化炭素は少なすぎる。地表付近では、大気に含まれる二酸化炭素は〇・〇四％。つまり、大気中の分子一万個をランダムに選んだとすると、二酸化炭素はそのうちの四個しかない。残りの九九九六個はというと……二酸化炭素ではないので、光合成にはまったく使えない。植物はどうにかして、このほとんどが役に立たないガラクタだらけの大海から――つまり一万個のなかから、必要となる四個の分子を取り出しているわけだ。

　では、次に進もう。「……六個の水分子を……」

　僕らみんなにとって必要な、素晴らしき水のことだね。

　そろそろ終わりだよ。「……一個のグルコース（ブドウ糖）分子と……」

　植物がつくるグルコースはさまざまな形で利用される。たとえば、僕ら人間がグルコースを燃やしてエネルギーを得るのと同じようにして、植物もグルコースからエネルギーを得る。また、グルコースからスクロース（あなたの食品庫に入っている砂糖とまったく同じもの）がつくられる。グルコースはデンプンとなって、冬に備えて貯蔵される。また、セルロースにもなって、植物の形をつくる材料として使われる。さらに……というふうに、その利用法はまだまだ続く。多用途のグルコースは、植物界におけるアーミーナイフ的存在だ。

最後の肝心な部分。「……六個の酸素分子へと変える」

植物がグルコース分子を一個つくるたびに、酸素分子が六個つくられる。植物はこれらの酸素を大気中に排出しなくてはならない。大気中では、一万個の分子のうち二〇九六個がすでに酸素分子である。酸素の一部は糖を分解してエネルギーに変えるために使われるが、ほとんどは大気中に排出される。酸素は光合成における排出ガスなのだ。

全体として見ると、植物は太陽エネルギーと水を利用して、二酸化炭素分子を分解し、炭素原子をつなぎ合わせることで、化学的に安定していて水に溶けやすい輪っかの形をしたエネルギー貯蔵分子をつくっているのだ。この環状の分子は「糖」として知られる。糖は、燃やすとすぐにエネルギーとして利用できるし、成長のための素材としても使えるし、何千個もつなげて鎖状にして、いずれ使用するときのために貯蔵もできる。

糖は葉でつくられるが、非常に重要な物質であって、植物のほかのあらゆる部分でも必要とされる。そのため、糖は葉からほかの多くの場所へと運ばれなくてはならない。キッチンで育つようなハーブならば、糖の移動距離はほんの数センチですむかもしれない。しかし、背の高い木の場合は数十メートルも移動することになる。では、糖はどのようにして、植物の末端から末端まで移動するのだろうか。

「どのようにして」の前に、「どのくらいの量を」について話をすべきだろう。その簡単な答えとは、「大量」につきる。たとえば一本のオークの木は、一日あたり二五キログラムのグルコースを生産できる。小さい子どもや、メスのゴールデンレトリバーくらいの重さだ。この糖の大部分が、ほかの場所、つまり花や実、茎、幹、根などに運ばれる。

僕ら人間にはとても優れた循環系が備わっている。中央に非常に強力なポンプが一つあって（心臓）、生きた細胞でいっぱいの濃い液体（血液）を、大動脈、中くらいの動脈、そして細い毛細血管へと押し流す。一方、植物にはこの仕組みがない。それなのに、世界一高い木であるカリフォルニア州の「ハイペリオン」などは、地面からの高さ約一一六メートルの葉先から、最も離れた根の先まで（幹から一〇〇メートルほど離れているだろうか）、どうにかして糖を届けているのだ。方法は？　「篩部（しぶ）」にその秘密がある。学校でこのように習ったことがある人もいるだろう。

「木部（もくぶ）は根から植物の残りの部分へと水を輸送し、篩部は葉から植物の残りの部分へと糖を輸送する」

篩部は複雑な組織だが、その主要部分は篩管である。篩管とは実質的にパイプのことだ。ただし、おしゃれな家のシックな水道管みたいに銅製だったりはしない。篩管の素材は生きた細胞なのだ。いくつもの細長いパイプを連結した石油パイプラインのように、生きた細胞が一つずつ、縦方向に端から端までつながっている。連結部には、まるで台所にある篩（ふるい）のように、たくさんの穴があいている。一つずつのパイプは篩要素と呼ばれ、一つの長さは数百マイクロメートルしかない。葉のなかでは、篩要素の幅はおよそ一〇マイクロメートルとなる（*2）。太さは一ミリメートルの一〇〇分の一しかないのに長さは数十メートルもあるような極細のストローで、糖の水溶液を吸い上げる（あるいは吹き出す）力がどれほどの強さであるかを想像してみてほしい。植物は毎日これをやっているのだ。だが、いったいどうやって？

答えは光合成。僕たちと違って、光合成はとても生産的なのだ。最適な条件が整えば、植物によっては、グルコースの分子一個をたった六〇個の光子を使って光合成でつくることができる。（ちなみに、天気のいい日に雲一つない青空を見上げたとしたら、あなたの片目に到来する光子は毎秒約三〇〇兆個だ。）平均以下の条件であっても、中くらいの大きさの葉っぱ一枚で、一日あたり約八〇〇ミリグラムの糖をつくることができる。そして糖は葉のなかにある篩管につぎつぎと送り込まれる。想像がつくと思うが、限られたスペースにたくさん押し込もうとすればするほど、そのスペース内の圧力は高まる。ありがたいことに、糖にはその圧力を解放するための行き場所がある。植物内のほかの場所だ。とはいえ、実際に圧力が大きく下がることはない。葉で光合成が起こり続けるためであり、糖はどんどん生産されて、篩管に押し込まれて、篩管のなかの糖が植物のほかの部分へと押し出され続けるのだ（*3）。

つまり、光合成はポンプのようなものと考えることができる。何かを圧迫するような機械的なポンプではなくて、化学的なポンプだ。どんどんつくられる糖が、別の場所へと移動しなくてはならなくなることで機能する。その別の場所とは、篩管の終端から先だ。

だが、このポンプのシステムが機械的なものではないからといって、侮ってはならない。そこで生じる圧力はというと……、そうだなあ、あなたがお医者さんに血圧を測ってもらうとしよう。あなたが健康ならば（そしてかなり運がよければ）、血圧は、一平方インチあたり二ポンド、つまり2psi（約105 mmHg）程度で収まるだろう。車のタイヤの空気圧は約32psiなので、あなたの血圧の一五倍くらいということになる。そして、植物は――思い出してほしいのだが中央にポンプなど存在しないわけだが――篩管に約145psiもの圧力が生じることがあるのだ！　これがどのくらいの圧力なのかを実感したければ、スキューバダイビングの装備を身につけて、水面下一〇〇メートルまで潜るといい。あなたの肌はその上の一〇〇メートル分もの水によって押されているわけだが、単位面積あたりで同じだけの力が、太さが人間の髪の一〇分の一ほどしかない細い細い管のなかに生じているのだ。そしてあなたの周りの植物は、その管を内奥に秘めている。

そんなわけで、次に木を見たときには――水やりを忘れていた台所のハーブでもいいけれど――自分が見ているものが、地球上で技術的に最も進んだ配管システムを備えていることに思いを巡らせてほしい。

では、この配管システムを流れているものが何であるかについて話そう。光合成によって植物の葉でたくさんの糖がつくられていることを覚えているだろう。だが、植物は固形の糖をつくっているわけではない。実は、地球で起こることのほぼすべてが、光合成も含めて、水のなかで起きている。植物が糖をつくるときも、水のなかでつくっている。そして、植物が篩部によって糖を輸送する際には、水のなかで輸送しているのだ。

たとえば、一カップの紅茶やコーヒーにティースプーン（小さじ）二杯の砂糖を溶かすと、だいたい三・三%の砂糖の溶液ができる。多くの人にとってかなり甘く感じる味だろう。缶コーラの場合はおよそ一〇%の砂糖の溶液だ(＊4)。植物の液汁の場合、一〇%から始まって五〇%にまで達する。つまり、植物によっては、コーラの三倍という砂糖濃度をもつ液体が配管システムを流れている。植物はこの世で最も古い歴史をもつ、シロップ生産者なのだ。

要約しよう。確かに果物はおいしくて素晴らしい。しかし、植物の樹液は、幅一〇マイクロメートルのパイプが何千何万と連なってできた管を、水面下一〇〇メートル、あるいは放水時の消防ホースと同程度の圧力が生じている状態で、葉から根まで流れているわけで、それはもうとてつもないレベルのすごい糖なのだ。

糖の話は、ほんのさわりである。

アメリカなど裕福な国に住んでいる人にとって、食べものの選択肢は無限大と言っていいほどだ。だが、その無限の選択肢を出所まで遡ってみれば、そこには一つのものしかない。植物だ。光合成というのは、炭素、水素、酸素という三つの化学元素からできた二種類の分子から、糖をつくる過程だ。植物はエネルギーを得るためこれらの糖をすぐに燃やすのだが、後で使うためにデンプンや脂質に変えて貯蔵もする。つまり、人間にとって最も重要な食品群のうち、糖、デンプン、脂質という三つが、光合成によって同じ三種類の元素からつくられているわけだ。(実は食物繊維も同じ元素からできている。食物繊維は厳密には食べものではないのだが、快適な排便のためにとても役立つ。)

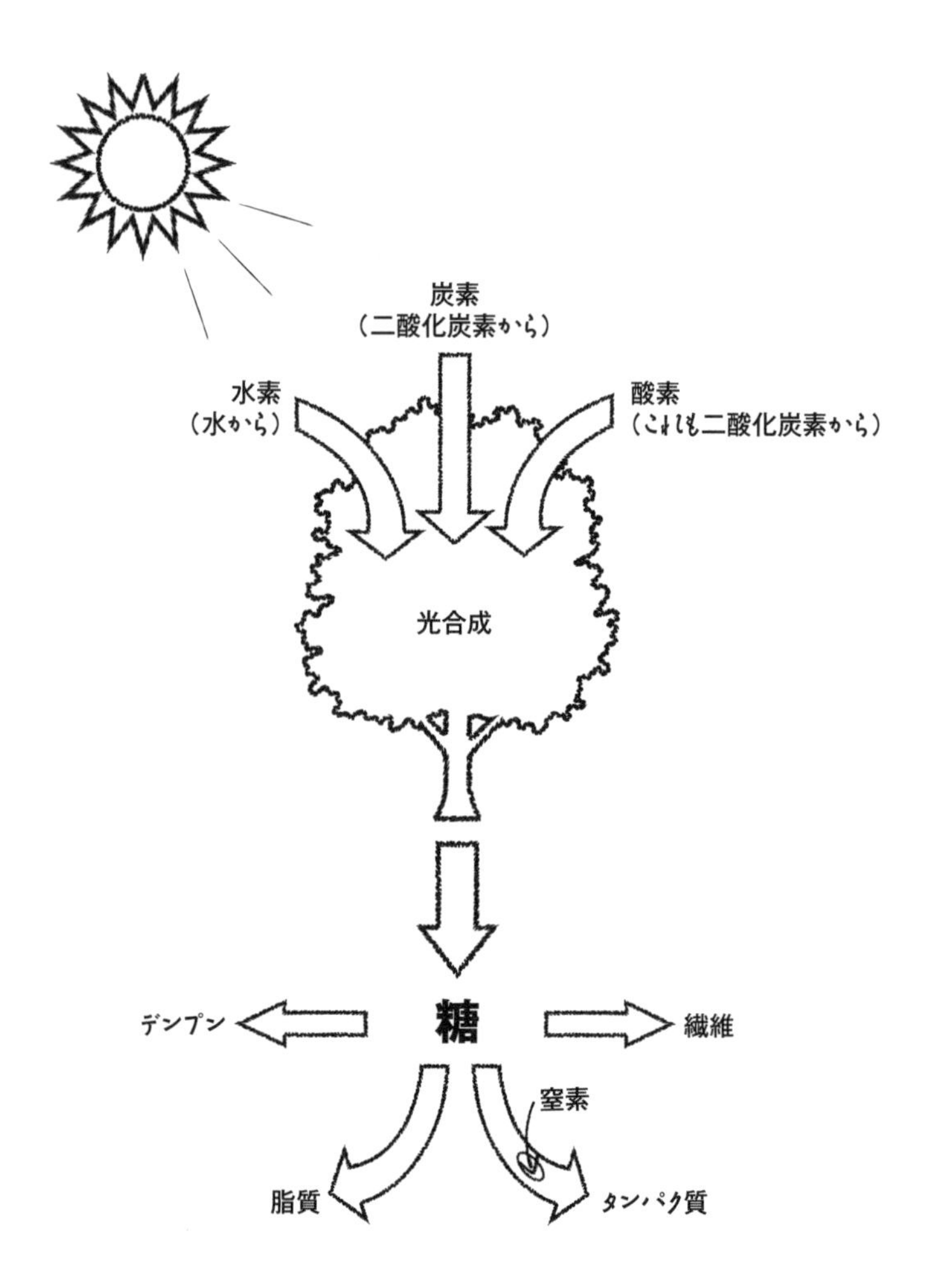
炭素
（二酸化炭素から）
水素
（水から）
酸素
（これも二酸化炭素から）
光合成
糖
デンプン
繊維
窒素
脂質
タンパク質

植物はタンパク質もつくっているが、そのためには窒素が必要となる。ある植物は、根によって土壌から窒素を吸い上げている。またある植物は微生物を仲間にしており、その微生物が窒素ガス（N_2）を大気中から取り出してアンモニア（NH_3）をつくり、植物はそれを材料としてつくったタンパク質やビタミン、DNAを、自身の体に組み込んでいる。

要約すると、光合成は、炭素と水素、酸素、窒素の四つを材料として糖とデンプン、食物繊維、脂質、タンパク質をつくるプロセスを促進している。また植物は、土壌からミネラルを取り込んで、人間の生存に不可欠ないくつかのビタミンもつくっている。

つまり、植物は、食物でないものを、食物へと変えているのだ。

では、植物はこれだけの食物をどこに蓄えているのかというと、その食物を素材として、自分の体を組み立てている。そうそう、植物の大部分は水であることもお忘れなく。植物は、あなたが――そしてほかのすべての動物が――生きていくのに必要なすべてのものを備えているのだ（＊5）。

あなたが植物だとすると、水と空気と日光と土壌だけで生きていけるのだから素晴らしいことだ。だが、不都合な点もある。あなたの体は食物でできていて、体を巡るいわば血管系には、栄養価の高い糖のシロップが二四時間年中無休で流れ続けているのだ。しかもあなたは無防備にも、文字どおり尻から根を生やしてその地に腰を据えてしまっている。動くことができないだけでなく、唸ったり、吠えたり、嚙みついたり、殴ったりもできない。そんなわけで、多くの虫や動物は、喜んであなたを食べようとする。

どうすればそれを防ぐことができるのか？

狡猾に戦うしかない。

一九八〇年代初頭、オーストラリアのビクトリア州西部は、二〇世紀で最悪の旱魃（かんばつ）被害に見舞われていた。被害地域には、アンゴラヤギ五〇頭の群れもいた。水がないということは、食べられる牧草もないということだ。哀れなヤギたちは飢えていた。そんなとき、誰かがシュガーガムと呼ばれるユーカリの一種を伐り倒してやった。シュガーガムは高さ三〇メートルに達することがあり、農場の防風林としてよく利用される樹種である。伐り倒された木にはおそらく葉が数万枚ほどついていただろう。ヤギの好物ではないが、食べないよりはマシなはずだ。そうだろう？

残念ながら、マシではなかった。二四時間も経たないうちに、群れのおよそ半数が死んでしまった。（全滅してもおかしくなかったが、飼い主が迅速に対応したので半数が助かったのだ。）では、何が起きたのだろうか？

シアン化物だ。

シアン化物イオンは美しい分子である。

一四個の負電荷が雲のように囲んでいるのは、小さな正電荷の二つの集団だ。片方の集団は六個の正電荷、もう片方は七個の正電荷からなる。内側の正電荷は見えないが、外側の負電荷の層によって、片側の重さが反対側よりも少し重くなっているような、不均等なもやっとしたダンベルのように見える。負電荷は、正電荷の集団の近くでは濃いのだが、離れるにつれてまばらになる。おならした後の臭いみたいな感じだ。

シアン化物イオンは単純だ。二つの原子だけからできている。炭素一つと、窒素一つ。また、シアン化物イオンは軽い。この地球で僕らが遭遇する可能性のある分子のうち、これより軽いものはほんのわずかしかない（＊6）。そして、シアン化物イオンは毒性が非常に強い。僕の体重は七〇キロを超えるくらいだが、シアン化物イオンが一〇分の一グラムもあれば、おそらく死ぬだろう。〇・五グラムなら——普通サイズの金属製ペーパークリップ一個の重さがそれくらいだ——確実に死ぬ。摂取量によっては、最初の分子が唇を通過してから六〇秒以内で息を引き取る可能性がある。まあ、最後に呼吸してからも三〜四分は心臓の鼓動が続くかもしれないが。

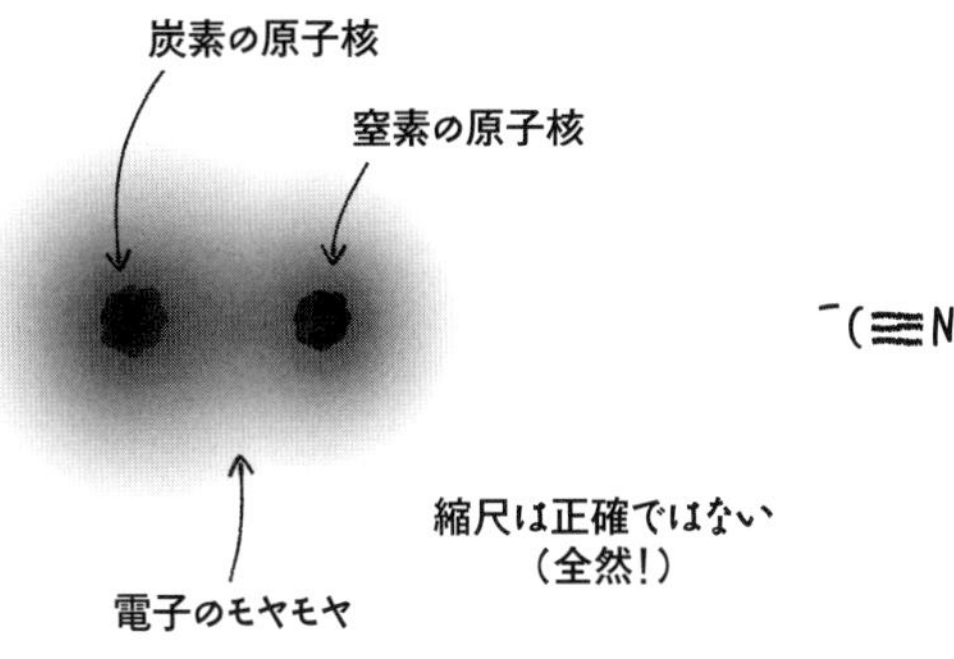

シアン化物イオンの毒性がなぜそれほど強いのかというと、見た目は酸素に似ているのに、振る舞いは酸素には程遠いからだ。あなたが空気を吸うと、肺のなかの微細な通路に酸素が入り、それを血液中の赤血球が吸収する。こうして血液によって、酸素が体内のほぼすべての細胞へと運ばれる。細胞内には、ミトコンドリアというそれ自体がミニ細胞のようなものがいて、このミトコン

ドリアが、運ばれてきた酸素を使ってアデノシン三リン酸（別名ＡＴＰ）をつくる。ＡＴＰは、分子の世界の単四電池と思えばいい。これらの単四電池があなたの体内にあるほとんどの細胞にとっての主なエネルギー源となるので、ほとんどの細胞はたくさんのミトコンドリアを抱えている。この単四電池を製造する最終段階で重要な役割を果たすのが酸素なのだ。電子（あなたの食べものの化学結合から得られる）が、酸素（吸い込んだ空気から得られる）と二つの水素イオン（おそらく飲んだ水から得られる）にぶつかることで、水分子が形成され、それと同時に単四電池をつくるための反応に必要な力が生じる。ざっくりいうとこんな感じだ。

電子＋酸素＋水素→水＋単四電池をつくるためのエネルギー

つまり、右の式を次のように簡略化しても、あながち間違いでもない。

食べもの＋空気＋水→エネルギー

あなたの生命の基礎にあるのは、この反応だ。あなたは電子のために食事をし、酸素のために呼吸し、水素のために水分をとっている。このうちのどれが欠けても、あなたは死ぬ。

この単四電池を製造する反応全体を進めるには数多くのステップがあるのだが、酸素と電子と水素イオンが適切なタイミングで完璧に供給されねばならず、また、反応を進めるためにさまざまな酵素（＊7）

が順番に使われる必要がある。ここで問題になるのが、シアン化物イオンだ。この反応経路中の重要な酵素の一つが、シアン化物イオンを酸素だと誤認するのだ。通常ならば、酸素分子はこの酵素に結合してから、酸素同士の結合が切れる。つまり、一つの酸素分子が二つの酸素原子となる。ところが、シアン化物イオンを吸い込むと、シアン化物イオンはすぐにミトコンドリアの元にやってきて、酸素が結合するはずのこの酵素に結合してしまうのだ。酸素とは違って、シアン化物イオンの結合は切れないため、酵素はその状態のまま動けなくなり、正常に機能しなくなる。最終的には、シアン化物イオンはこの酵素との結合を解いて、酵素は再び機能するようになるのだが、結合しているあいだは単四電池の生産はストップしてしまう。

電子＋シアン化物イオン＋水素 → 何も生じない

あなたの体内にあるミトコンドリアの総数は、数京個にも及ぶと言われている。なので、あなたがシアン化物イオンの分子を一個吸い込めば、あなたの体内にある約三七兆個の細胞のなかの、ある一つのミトコンドリアの内部で生産される単四電池の数がわずかに減少するだろう。しかし、それであなたが死ぬことはない。最終的にあなたの体は、問題のシアン化物イオンに硫黄原子を結合させて毒性の低いチオシアン酸イオンに変えて、これを尿と一緒に体外に排出して、あなたの人生はその後も続く。しかし、吸い込んだシアン化物イオンが多ければ、多くのミトコンドリアで単四電池の製造がストップする。電池で動く人形から電池を抜いたらどうなるのか？　動かなくなるだろう。

人間の場合は、死だ。

シアンガスを大量に吸引すると、喉が渇いて焼けつくような感覚を味わう。そして、体内に入る方法によらず、窒息するように感じて喘ぐことだろう。次に、呼吸が止まり、体が痙攣する。それから――幸いなことに――気を失うだろう。この時点で、あなたは心臓発作を起こして、そうなると割とすぐに死ぬかもしれない。あるいは、脳が心臓をどうにか動かし続ければ、ついに心筋が電池切れになるまでの数分間は生き続けるかもしれない。この一連の悲しむべき展開は、肺に十分な酸素を送り込めなかった場合に起きることと多かれ少なかれ同じなのだが、恐ろしいことに、シアンガスを吸引した場合には肺や全身に酸素がいきわたっていたとしてもこれが起こる。その酸素を体が活用できなくなるのだ。理由は、とにかくシアン化物イオンがその邪魔をするから。たとえ周辺に十分な酸素があっても、シアン化物イオンが体内の個々の細胞を窒息させるわけだ。プールの水のなかで、喉が渇いて死ぬようなものだ。

細胞内にミトコンドリアをもつ動物ならば、ある程度以上のシアン化物イオンを体内に入れると死んでしまうだろう。ミトコンドリアをもつのは珍しいことではない。アンゴラヤギにもある。普通のヤギにもある。あなたにもある。あなたの愛犬も、猫も、スナネズミも、フェレットも、キツネザルも、インコも、モグラだってもっている。昆虫も、哺乳類ももっている。基本的に、植物を食べる欲求と能力のある動物ならなんでも、ミトコンドリアをもっているのだ。つまり、あなたが植物だとして、シアン化物イオンを生成する能力があるならば、あなたを狙う捕食者のミトコンドリアを標的にして、毒を盛ることができるわけだ。

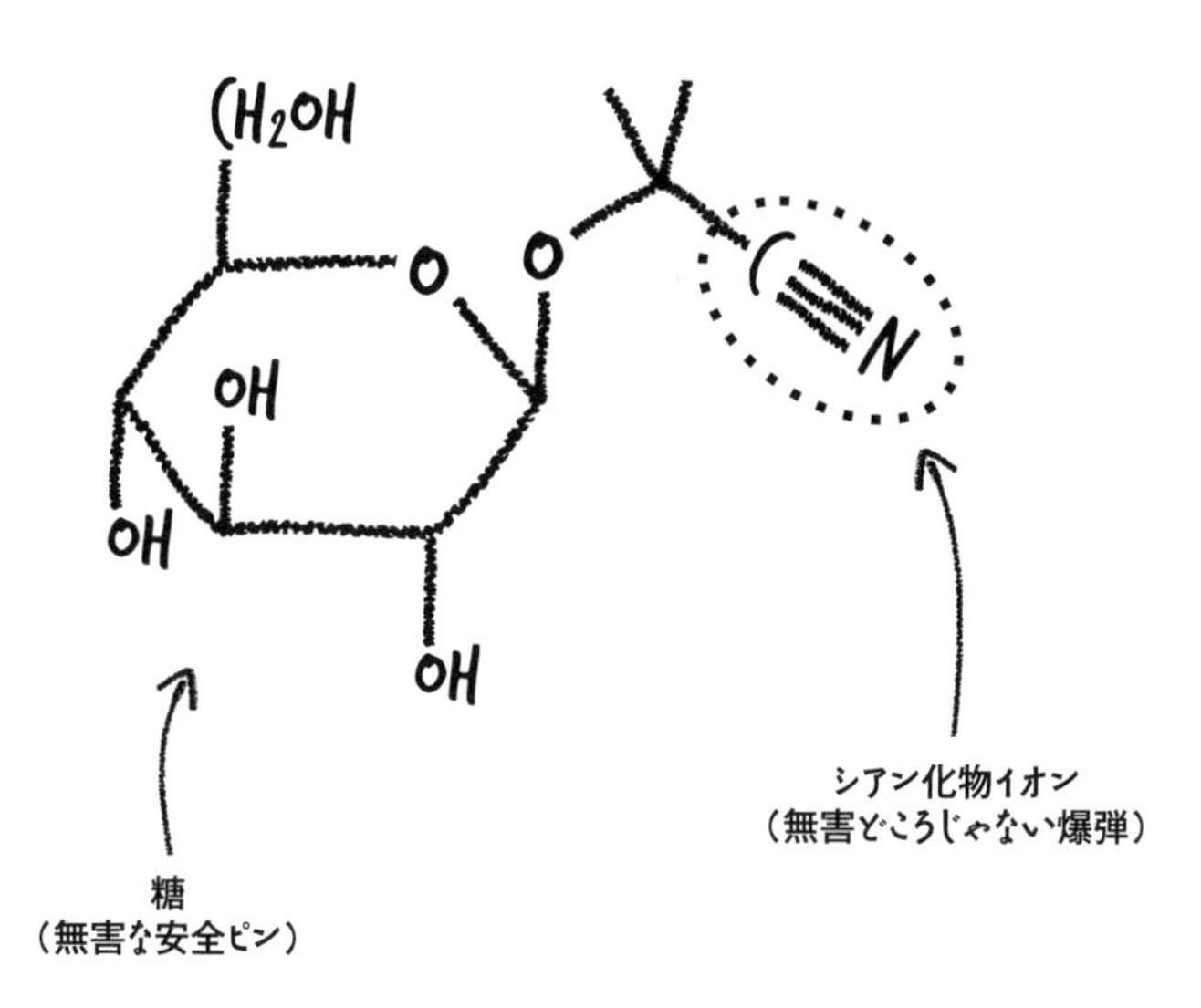

シアン化物イオンは単純だ。炭素と窒素でできており、いずれも空気と土壌からほぼ無制限に得られる。また、シアン化物イオンは軽い。たった二つの原子でできているのだから。たとえば何千（あるいはそれ以上）という原子でできているタンパク質などと比べれば、生産に必要なエネルギーは微々たるものだ。そして、シアン化物イオンの攻撃対象は、生命を維持する中心的機能の一つであるエネルギー生成機構なので、さまざまな捕食者に対して強烈な毒性を発揮する。つまり、毒として完璧なのだ……。

ある小さな一点だけ、お伝えしてなかったことがある。実は、植物にもミトコンドリアがあるのだ。そのため、シアン化物イオンは、捕食者になりそうな動物に対してだけでなく、植物にとっても有毒である。ところが植物には回避策があり、しかもそれが単純かつ巧妙だ。植物は、純粋なシアン化物イオンを生成するのではなく、シアン化物を無害な糖の分子にくっつけて、青酸グリコシド（シアン配糖体）という化学物質をつくる。

この青酸グリコシドは、手榴弾だと考えればいい。この手榴弾の爆発する部位がシアン化物イオンで、安全ピンに相当するのが糖だ。

ピンが刺さっていれば無害だが、ピンが外れると有害になる。

青酸グリコシドから安全ピンを抜くためにはβ-グルコシダーゼという特定の酵素が必要だ。ここではこの酵素を「フィリップ」と呼ぼう。「β-グルコシダーゼ」という名前よりは憶えやすいからね。フィリップは、神のみぞ知る謎の理由で、手榴弾から安全ピンを抜くのが大好きなのだ。天命というか、生まれつきというか、運命というか。

フィリップ＋手榴弾→ドッカーン！

手榴弾もフィリップもそれ自体に毒性はないのだが、一緒になるとシアン化物イオンが放たれてしまう。植物がこれら二つを細胞の同じ部位に蓄えたりしたら、すぐに混ざってシアン化物イオンを生じて、植物が深刻なダメージを受けるか、枯れることさえあるだろう。これはよろしくない。そこで植物は手榴弾とフィリップを別々に蓄えている。植物が通常運転している限りにおいては、なんの問題もない。両者に接点はないのだから。しかし、たとえば昆虫やイモムシがやってきて、植物を食べ始めると――葉を引きちぎったり、つぶしたり、咀嚼したりすると――フィリップと手榴弾が混ざらないように隔てていた膜が壊れる。そしてフィリップは手榴弾の最後の願いをかなえるため、できるだけ多くの手榴弾から安全ピンを抜くのだ。こうして、この植物を食べた不運な誰かの消化器系のどこかで、放たれたシアン化物イオンが仕事に取り掛かる。楽し気に口笛を吹きながら、周りの細胞を窒息させるのだ。

シアン化物イオンは非常に効き目の強い毒であるうえに、手榴弾とフィリップを組み合わせたシアン化物イオン放出システムの構築はとても簡単なので、二五〇〇を超えるさまざまな植物種がこのタイプのシステムを採用している(＊8)。知っている人も多いだろうが、リンゴの種やさくらんぼの種、アーモンド、桃の種、アプリコットの種(杏仁)も、このシステムを使っている。ただし放出レベルはかなり低いので、さくらんぼの種を一つ二つ誤って呑み込んでも、体調に問題は生じないだろう。これよりも放出レベルがずっと高くて、しかも世界中の一億人が、必要なカロリーの大半をそれから得ているという植物もあるのだが、これについてはまた後ほど取り上げることにしよう。ところで、植物毒はシアン化物イオンくらいだなんて思っている人がいるとすれば、もちろん大間違いだ。これは植物にとって、小手調べにすぎない。

植物毒のタイプはアメリカの上院議員数(一〇〇名)よりも多く、さらにそれぞれの代表的なタイプに属する個別の毒の数は、二〇、五〇、あるいは一〇〇にも及ぶ場合がある。

シアン化物イオンよりももっと悪質なものもある。たとえば、タンニンだ。タンニンに属するのは比較的大きな分子で、数十、数百、数千の原子によって構成されており(シアン化物イオンなんて二個だからね)、その働きもさまざまだ。シアン化物イオンはミトコンドリアにくっついて酸素を使えないようにするが、タンニンはタンパク質にくっつく。想像してみよう。家で別の部屋に移動したいときに、二人の幼い子どもが両側からあなたの手を引っ張って動こうとしない状況を。この程度ならまだ歩けるかもしれないが、子どもを引きずっていかなければならないだろう。そこに、もう二人の子どもが両足にしがみついたとする。こうなると、糖蜜にどっぷり浸かった状態で進むようなものだ。さらに、別の子どもがあなたの腰に抱きつき、別の子が首にぶらさがり、また別の子が肩に乗ってきた。それほどたくさんの子どもがあなたにくっついてきたら、あなたは身動きが取れなくなり、子どもに埋もれて外からはあなただとわからなくなるだろう。これが、タンニンがタンパク質に対してすることだ(＊9)。

タンニンを多く含むもの、たとえば特定の種類のドングリなどを食べるとどうなるのかというと、食べものに含まれるタンパク質にタンニンが結合して、タンパク質が消化されなくなる。つまり、タンニンを食べた不運な動物は、貴重なタンパク質をただ排泄するだけになってしまう。餌の約一％をタンニンにしたニワトリは、タンニンなしの餌を与えられたニワトリと比べると、成長が遅れて、産む卵の数も少なくなる。餌のなかのタンパク質の恩恵を十分に受けられなくなるからだ。タンニンの量をさらに増やすと、タンニンは強い毒性を示す。栄養摂取をさせないどころか、胃腸に潰瘍などの損傷を引き起こすのだ。餌の五〜七％をタンニンにすると、ニワトリは死ぬ。牛などのほかの動物にはもっと抵抗力がある。殺そうと思ったらタンニンの割合を二〇％以上にしなくてはならない(＊10)。

魔女が大釜でぐらぐらと煮立てる材料のなかでも、シェイクスピアのおかげでとくに有名なのが、ドクニンジンの根だろう。毒薬の素材とするにふさわしいこの植物には、アルカロイドという化学物質が含まれている。コーヒーに含まれるカフェインもアルカロイドの一種だし、点滴のモルヒネや、ジントニックに含まれるキニーネもそうだ。ニコチン、コカイン、ストリキニーネなどもすべてアルカロイドである。大量に摂取すれば神経系や呼吸器系の異常を引き起こす。しかし、摂取量が少なければ非常に有用な薬として使えるものもある。実験室で合成できるようになる前は、どのアルカロイドも植物由来だった。実は、植物の約一八%がアルカロイドをつくっているのだ。

植物毒のなかには、驚くほど個性的で、素晴らしい名前がつけられているものがある。リシン（Ricin）は、リボソーム不活性化タンパク質（ＲＩＰ）と呼ばれるグループのなかでもとくに有名な物質だ。リシンを大量に摂取すれば、あなたもＲＩＰ（訳注「安らかに眠れ」の意）なんて刻まれた墓石の下に埋められることになるだろう。リボソームについては高校の生物で習ったのではないだろうか。ＤＮＡ配列という設計書に基づいてタンパク質を組み立てる、分子機械のことだ。リボソームは、細胞の基準からするとかなり巨大だ。七九種類のタンパク質と、数千個のヌクレオチドが連なってできた核酸（ＲＮＡ）で構成されている。リシンはリボソームのなかの**たった一個**のヌクレオチドの一部を切り取るのだが、それによって、その**リボソーム全体**が完全かつ不可逆的に不活性化させられるのだ。リシンはその後もほかのリボソームの一部を切り取って回り、一分間で一〇〇〇個以上のリボソームを不活性化させる。最終的に、大量のリボソームを壊されて、その細胞は死ぬ。ちょっと待てよ、これは突拍子もないことではないだろうか。リシンの分子たった一個が、細胞全体を殺してしまうのだ。ぴんと来ない人のために付け加えると、リシンの分子一個の重さは、約0.0000000000000000001グラム。細胞の重さはその二〇〇億倍である。リシンの分子一個で細胞一つを丸ごと殺すとは、アリの右足一本で象一頭が殺されるようなものだ。

不幸なことに、リシンはかなり簡単に手に入る。トウゴマ（ヒマ）の種子から相当な量を抽出できるからだ。そのため、有名人を郵便物で殺そうとするアマチュア暗殺者にとって、リシンは人気の毒物だ（＊11）。リシンは猛毒でありながら入手が容易なので、一九四〇年代半ばに米陸軍化学戦部隊は生物兵器としての使用を検討していた。しかし、人類にとって幸運なことに、リシンは細かい粉末状にするのが非常に難しく、多数の人を殺す兵器にはならなかった。

ほかの植物毒は、タンニンのように、もっと効き目の遅い殺し屋だ。オーストラリア原産のシダ植物であるナルドゥー（デンジソウの一種）にはチアミナーゼという酵素が多く含まれている。この酵素は、チアミンすなわちビタミンB_1のみに働いて分解する。あなたがビタミンB_1を長期間摂取せずにいると、脚気という病気になる。脚気になると最終的に死に至るのだが、その前に死を願うような思いを味わう。これはまさに、一八六一年にオーストラリアをさまよったイギリス人探検家二人に起きたことだった。彼らは何もわからないままに、ナルドゥーを間違った方法で粉末状にして食べたせいで脚気を患い（ほかの病気にもかかったが）、ゆっくりと死んでいったのだ。

植物の防御機構のいくつかは、あまりに身近すぎるがために、僕らはその本来の目的を忘れがちだ。パインの木からは安心するような気持ちのいい香りがするが、あれは防御機構が稼働中であることを示している。昆虫が針葉樹を噛むと、木はその反応として傷口からテレピン油に溶けた状態の樹脂を滲みださせる。テレピン油は揮発するので（このときに素晴らしく香り高い分子があなたの鼻に届くわけだ）、樹脂は傷口を覆った状態で固まる。これが長い年月を経て化石になったのが「琥珀」だ。樹脂のなかに虫が閉じ込められることも多い。想像してみよう。腰を落ち着けてパインの木をおいしくひと噛みしたら、突然、べたべたした金色の樹液に呑み込まれるのだ。それが、その後五〇〇〇万年にもわたる牢獄となる。パインの木のなんと見事な戦いをすることか。植物によっては、非常に高い圧力をかけた状態で樹脂を貯蔵しており、昆虫が葉脈を噛むと一五〇センチ近く樹脂が噴き出すことがある。まるで、皮下注射の針先から押し出されるみたいに。これを「水鉄砲防御機構」と呼ぶ生物学者もいる。

ラテックスとは、ゴムノキなどの樹皮に傷をつけて採取される乳液だ。医者が直腸検査の前にパチパチンと妙に大きな音を立てて装着するベージュの手袋の素材だが、ラバーフェチの人に愛好されるだけの存在ではない。二人のラテックス研究者は二〇〇九年にこれを「有毒な白い接着剤」と呼んだが、それには十分な理由がある。原料となる植物の種類によっては、何百種類もの毒が含まれることがあるのだ。ラテックスは、液体のなかに多数の微小なゴム粒子が分散した状態になっている。樹液と同様に昆虫の全身を捕えることもあるが、昆虫の口の部分だけをべたべたにくっつけることもある。一〇〇〇個の小さな輪ゴムで自分の口を結わえられている状態を想像してみよう。そんな感じだ。

植物は容赦ない。

これほどの被害を与えていることについて、植物は申し訳なく思っているのだろうか？　それを知る方法はたった一つ。植物に直接聞いてみることだ。最近、ＭＩＴの研究者がなんとMacBook Proとオオバナノコギリソウの異種交配に成功し、植物の意識にアクセスできるようになった。人類が誕生して数十万年経った今、僕たちはついに……

なんてね。ただの冗談だよ。

植物は信じがたいほど素晴らしい存在ではあるけれど、これまでのところ、人類は植物に彼らの秘密を文字どおり話させることはできていない。よって、哺乳類を殺そうと思って特別にリシンを進化させたんですか、それとも細胞内で何らかの重要な役割を果たしてもらうために進化させたらたまたま運良く毒性まであったんですか、なんてことをトウゴマに尋ねることはできない。ただ、ほとんどの科学者が同意しているのは、多くの植物毒に関してその毒性は偶然の産物などではなく、植物は自分を食べようとする虫や動物を阻止できるように進化したということだ。そして、あらゆる種類の生命体は――とくに虫と動物がそうなのだが――生存するために基本的に同じ分子を使っているのだから、植物がつくる化学兵器あるいは生物兵器のほぼすべてが、多数の種に効果があると保証されているようなものなのだ。そして、その「多数の種」には、たいてい人間も含まれる。正直なところ僕はものすごく感心している。世界中の植物が、さまざまな化学的方法を駆使して、なんと多くの医学的症状を引き起こしていることか。その症状のすべてを書き出すことはとうていできないけれど、たとえば喉や気道の痒みや灼熱感、発赤、めまい、嘔吐、下痢、呼吸困難、心不全、昏睡、そして、死がある。

植物たちの化学兵器は、圧倒的で、対処などできそうにもなく、畏怖の念すら起きるかもしれない。だが、動物たちも、無策に毒を食べてあとは運を天に任せているわけではない。植物学者のファビアン・ミケランジェリはこう話す。「植物は毒を進化させられるかもしれないが、その毒を克服するよう進化する昆虫もなかにはいるだろう。つまり、軍拡競争が起きているんだ」

たとえば、僕らの体には、ロダネーゼという酵素に基づくシアン化物イオンの解毒系が備わっている。

多くの生物にはこのロダネーゼの解毒系がある。おそらくは、植物のシアン化物イオンを食べてしまっても死なないようにするためだ(*12)。しかし、ここで話は終わらない。昆虫や動物のもつ機構は、毒素の化学的破壊だけにとどまらないのだ。タンニンは食物中の一部のタンパク質と結合することでタンパク質を消化させないようにするのだが、さまざまな動物たち、たとえばヘラジカやビーバー、ミュールジカ、アメリカクロクマなどは、タンニンに吸着するタンパク質を唾液中に分泌することで、自分が消化しようとする食物中のタンパク質とタンニンの結合を防ぐ機構をもっている。

青酸グリコシド(例の手榴弾)は、それはもう多種多様な植物種に含まれているので、昆虫や動物には、それらの植物をシアン化物ごと食べるために驚くほど独創的な方法を進化させたものたちがいる。たとえばムツモンベニモンマダラという蛾の幼虫は、食べ方そのものを変えて、大きく齧るようになった。植物の細胞があまりつぶれないので、放出されるシアン化物が少なくなるわけだ。さらに、塩基性の高い(つまり酸性とは逆の性質が強い)中腸を備えているので、酵素フィリップが一秒間に安全ピンを抜くことのできる手榴弾の個数が減る。しかも、幼虫は超高速で食事をする(一時間あたり約四平方センチメートルの葉を食べる)。これが意味するのはうんこも超高速だということだ。そのおかげで、シアン化物イオンは限られた量しか体内に残らない。

何種類かの蝶や蛾は、幼虫が手榴弾(青酸グリコシド)を安全に取り扱う方法を編み出している。しかも、単に手榴弾を体外に排泄するのではない。保管しておいて、自分を襲う捕食者に対して使うのだ。ある実験で、科学者がこの種の幼虫を二つのグループに分け、片方にはシアン化物を生成する植物を与え、もう片方にはシアン化物を生成しない植物を与えた。その後、すべての幼虫を、その天敵であるトカゲたちに与えた。トカゲが食べた幼虫のうち、シアン化物を体内に蓄えた幼虫の数は、蓄えていない幼虫の数の半分以下だった。トカゲが一噛みしたものの、シアン化物でいっぱいの幼虫だったために、それ以上食べるのをやめてしまうこともあった。これらのトカゲは頭を左右に振ったり、口を大きく開けたり、顎を床面や自分の脚にこすりつけたり、舌を上顎にあててこすり続けたりした。つまり、チョコレートチップクッキーをもらったと思ったのに、食べてみたらまずいオートミールとレーズンのクッキーだった人のような動作をしたわけだ。

幼虫の種類によっては、刺激を受けると、シアン化物が混入した消化液を逆流させて小さな液滴を出すものもいる。実質的に、襲ってきそうな相手にこう言っているわけだ。「こいつはまだまだたくさんあるぜ、だから俺を食べる前によく考えることだ……」。タバコの葉を食べるタバコスズメガは、植物からニコチンを取り込む。そして、コモリグモに襲われると、ガス状のニコチンを放出するので、クモはたまらず慌ててその場から逃げ出してしまう。（素晴らしい動画もある。僕はクモがあんなにすぐ食事をあきらめるのを見たことがない（＊13）。）この行動を発見した科学者はこれを「有毒な口臭」と呼んだが、控えめすぎる表現だと思う。なにしろ、人間のように口から臭い息を吐き出すのではなくて、体全体に分布している一ダース以上の小さな孔（気門）からニコチンを排出して、体の周りに有毒ガスを張り巡らせ、哀れなコモリグモにとって耐えがたい状況をつくるのだから。

ラテックスを産出する植物との闘いにあたって、こんな戦略をとる昆虫もいる。まず葉脈を切断してラテックスを流出させてから、葉脈を切った先の葉っぱを食べるのだ。その葉脈からは樹液がすっかり抜けきっているので、食べている箇所からラテックスは出てこない。素晴らしくずる賢い。

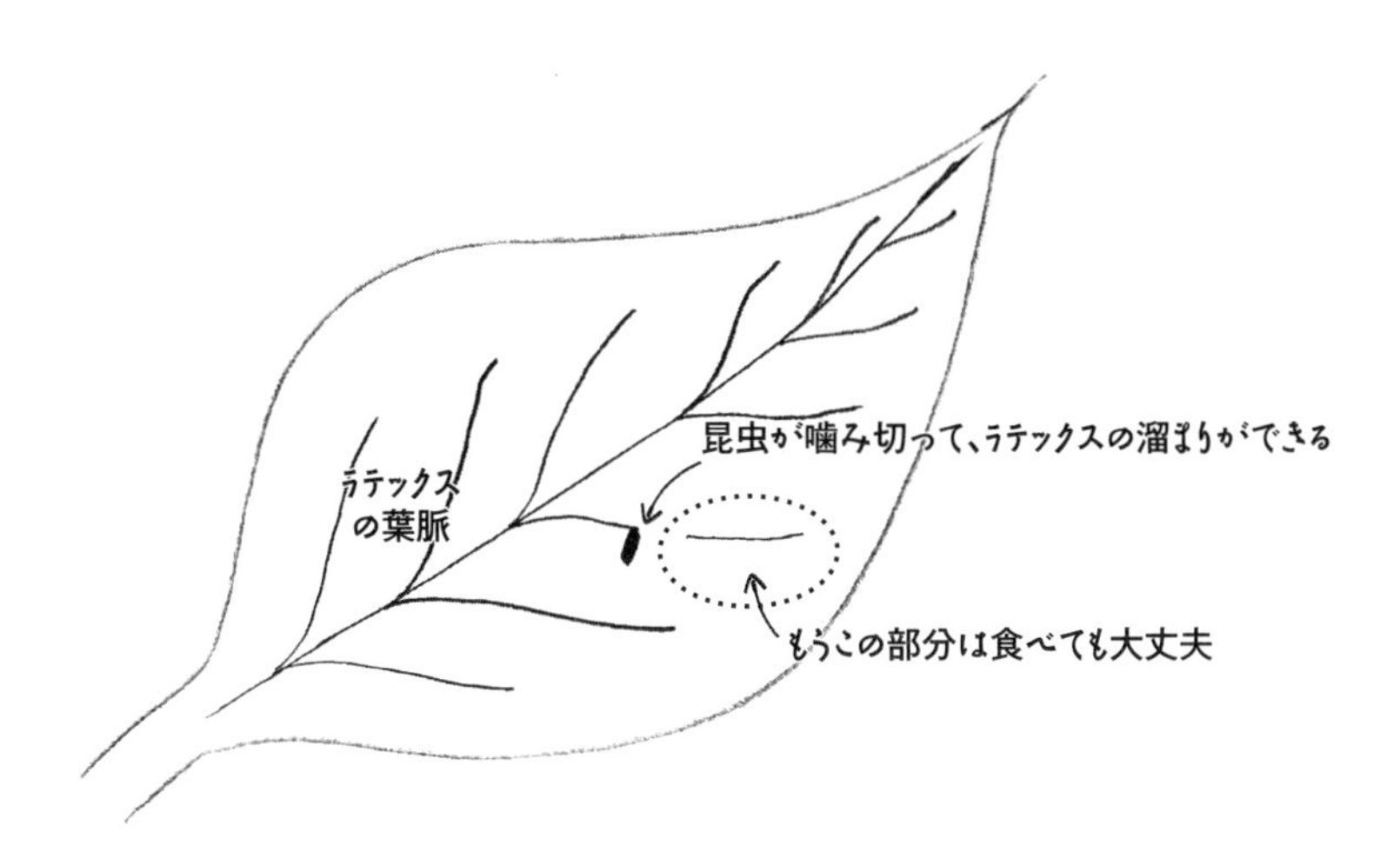

植物と、植物を食べようとするあらゆる生物のあいだでは、こうした軍拡競争が何億年も前から行われてきた。そこに人間が登場して、この争いに完全に巻き込まれることとなった。そして、植物が身を守るために素晴らしくも独創的な化学物質をたくさんつくっているにもかかわらず、人間は植物を心ゆくまで食べる方法をどうにか見出したのだ。確かに、人間のそんな能力には、たとえばロダネーゼの解毒系のように生化学的な仕組みも含まれる。しかし大部分は、人間の創意工夫によるものだと僕は考えている。

アンデス山脈の標高約四〇〇〇メートルという高地に、比較的平坦で広々としたアルティプラーノという高原がある。長さは約一〇〇〇キロメートル、幅は約一五〇キロメートルにもおよび、ペルー南部からアルゼンチンまで続いている。寒くて乾燥していることが多く、太陽光が容赦なく降り注ぐ。空気は薄く、まるで大きなパンの上で引き延ばされたバターのようだ。苛酷な環境だが、人びとはこの高地で何千年間も生き抜いてきた。彼らの主食は――ときにはそれ以外に食べるものがないこともあるのだが――野生種のジャガイモだ。ジャガイモのことを「ステーキの添えものにされるデンプンの塊」だと思う人もいるだろう。確かにそのとおりで、ほとんどが炭水化物でできている。しかしほかにもかなりの量のビタミンや鉄、マグネシウム、リンが含まれているし、二～四％はタンパク質なのだ。標高が何千キロメートルという過酷な場所で生き延びるためには、この野生種のジャガイモが命綱となることもある。ただし、ちょっとした問題が一つだけある。ジャガイモの多くは強力な毒をもっているのだ。ジャガイモにはありとあらゆる毒（＊14）が含まれており、ある程度の量を食べた者は「重度の胃腸障害」を経験する。ひらたく言うと、腹痛や胃けいれん、便器を抱え込んでの嘔吐、体の全部が出ていきそうな下痢、あるいはこれらの組み合わせに襲われるってことだ。ジャガイモは調理すれば毒を軽減できるのだが、熱では分解されない毒素もある。火を通したジャガイモでも、安全に食べられるとは限らない。もしもあなたが文字どおり飢え死にしそうでも、有毒な野生種のジャガイモを食べるくらいなら、飢えたままなんらかの奇跡が起きるのを待つほうがマシだ。

今から何百万年も先の未来には、アルティプラーノの住人が、ジャガイモ毒に対抗できる非常に効果的な生物学的防御機構を進化させている可能性はある。だが、そんな希望が今の僕らの助けになるわけではない。幸いにも、まさにこの瞬間に実行可能で、野生種のジャガイモを食べても体に何の問題も生じないようにできる、ほとんど魔法のような方法がある。単純で、簡単で、費用もかからない方法だ。自宅の台所でも、野外でもできることだ。英語には“eat dirt”（訳注「屈辱を忍ぶ」の意、直訳は「土を食べる」）という昔ながらの表現があるが、ずばりこれで、土を食べるのだ。土ならなんでもいいわけではなくて、粘土だ。さらに、粘土ならなんでもいいわけでもない。アルティプラーノの先住民(アイマラ族)は、地面を二~三メートルも掘り起こして、「p'asa(パサ)」「p'asalla(パサラ)」「ch'aqo(チャコ)」という三種類の特別な粘土を手に入れる(*15)。それぞれに見た目と触感、味が異なるが、その働きはいずれも同じ。スポンジのような性質があり、ジャガイモの毒素を十分に吸い取ってくれるので、安全にジャガイモを食べられるようになる。粘土の食べ方はなんでもいい。粘土を材料にしたソースでジャガイモを煮てもいいし、別々に調理して、ドロッとした粘土をジャガイモにつけて食べてもいい(フライドポテトにケチャップをつけるみたいにね)。粘土はほとんど魔法のように、効果的にジャガイモの毒を抜いてくれる。野生種のジャガイモに含まれる有毒物質と同じグリコアルカロイドの一種であるトマチンを三〇ミリグラム吸収するのに、三種類のなかで最も効果が高い「p'asa」ならば、たった六〇ミリグラムあればいい。小さじ二杯分で、ジャガイモ一〇~一五個を解毒できそうだ(*16)。(アイマラ族の人びとが使う量はずっと多い。食事を吐くことになるよりは、粘土を多めに食べるほうがいいのだろう。理に適った考え方ではないだろうか。)

体に害を及ぼす食料を解毒するために粘土を(あるいはほかの鉱物を)食べるのは、ほぼ間違いなく、人類が初めて行った「加工」と見なしうる行為だろう。自然界から得たものを、食べたり使ったりする前に何らかの形で変化させているのだから。加工とは、本質的に、必要に応じてものの性質を変えることである。「ジャガイモと一緒に粘土を食べても、ジャガイモを加工したとは言えないよね。二つのも

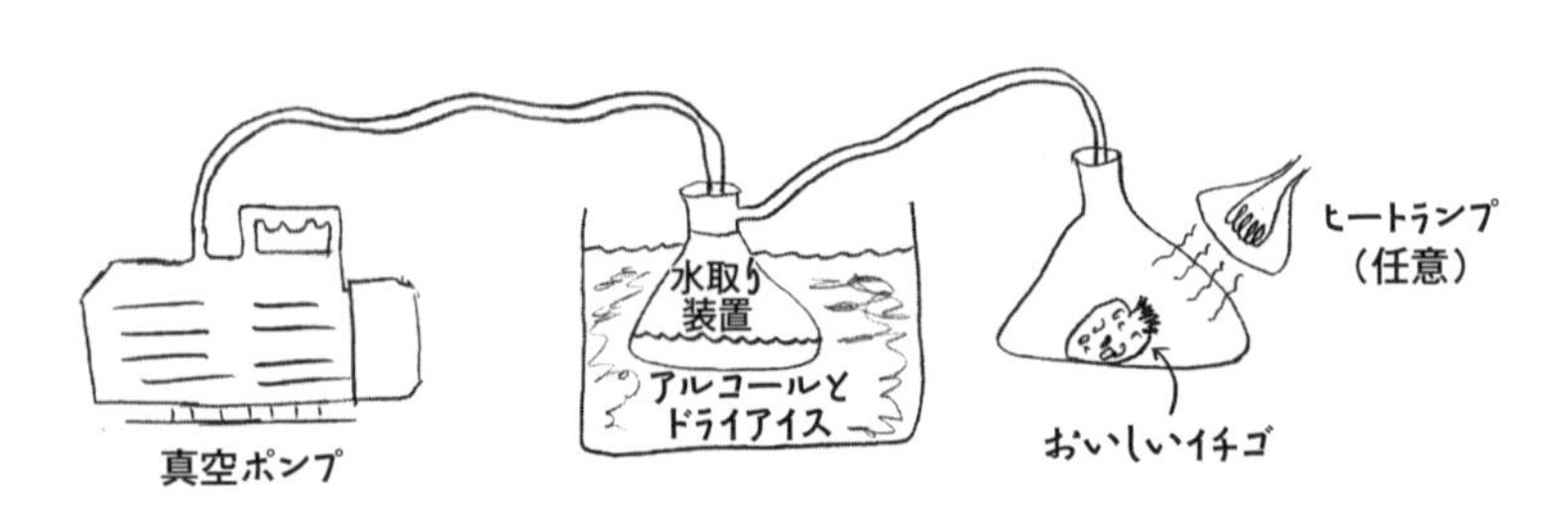

のを同時に食べただけだもの」と考えたとしたら、その気持ちはわかる。粘土のドロドロをジャガイモにつけるのは、どれだけ拡大解釈しても、「加工」の枠には入らないかもしれない。やっていることはフライドポテトにケチャップをつけるのと同じなのだから（フライドポテトが有毒で、ケチャップに解毒作用があればの話だけれど）。では、別の例を見てみよう。ここで登場するのも、アイマラ族と有毒ジャガイモだ。

僕が子どもの頃、夏になると巡礼のように訪れていた場所がある。ワシントンDCの国立航空宇宙博物館だ。旅のハイライトはいつも同じ。スペースアイスクリームを買うことだった。小さな長方形をした塊の、フリーズドライのアイスクリームだ。ごく普通の地球のアイスクリームを、凍らせると同時に乾燥させると、香りや質感（の大部分）は残るけれど、水分がすべて取り除かれる。フリーズドライはやや手間のかかる処理だが、現代的な技術を使うとこんなふうに実行できる。

1　用意するのは、強力な真空ポンプと、アルコール、ドライアイス、そして漏れのない管と、フラスコを二個。
2　フリーズドライしたいものを、凍らせてからフラスコに入れる。
3　フラスコに管をつなぐ。管の先に、二番目のフラスコをつなげる。

4 二番目のフラスコを、アルコールとドライアイスの溶液槽につける。
5 二番目のフラスコと真空ポンプをつなぐ。
6 真空ポンプのスイッチを入れて、少なくとも一二時間稼働させる。
7 数時間、フラスコをやさしく温める。湯冷め防止ヒーター用の赤ランプなどがいいだろう。
8 さらに数時間待つ。そしてついに……。
9 NASAのアイスクリームをご堪能あれ!

仕組みはこうだ。真空ポンプによって気圧がほぼゼロにまで下がることで、アイスクリームに含まれる凍った水分が、溶けることなく気化し始める（水蒸気になる）。ランプからの熱によって、このプロセスが促進される。水蒸気は二番目のフラスコに入って、凍る。最終的に、冷たくてカラッカラに乾いた食べものが得られる。要約すると、低圧と、極度の低温、そして微温を用いることで、凍った食べものを溶かすことなしに、食べものに含まれていた固体の水（氷）を取り除いているのだ。

フリーズドライ食品というと、最近の技術のように感じるかもしれない。だが、アイマラ族は、ポンプやパイプや冷凍庫がない状態で、ジャガイモをフリーズドライにする方法を編み出している。それは、こんな方法だ。

1 野生種の有毒ジャガイモをとってくる。
2 ジャガイモを高地で一晩外に置いて凍らせる。

3　凍ってカチカチになったジャガイモを踏みつぶす。フランスのワイン醸造所でぶどうを踏むような感じ。
4　つぶれたジャガイモをゆるく編んだ籠に入れ、その籠を小川や渓流につけて数週間そのままにする。
5　ジャガイモを玄関先に一晩置いて凍らせてから、ときどき絞るようにしながら、日中に乾燥させる。それから、さらに数週間、放っておく。
6　ジャジャーン！　フリーズドライのジャガイモの出来上がりだ。

この方法は、現代の技術と驚くほど似ている。アイマラ族の人びとが真空ポンプの代わりとして活用しているのが、その環境だ。標高の高い場所では気圧が低い。ランプで温める代わりに太陽を用いる。アイマラ族の方法は現代の技術よりも少しばかり洗練されているくらいだ。つぶしたジャガイモを流水にさらすことで、野生のジャガイモがもつ毒素の約九七％が抜けるのだから（＊17）。しかも、完成品は胃腸障害を起こさず食べられるだけでなく、長期保存が可能となる。生のジャガイモでも一年くらいなら保存できるかもしれない。だが、毒素を抜いてフリーズドライにしたジャガイモの場合、二〇年も保存可能となるのだ（永久に保存できるという人もいる）。もしあなたがアイマラ族のような社会コミュニティに属しているならば、二〜三年の飢饉のあいだも自分を生かしてくれるような炭水化物をいつでも食べられる状態で保存しているというのは、生存にとって大きな利点となるだろう。

これが世界初の加工食品なのかといえば、史料がないのではっきりしないが、「加工」、すなわち自然界のものをとってきて目的に合うようにそれを変化させているのは明らかだ。この場合は、無毒にしているのだ。

もっと一般的な作物も見てみよう。キャッサバだ。マニオク、あるいはユカとも呼ばれている。キャッサバといえばタピオカの原料という印象が強い人もいるだろうし、毎日の摂取カロリーの大半をキャッサバが占めている人もいるだろう。オーストラリアの植物学者、ロス・グレドウはこう話す。「キャッサバは、人びとの栄養源として、非常に重要です。オーストラリアではほとんど食べられていませんが、世界では毎日キャッサバを食べている人が一億人いるんですよ」。キャッサバは、農業を営む者にとっては夢のような植物だ。簡単に増やせるし、やせた土地や耕していない土地でも栽培できるし、とにかく手がかからない。旱魃に強く、大きく育った根茎（イモ）は三年間も土中に残しておける。つまり、植物の形をした、飢饉への保険なのだ。

もちろん落とし穴はある。まだピンときていないあなたのために、ヒントを出そう。栄養価が高いデンプンたっぷりの成長した根茎を、通りすがりの動物や虫に食べさせずに三年間守るために、植物が講じそうな手立てとは？　もうわかったかな、そう、シアン化物だ。これまで見てきたとおり、たくさんの植物が青酸グリコシドを生成する。実のところ、すべての作物の三分の二が、少なくともどこかの部位でシアン化物をつくっている。そして、全世界で食べられているキャッサバには、根茎のなかで成人一人を殺せるほどのシアン化物を生産する種類もあるのだ（*18）。残念ながら、キャッサバを焼くとか煮るとかいった簡単なテクニックでは、キャッサバから青酸グリコシドを取り除くことはできない。だが、正しい手順で処理すれば、キャッサバからシアン化物を抜くことができる。

ここで、手榴弾のたとえに戻ろう。覚えているだろうか。植物は、手榴弾（青酸グリコシド）と酵素フィリップ（安全ピンを引き抜く係）を別々に蓄えている。そこにやってきた虫が植物の細胞を気ままに押しつぶすと、フィリップと手榴弾が出会いを果たす。フィリップは安全ピンを引き抜き、手榴弾は爆発して、シアン化物が放出されるのだ。

逆説的なようだが、キャッサバから毒を抜くためのあらゆる方法で最初に行われるのは、手榴弾のピンをすべて抜いてできるだけ多くのシアン化物をつくらせることだ。もちろん、人間の体内でじゃないよ。たとえば、根茎をすりおろして、物理的に植物の細胞をバラバラにしてしまう。あるいは、あなたに代わって微生物や菌に植物の細胞を噛みつぶしてもらう（発酵だ）。こうしてシアン化物が生成されたら、第二段階となるのがその除去だ。幸運にも、シアン化物は水に溶けだすし、蒸発させることも比較的簡単にできる。つまり、キャッサバをつぶしたら、濾したり、ゆでこぼしたり、浅くて平たい皿の上に並べて数時間天日干ししたりといった処理をする。南米でよく行われるのは、キャッサバの粉やすりつぶしたものを、チピチと呼ばれる細長い籠のような特製の道具を使って絞るという方法だ。平たい紐で編まれた細長い筒で、指を入れると抜けなくなる玩具を知っているだろうか。チピチは、あれの長さを一メートル以上にしたような道具だ。筒のなかにすりつぶしたキャッサバを詰め込んで、片方の端を垂木や木の枝にぶらさげる。そして、体重を利用して、もう一方の端を引っ張る。すると、シアン化物を含んだ水が押し出されて、食べても安全なキャッサバがなかに残るのだ。ものすごく巧妙な仕掛けではないだろうか。

有毒な植物を食べものに変えるのは、種としての僕らができる必要最低限の加工である。人類史を通して、人間はこの加工を行ってきたし、今でも多くの人がこの基本的な形の加工に頼っている。たとえばジャガイモを、粘土と食べたり、毒抜きをしたり、フリーズドライしたりする。ドングリパンを土と一緒に焼く。そしてもちろん、食品加工の聖杯といえる品種改良によって、植物のゲノムそのものを変化させて、植物自体を毒性のないものに変えている(＊19)。

こんな疑問が浮かんだ人もいるだろう。なぜ人間は有毒な植物を放っておいて、毒のないものを食べないのかと。身の回りに毒のない植物がたくさんあるのなら、それは本当にそうすればいいと思う。だが、一〇〇％安全で毒性のない糖分と脂質とタンパク質の供給源が枯渇してしまうような事態に備えて、代替策を用意しておいたほうがいい。さもないと……飢え死にしてしまうからね。非常に単純にして厳しい論理がここにある。毒性があろうがなかろうが、より多くのものを食料に変えられればそれだけ、生存の可能性は高まるのだ。

だが、僕らがいろいろなものを加工する理由は、差し迫った生存の問題以外にもある。

(＊1) ちなみに、植物の葉のほかに、光合成の能力をもつ細胞のなかでもとくに重要な例が、海にいる藻類だ。

(＊2) 篩要素の幅は、人間の毛髪のおよそ一〇分の一だ。一九七八年モデルのフォード・ピントの横幅の一〇〇万分の六であり、ネブラスカ州の幅の一〇〇〇億分の三である。

(＊3) これは少々単純化した説明であって、実際には、葉のなかの糖の濃度が高まるために浸透作用によって水が篩管を通して吸い上げられ、その結果高まった圧力によって、糖の水溶液が葉から植物のほかの部分へと押し出される。

(＊4) あなたが一〇％の濃さの砂糖水を飲んだことがあるとすれば驚きだ。かなりきつい代物だからね。コーラやオレンジジュース、ほかにもいろいろなジュースには、香料とかなりの酸が加えられており、これらの効果によって砂糖の甘みを感じづらくなっている。

（＊5）植物がすべてのものを備えているとは言っても、あなたが一種類の植物しか食べないというのなら、あなたの体が必要とするアミノ酸、ビタミン、ミネラルのすべては摂取できないかもしれない。だが、適切な組み合わせで植物を食べれば、あなたが徹底した完全菜食主義者であっても、体が必要とするすべての栄養素を摂取することが可能だ。

（＊6）シアン化物イオンより軽いのは、たとえば、水素やメタン、アンモニア、水だ。

（＊7）酵素とは化学反応をスピードアップさせるタンパク質のこと。一般的に、酵素は、反応そのものに関わる分子よりもずっと大きい。

（＊8）シアン化物イオンを利用するのは植物だけではない。広範に存在する薬剤耐性菌である緑膿菌は、人に感染するとシアン化物イオンを生産・放出しうる。

（＊9）タンニンをわずかに含む赤ワインや食べものを口に入れると、口のなかがシワシワするような感じがする。これは、タンニンがあなたの頬の内側を覆っているタンパク質に結合するために生じる感覚で、「渋味」という。

（＊10）多くの動物はタンニンを避けるのだが、これには、食べたら潰瘍になるとか死ぬからというよりもずっとシンプルな理由がある。単純にまずいのだ。つまり、タンニンという植物毒に関しては、毒性を発揮するよりも、まずは食べられないようにするための方策であることがわかる。実は、摂取量が少なければタンニンが有益に働く動物もいて、たとえば牛の第一胃のなかで微生物の繁殖をコントロールするのに役立っている。

（＊11）薬局でひまし油（トウゴマの種子から採取される油）が売られているのを見ても、不安を感じる必要はない。製造工程で深刻な問題がないかぎり、リシンが含まれていることはありえない（油が抽出される際、毒の成分は砕かれた種子のほうに残る）。

（＊12）人体には解毒系が備わっているのに、なぜシアン化物イオンは人間に対してそれほどの毒性を発揮するのだろう？　ロダネーゼがどこから硫黄を入手するかというと、タンパク質からだ。タンパク質を分解して、硫黄を取り出し、ロダネーゼがそれを使ってなすべきことをするまでには、時間もエネルギーも必要となる。そのため、シアン化物イオンが多すぎると、ロダネーゼの解毒系は対応しきれないのだ。

（＊13）ニコチンは想像以上に毒性が強い。これについては第4章で取り上げる。

（＊14）ジャガイモに含まれる毒の例を少しだけあげると、グリコアルカロイド、フィトヘマグルチニン、プロテアーゼ阻害剤、セスキテルペンフィトアレキシンなど。

（＊15）自分でこれらの粘土を掘り出しに行く必要はない。資本主義的な魔法のおかげで、今ではアルティプラーノのかなり多くの市場でどの粘土も入手できる。

（＊16）オンラインで「p'asa（パサ）」の粉を急いで買おうとしてるって？ 先に言っておくが、その必要はない。あなたが店で買うようなジャガイモは、品種改良によって毒性が抑えられているからね。

（＊17）水にさらすことで、毒素だけでなく、ほぼすべてのタンパク質と、多くのビタミンやミネラルも抜けてしまうのだが。まあ、人生とは「あちらを立てればこちらが立たず」の連続なので、仕方ない。

（＊18）ある不幸な事件では、シアン化物を含むキャッサバ料理を食べて二名が死亡した。しかもそれは、葬式で出された料理だった。

（＊19）品種改良については、また別の本で。

第3章

人間の食料を食べたがる微生物たち

二頭の死んだ牛、ハチミツ、水、シャワーカーテンに生息する細菌、料理研究家、緑色をした小さな昆虫、オーエンズ・バレー・パイユート族、砂糖、血

ここで思考実験に取り掛かろう。奇妙な展開が待っているよ。

さて、目の前に死んだ牛が二頭、横たわっているところを想像してみよう。左側の牛（ベルタ）の死体を、あなたはできるだけ早く消したいと考えている。この牛は犯罪か何かの証拠品で、すぐに処分しなければならない。一方、右側の牛（ウィルヘルミナ）の死体は、できるだけ長く保存したいと考えている。数日とか数カ月といった期間の話ではない。ずっと前から予言されていたディストピア的未来が到来して誰もがソイレントグリーン（訳注　得体の知れない合成食品）を食べるようになる、そんな時代まで保存したいのだ。

化学的に言えば、ベルタのほうは簡単だ。映画『スナッチ』によると、ベルタを一口大に切り刻んで豚の餌にするのが痕跡を残さずに処分できる最も確実な方法らしいが、実際のところ、世界のほとんどどこであっても、死体をほったらかしにすれば結構なスピードで分解する。ベルタを処分するよりも、ウィルヘルミナを保存するほうがはるかに難しい。ただし、居住地に恵まれている人もいるだろう。たとえば、北極点付近に住んでいるなら、死体を戸外に放置するだけでいい。そこは天然の巨大冷凍庫なのだから。もちろん、最終的にはウィルヘルミナの死体も分解するのだが、それには、ずっと、ずっと、ずーーーーっと長い時間がかかる。

なぜここで死んだ牛たちの処分に思いを巡らせているのか？　理由は二つある。一つには、「人間の死体の処分に思いを巡らせるよりは気分がマシ」だから。だが、もう一つの理由はもっと重要で、「ほとんどの食料の始まりには〈殺すこと〉が関わっている」からだ。あなたがこれまでに食べたもの、これから食べるだろうもののほとんどすべてが、かつては生きていて呼吸していたものであるか、あるいは生き物の一部だった。タンパク質、脂質、炭水化物、そして食物繊維が、人間の食べものの大部分を占めており、それなしでは僕らは餓死してしまう。いずれもそのままの形で地球から湧いて出るわけではなく、植物によってつくられている。その植物を、動物が食べる。そして、その植物と動物を、僕らが食べる。あなたの気分を害しようと思って書いているわけではない（気分を上げようとも思っていないが）。人間が何かを食べるとき、それは植物や動物の死体を食べているのだと、再確認しているのだ。これは重要なことだ。ほかにもさまざまなものが、死体を食べようと頑張っているのだから。

人類史上のある時期において、人間の食べものといえば、たいていは殺してから数時間以内のものだった。それは、ハイエナやハゲタカやハエなど、目に見える生物たちとの競争だった。それが、今日殺したものを数日後とか数週間後に食べたいなどという、とち狂った考えをもつようになってからは、目には見えないけれどひしめきあっている微生物（＊1）との競争になった。どちらが先にパンや果物やベルタのかたまり肉を食べることができるのかを競い合っているのだ。ここではっきり言っておこう。最終的には微生物が必ず勝つ。「微生物は人間よりも先にいましたし、人間が絶滅した後にもいるでしょう。最後に勝者となるのは微生物なのです」。そう楽し気に話すのは食品科学者のスーザン・ノーコルだ。なぜ微生物が勝つのか？「どこにでもいますからね。五〇年前には生息不可能と思われていたような場所でも発見されているんですよ」。微生物は空中を浮遊し、埃にくっついて家のなかに入り込み、シャワーヘッドにくっつき、シャワーカーテンに居を構え（思い当たる人もいるだろう）、キッチンのほぼ全域に定住する。そしてもちろん、あなたの（そしてベルタの）体内にもいて、あなたが食べた「消化の悪い」食物繊維の一部を発酵させて処理してしまう。実は、あなたの腸に住む細菌の数は、あなたを構成する細胞の数よりも多いのだ。僕らの腸内細菌（人間の表面や内部に住みついている微生物を合わせて「微生物叢（びせいぶつそう）」といい、腸内細菌はこの微生物叢の一部）は僕らの生存にとって重要であり、その仕組みについて今も研究が進められている。だが、これらの生き物と人間は一時的な停戦状態にあるにすぎない。人間は、生きているあいだは、彼らに温かくて湿った住まいとたくさんの食べものを与え、その代わりに彼らからエネルギーをもらい、また人間に害をなす彼らのお仲間から守ってもらう。しかし、人間が死んだ瞬間に、この小さな生物たちは突如として牙をむき、僕らを貪り食らうのだ。

あなたを食い尽くすのは、あなた自身の微生物叢だけではない。どこでどのようにして死ぬかにもよるが、多種多様な微生物とほかの生物が、あなたの体を構成していたタンパク質や脂質、炭水化物、ビタミン、ミネラル、ほかにもあらゆる物質を喜んで食べて、自分自身のために活用する。最後には、あなたの体は消え失せる。彼らにとってはあなたの肉体のあらゆる部位が食べ放題のビュッフェなのだ。気を悪くしないでほしい。ほとんどすべての生物について同じことが言えるのだから。何かが死ねば、普通は別の生物の食べものとなる。ベルタだって例外ではない。ベルタの内臓と柔らかい組織が最初に貪り食われるだろう。骨格は長持ちするかもしれないが、骨を食べる生命体もいる。時の経過に伴い、ベルタは完全に分解されて、数えきれないほどの細菌、菌類、カビ、虫、動物、さらには植物の養分となり、ベルタを構成していた原子は地球上の何十億という生き物へと引き継がれるのだ。

これは分解や腐敗と呼ばれる。死んだ後の生物の体に起きる、まったく自然で、完全に正常なプロセスである。そんなわけで、ベルタを消すよりもウィルヘルミナを保存するほうがずっと難しいのだ。

だが、その難しいことに、人類は挑戦してきた。

さて、ウィルヘルミナをできるだけ長く保存したいとする。そのためには、微生物が彼女を食べるのを防いで、**それと同時に**、彼女自身の細胞内で自然に生じるプロセスを止めねばならない。最も良い方法とは、防腐処置を施すことだ。とりわけ優れた防腐剤の一つは、とりわけ単純な分子でもある。ホルムアルデヒドだ（訳注　ホルムアルデヒドの水溶液がホルマリン）。含まれるのは、炭素と酸素が一つずつに、水素が二つ。それで全部だ。

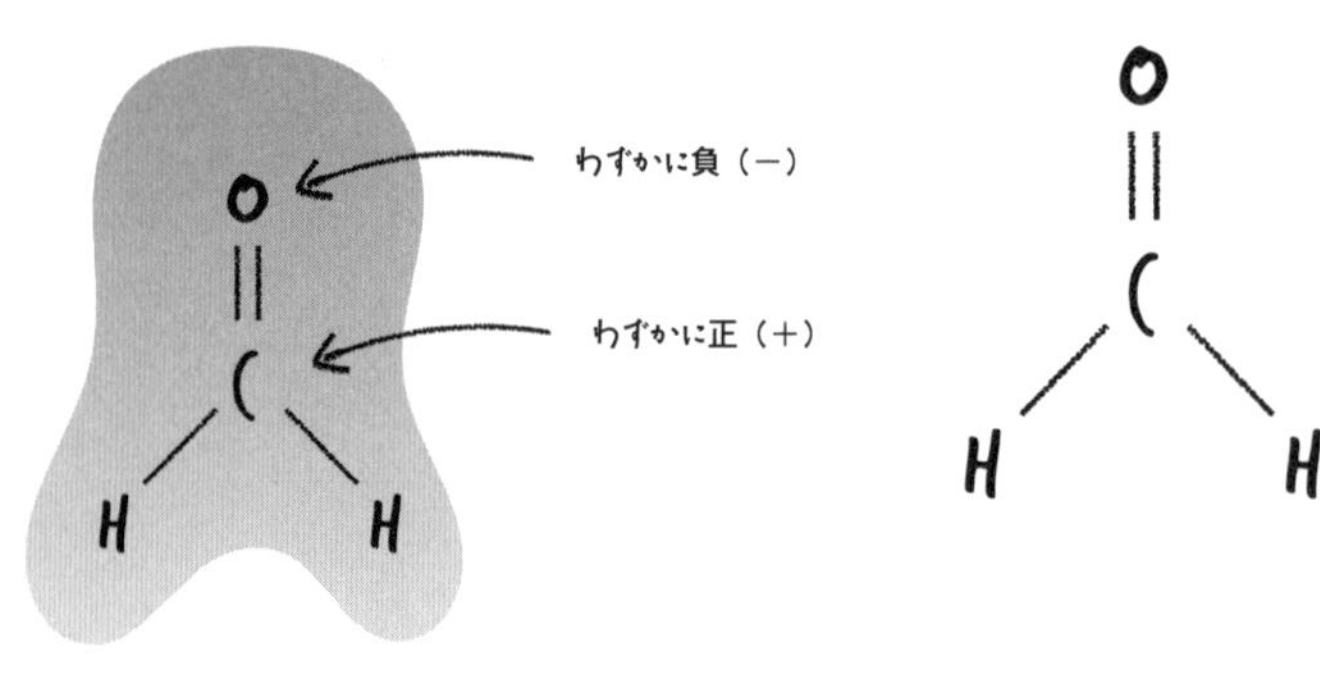

しかしこの分子の単純さに騙されてはいけない。ホルムアルデヒドは非常に（化学的に）悪質で見境がない。上の図を見てみよう。真ん中に炭素原子があるよね？　この炭素原子から酸素原子が電子を引き寄せるために、炭素は、科学者がいうところの「電子不足」になっている。

そんなわけで、炭素は少しだけ正電荷を帯びた状態でいる。つまり、ほかの分子の、少しだけ負電荷を帯びている部位と引き合うようになる。

そんな部位をもつ分子がどこにあるのだろうか？　実はあなたはそういった分子でできている。あなたの細胞一つひとつに含まれている多くの分子が、この条件を満たしているのだ。たとえば、感染症と闘ったりＤＮＡの格納や複製で役割を果たしたりするタンパク質。細胞とそれ以外のすべてとを隔てる壁をつくっている脂質。エネルギーに変えるため燃やされたり、飢餓への備えとして蓄えられたりしている炭水化物。さらには、あなたの遺伝情報を構成するＲＮＡやＤＮＡまでも。これらほぼすべての分子のどこかに、少しばかり負電荷を帯びていて、ホルムアルデヒドと反応しうる部位がある。もしもホルムアルデヒドが、ほかの分子のこういった部位とぶつかれば、この二つの分子（ホルムアルデヒドと、たとえばタンパク質）が結合して一つになるかもしれない。しかも、反応はそこでは終わらない。タンパク質と結合したホルムアルデヒ

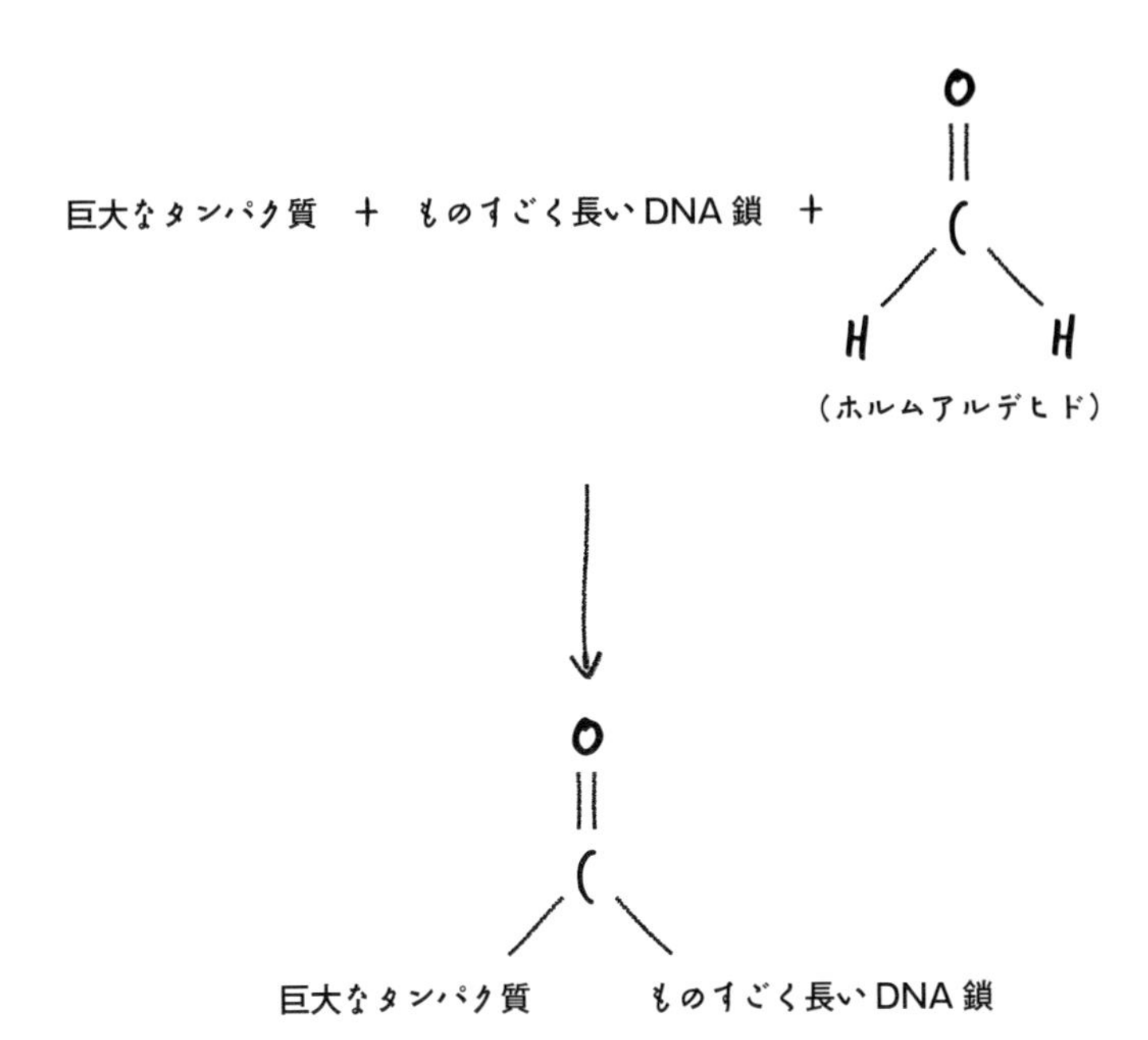

ドは、基本的に同じ方法で再び反応することができて、また別の分子の少しばかり負電荷を帯びた部位とくっつくのだ。その相手は、タンパク質やＤＮＡ鎖であることが多い。

つまり、このプロセスが始まる前には、三つの分子があった。巨大なタンパク質が一つと、ものすごく長いＤＮＡ鎖が一本、そして小さな小さなホルムアルデヒドの分子が一つ。それが最終的には、小さなホルムアルデヒドが橋渡しをすることで三つの分子が一つになる。

これこそがホルムアルデヒドによる防腐処理の反応であって、これが大規模に行われる。ラッシュアワーのニューヨーク市に二三〇〇万リットル（*2）の強力接着剤をぶちまけるようなものだ。数分のうちに、人びとは歩道に、街灯に、看板に、ホットドッグの露店にへばりついてしまう。そして、車、バス、トラック、列車は、道路や線路にくっつく。飛行機の乗客は……接着剤があろうがなかろうが、身動きが取れないのは同じことか。あらゆる人びとや車、トラック、バス、列車、その他もろもろが、ホルムアルデヒドの接着剤から逃れようとその場で体を揺らすのだが、いつもならできるような長い距離の動きはできなくなる。

生命には動きが必要だ。分子には行くべき場所とやるべきことがある。その動きを止めれば、細胞の生命活動が急停止する。食べものを探している細菌からすれば、ホルムアルデヒドのせいで、飲めや歌えの大騒ぎができそうな量の食べものが、巨大で役に立たない博物館に変わってしまう。つまり、ホルムアルデヒドとは、究極の防腐剤なのだ。

「生命プロセスを停止させる化学物質なんて、有毒なのでは？」と思ったあなた、その考えは正しい。ただし、ホルムアルデヒドの毒性はシアン化物ほどではない。ホルムアルデヒドで大人ひとりを殺すには、だいたい一二〜二〇グラムが必要となるが、その死は快いものではない。防腐用の液剤として使用される前は、皮なめし剤として使われていた。つまり、動物の皮膚を皮革（ひかく）素材に変えるための液剤だ。ある人が自殺目的でホルムアルデヒドを摂取したケースがあったが、医師たちの記録によると、患者は重度の肺障害により死亡し、「胃壁に皮革のような肥厚化」が見られたという。ホルムアルデヒドには強い毒性があるというのに、生きた人間のさまざまな開口部から誤って投与された事例が信じられないほど多い。誤投与の多くは、ただの間抜けな失敗が原因だ。たとえば、三歳の子どもと五九歳の女性はまぶたに、二三歳の男性は歯茎に、ホルムアルデヒドを誤って注射された（後者は、いいかげんな歯科医が学部生に監督なしで抜歯をやらせたせいだ）。また、透析患者の血管に誤って注入されたこともある。患者は火あぶりにされたかのように感じたはずだ。さらに、四%のホルムアルデヒド溶液一〇〇ミリリットルを誤って浣腸された患者もいたが、驚いたことに生きのびている。誤注入で僕のお気に入りと言えそうなのは、外科医が患者の膝頭にホルムアルデヒドを直接注入してしまったケースだ。このときにホルムアルデヒドの出所になった小さな薬瓶は、その患者本人の膝の一部を保存したものだった。患者に渡されることが予定されていたそうで、おそらくは手術の成功を示す記念品だったのだろう。まあ、ただそれだけの話なんだけど。

ともかく、あなたが牛のウィルヘルミナをホルムアルデヒドで満たされた巨大な気密容器で保存したなら長持ちしそうだが、実のところ、保存期間がどのくらいになるのか、まだ誰にもわかっていない。ホルムアルデヒドは一八九九年に初めて死体の防腐剤として使われて、その死体の具合はどうやら悪くなってないらしい（最初に具合が悪くなったから死体になったのだとは思うけれど）。なので、ウィルヘルミナも少なくとも一二〇年はもつだろうし、ホルムアルデヒドの固定という性質についてわかっていることからすると、おそらくもっと長持ちするだろう。

さて、死んだ牛の思考実験によって、両端の条件が出揃った。牛の死体は、この範囲内のどこかにあることになる。僕はこの範囲のことをベルタ＝ウィルヘルミナ連続体と呼んでいる。

ベルタ　↕　ウィルヘルミナ
温かく湿った環境　↕　ホルムアルデヒドによる防腐処理
引き継がれる生命　↕　ある時点で止められた生命
すぐに腐る　↕　永遠に保存される

食物が悪くなるのは「生命」のせいだ。これは、その個体が生物として死んでからも生き続ける、細胞内の生命のことであり、また、死者の肉体を引き継ぐ生命のことでもある。その生命を止めることは、分解を止めることを意味する。
この連続体は、牛だけではなく、あらゆる死んだものに対して当てはまる。そして、あらゆる食物はかつて生きていたわけなので、次の一行を付け加えられるだろう。

食物が腐る　↕　食物がいつまでも悪くならない

上段に書かれていることはどれも同じだ。ベルタがすぐさま分解されるのは、多数の微小な生命体が、ベルタの体をできるだけ多く貪り食らって自分を増殖させるために最善を尽くすからだ(＊3)。人間の食べものになりえたはずのベルタだが、微生物のほうが先にベルタにかじりついたので、ベルタは人間が食べられる状態ではなくなる。同様に、下段に書かれていることも、どれも同じことを意味する。ウィルヘルミナは保存されるのだが、これは、ホルムアルデヒドが化学的に可能な限りにおいて、彼女のあらゆる細胞内部の生命活動を止めてしまうだけでなく、彼女を食べようとしていたあらゆる生命体の細胞内部の生命活動をも止めてしまうからだ。

食物の保存は、今でこそ科学だが、かつては技術の一種だった。ベルタとウィルヘルミナのあいだで、いい塩梅の中間点を見つける技術だ。食物を食べられる状態で保つのに十分なだけの生命を、あるいは適切な種類の生命を維持する。しかし同時に、食物が腐敗するほどの生命は残さない。食べものを安全に保存するためには、どうしても、食物を変えることが関わってくる。どのくらい変えるかというと、細胞内の生命活動を止めたり緩やかにしたりするのに十分な程度、あるいは招かれざる微生物が住めなくなる程度であって、博物館行きになるほどではない。人びとが食物を保存するために考案した奇妙な方法や素晴らしい方法の数々を確認しようと思ったら、ある場所に行くだけでいい。そこは、食品の自由取引の聖殿である巨大倉庫にして、コリアンダーや豆、牛乳、オートミールなどが並ぶ場所、そう、スーパーマーケットである。保存技術のいくつかは単純なものだ。新鮮な果物や野菜を冷蔵すると、分子の動きが遅くなって、腐敗の進みもゆるやかになる。冷凍食品のエリアではこの技術がもっと強力なかたちで行われている。さらに、複雑で一見それとわからない技術もある。たとえば「マノサーモソニケーション（加圧加温超音波処理）」(＊4) は牛乳やオレンジジュースの保存で使える技術だ。しかし、近代的な食料品店で使用されている食料保存技術のほとんどは非常に古く、その来歴も明らかになっておらず、そして信じられないほど（不思議なくらいに）効果が高い。なかでもとりわけ重要なのが、単に食物を乾燥させるという手法だ。

人類は何千年にもわたり、おそらくは調理を学習する前から、食物を乾燥させてきた。食料品店には、どこからどうみても乾ききっている保存食品がたくさんある。たとえば、小麦粉にココア、粉末ミルク、ポテトチップス、トルティーヤチップス、野菜チップス、オート麦、ナッツなど。そして、湿っているようだけど実はそうでもない保存食品もたくさんある。ジャムや糖蜜、コーンシロップ、練乳、バター、ハチミツなどは、実際には見かけよりもずっと乾いている。

乾燥とは対象から水を取り除くことだ。というわけで、H_2O についてとりあげよう。これまで水についてとくに考えたこともないという人にとっては、水はありふれた平凡な存在かもしれない。くたびれた化学者ならば、水なんて退屈だとさえ言うかもしれない。インターネット界隈で想像力をくすぐるような多くの化学物質と違って、水は透明で、色なし、味なし、臭いなし。ほかにもほとんどありとあらゆる「〜なし」という性質を備えている。何年も置いておくことができて、しかも変化することがない。ほとんど無害であって――もちろん溺れたりすれば別だけれど――腐蝕性も（それほど）ない。ネットでバズりそうにもないこれらの性質にもかかわらず、水は、これまでに発見されているあらゆる形態の生命にとって、必要不可欠な物質なのだ。

このパートを読むにあたっては、「水」という単語から連想するすべてのイメージを頭から取り除いておくことをおすすめする。たとえば、渓流や川、氷河、おしっこ、海、雨などだ。水をひとまとめの液体だとみなすこういったイメージは、いずれもあなたの理解の助けにならず、それどころか大きな妨

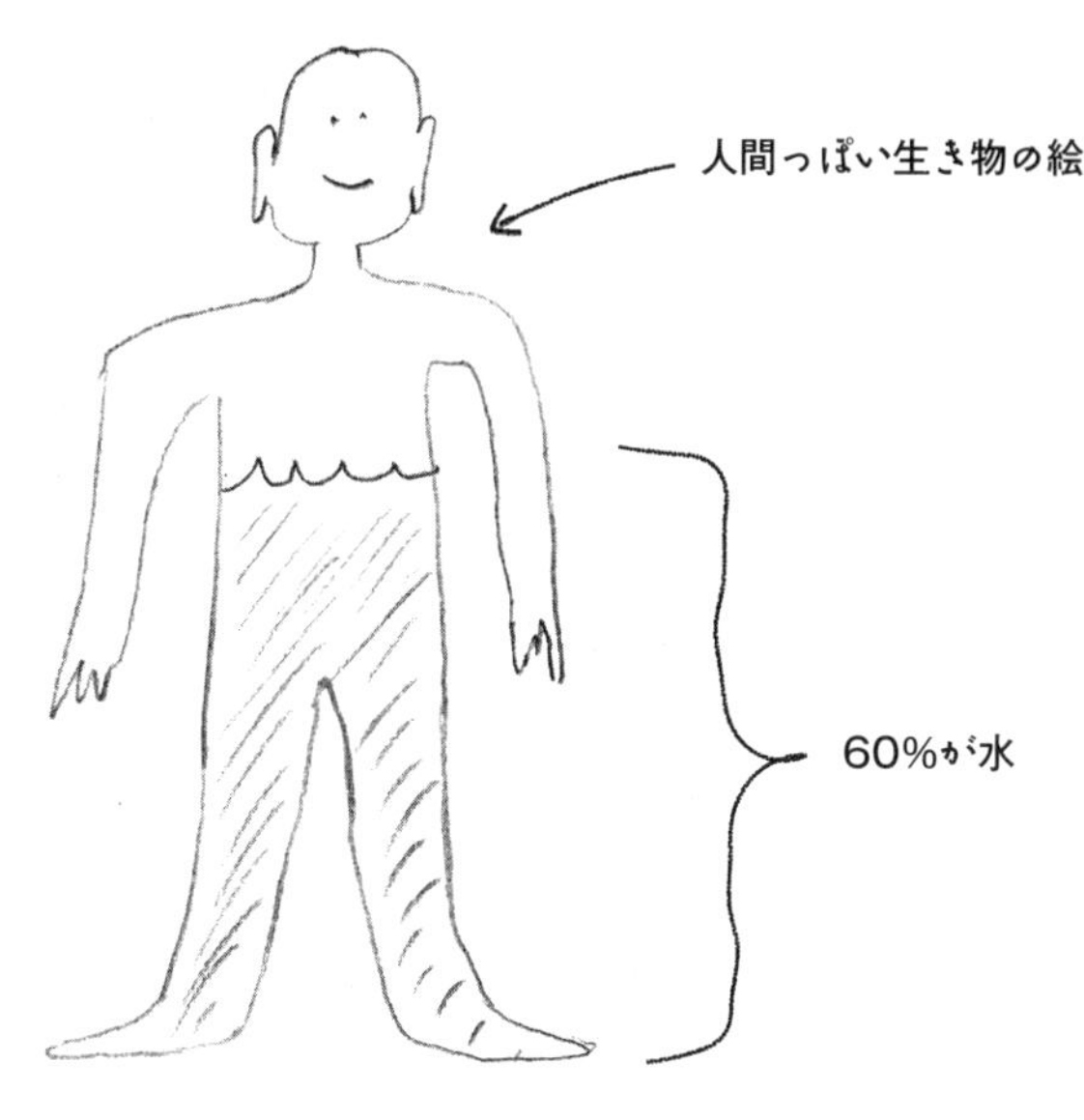

げとなる。そうだ、こんなイラストを見たことはないだろうか?

イラストの目的は、あなたの体に含まれる水分量を示すことだ。しかし残念ながら、イラストからは、まるでコップみたいに、あなたの体を水が満たしているような印象を受ける。だが、個々のタンパク質やDNAといったスケールで生体内における水の「振る舞い」を見たならば、真実はこの図とはかけ離れていることがわかるだろう。

肘のような形をしたたくさんの超小型ロボットが、自由気ままに動いていると想像してほしい。それぞれのロボットには二つの小さな磁石が埋め込まれていて、ほかのロボットの磁石と引きあったり反発しあったりしている。このロボットは、ほかのロボットの三分の一を切り取って自分にくっつけたり、自分の三分の一をほかのロボットに与えたりが比較的簡単にできるようになっている。ロボットは指ぬき程度の空間のなかに全宇宙の星の数よりもたくさん存在していて、数兆かける数兆個もあるロボットたちが、先ほどの能力によって三次元の巨大ネットワークを構築し、一秒間に何億回もそのネットワークの変形・再構築を行っているのだ。

途方もない話じゃないか？

水を、無個性で透明な液体だとみなすのをやめて、（たいていの場合は）友好的で、極端に活発だけれど知覚能力のない機械がつくる社会だと考えたほうがいいだろう。そうすれば、僕らの生命を維持するとともに、僕らの食物を腐敗させようとする細菌を生かし続けている細胞機構にとって、なぜ水がそれほど重要なのか、理解しやすくなるはずだ。

水の磁石のような振る舞いは特別なものではない（*5）。実のところ、ほとんどの分子は小さな磁石が埋め込まれているかのように振る舞う。しかもその磁石は、一つの分子につきたいてい複数個あるように見える。化学者はこれらの分子を「極性分子」と呼ぶ。DNAもそういった分子の一つだ。無極性分子（はっきり認識できる磁石のような振る舞いが見られない分子）に比べると、極性分子同士ははるかに強い相互作用を示す。この説明がよくわからなかった人も心配しなくていい。重要なのは、水とDNAは互いにとても強く引きつけあうので、DNAは水分子でできた複数の層によって覆われた状態になっているということだ。

さて、ここで、あなたは考え方を大きく変えねばならない。水で覆われた人間の体を想像してみよう。水でコーティングされた表面はなめらかで、光を反射して、つるつるしてそうだ。だが、分子レベルでは違う。何十億もの小型ロボットが一つの層をなして、一本のDNA鎖にゆるくくっついているところを想像しよう。次に、第一層に多数の小型ロボットがくっついて、第二層をなしている状態を想像しよう。さらに、第三層がそれを覆っている。これを、DNAの水和という。突然だが、女王バチを入れた箱を首からぶら下げた人の周りを、コロニーのハチがびっしりと覆って、なかの人が見えないくらいになってしまった映像を見たことはないだろうか？　ハチたちはひっきりなしに表面から離れたりまたくっついたりと動き回るのだが、中の人の姿かたちは外から見てもわかる。多数のものによって一つの形状がつくり出されているのだ。

ハチに覆われている人のように、DNAの構造は水分子からなる第一層あるいは第二層の外からでも見てとれる。つまり、細胞分裂の際に複製したり損傷を修復したりするためにDNAの並びを読み取らねばならないタンパク質は、DNAにがっちりとくっつかなくても、なかにあるDNAの配列を知ることができるわけだ。そして、水分子は比較的容易に結合を形成したり壊したりできるので、DNAを読み取るタンパク質は、実際のDNAを取り囲んでいるDNAの形をした水の層をなぞりながら突進できる。動きを止めてDNAそのものに結合するといったことにエネルギーを無駄遣いせずにすむのだ。

これは水だからこそできる、さまざまな驚くべきことのほんの一例である。水には知覚などないのは確かだ。しかし、ときどき、まるで知覚があるみたいな……ほんのちょっとだけ……もしかしてだけど……という気持ちにはなる。僕が知る限り、ほかのどんな分子も、水にできることのすべてをできるものはない（そして僕が知る分子はかなり多い）。生物物理系の化学者であるバーティル・ハレは二〇〇四年にこう話している。「タンパク質をつくる方法は一つしかなく、光合成をする方法も一つしかなく、情報を蓄えて伝達する方法も一つしかない。あらゆる形態の生命は、それぞれについて、まったく同じ分子メカニズムを使っているのだ」。つまり、あらゆる形態の生命（これまでに見つかっているもの）

は、生存のために、少なくともある程度の水が必要なのだ。そして、これこそが、水を取り除くことによって食物を保存できる理由である。

そんなわけで、食料保存の聖殿、すなわち食料品店に、水分を抜かれた食べものがたくさんあるとしても驚くにはあたらない。チップス類が並ぶ通路など、ほぼすべての商品が乾燥によって保存されている。（これらの食品の場合は、複雑に配合した液状の脂質を約一五〇度に熱して、そこに原料を沈めるという方法がとられる。この温度で、ジャガイモやコーンの細胞内のほとんどの水が蒸発するのだ。「揚げる」とも呼ばれる方法だね。）奇妙な形をしたシリアルやスナック類（チートスとか）も、サクサクになるまで熱せられている（つまり乾かされている）。冷凍コーナーの食品でさえも、少なくとも微生物の視点からすれば、ほぼ乾いている。冷凍とはワンツーパンチなのだ。すべての分子の運動を鈍らせることであらゆる生命活動を鈍化させるだけではない。凍った水は非常に硬い結晶構造をとり、細胞を破裂させて微生物が成長できないようにする。

これまでに発見されたあらゆる生命体は水を必要とするが、生命体の種類ごとに必要な水の量は大きく異なる。食べもののなかでいかなる生物種の一つたりとも育たないようにするには、その食べものを完全に乾燥させる、つまりその冷たく死んだ体から水分子を一つ残らず取り除かねばならない。残念ながら、これを実現するには、すべての細胞を焼き尽くして灰にするよりほかない。だが幸いなことに、食べものからすべての水分子を取り除かなくても、食べものを腐らせたり食べると危険な状態へと変えたりするような生命体にとって、生存に適さない環境をつくることはできる。必要なのは、そのために十分なだけの水を取り除くことだ。この「十分」とはどのくらいなのか？ それは、何を殺そうとしているかによって変わってくる。

たとえば、ターゲットが大腸菌（*Escherichia coli*）（＊6）だとしよう。別名、「ここで誰かがウンコしたでしょう」菌である。この細菌が見つかったとすれば、それがどこであろうと、ほぼ確実にその出所は哺乳類の腸なのだから。わかっているのは、大腸菌は、わずかにでもより乾いている環境のほうが生存しづらくなることだ。そのため、大腸菌の一種であるO157：H7による食中毒が発生した場合、その原因はたいてい水分をたっぷり含むもの、たとえば牛肉や乳製品、新鮮な果物や野菜などである。また、一般に、細菌よりも酵母菌のほうが辛抱強く、その酵母菌よりもカビはさらに辛抱強い。だが、そこを過ぎると何も育たなくなるという閾値は存在する。スパイス棚にある乾燥したスパイス類や、箱入りのパスタ、ココアパウダー、粉ミルク、ポテトチップスなどはすべて、水分がこの閾値よりも少ない。実は、見たところ「湿って」いる製品でも、水分がこの閾値より少ないものは驚くほどたくさんあり、たとえばハチミツなどがこれに当たる。

ハチミツはさまざまな加工を経た生産物だ。実のところ、最初の加工食品かもしれない。人間による加工ではないのだが。ハチは花の蜜を集めて夏を過ごす。花の蜜は三〇～五〇％が糖なのだが、ハチはそれをだいたい七五％にまで濃縮させ、独自の分子を加える。こうして完成するハチミツは、うっとりするほど甘く、信じられないほどエネルギー密度が高いうえに、微生物にとって非常に住みづらい環境であるおかげで、冬のあいだもずっと食べられる（＊7）。なぜ微生物が住みづらいのかというと、ハチ

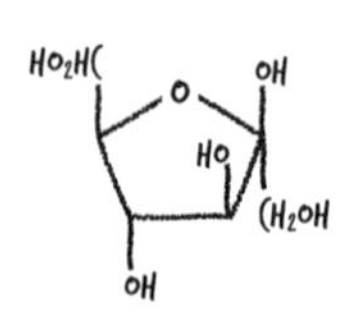
フルクトース

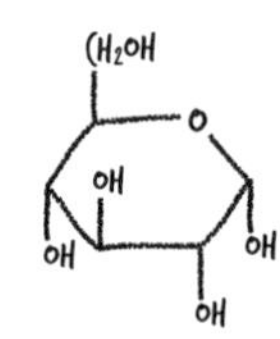
グルコース

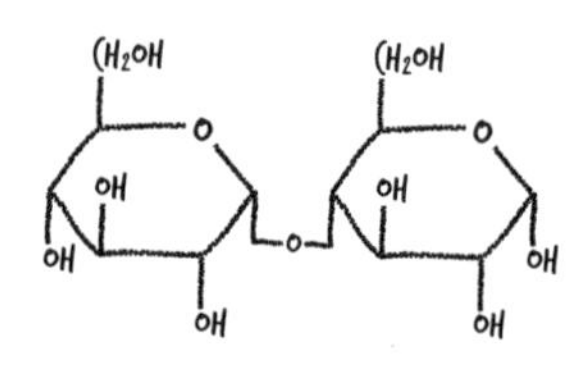
マルトース

ミツが「乾いて」いるからでもある。

　意味不明だと思ったのではないだろうか。ほとんどのハチミツは液状で、注ぐことだってできる。ゆっくりと動く水みたいに見えるものが、乾いているとはどういうことなのか？　ここで「乾いている」というのは、食物に含まれる水の量を意味するだけではない。そこで暮らそうとする微生物に、その食物がどのくらいの水を与えることができるかということも意味している。ハチミツはその約一五％が水であり（生米やマジパンと同程度）、一〇％はほかの成分で、残りの約七五％はおもにフルクトース（果糖）やグルコース（ブドウ糖）、マルトース（麦芽糖）といった糖である。では、これらの糖の化学構造を見てみよう。

　注目すべきは、糖にくっついているたくさんの「OH^-」だ。見てのとおり、グルコースとフルクトースにはそれぞれ五個、マルトースには八個ある。その一個ずつが、二つの小さな磁石のように振る舞うと考えるとわかりやすいだろう。ＤＮＡが、複数の層となった水に覆われて水和するように、糖も複数の水の層で覆われて水和する。生涯を水の理解に捧げた科学者はたくさんいるが、そのひとり、マーティン・チャップリンが発見したのは、一個のグルコース分子が水分子を二一個も引き付けて、その状態をほぼ維持し続けるということだった。ここで重要なのは、ハチミツに含まれる糖が水分子を保持する力が強いほど、微生物は水分子を引きはがしづらくなり、結果として増殖できないということだ(＊8)。つまり、ハチミツは自在に流れる液体で、その一五％は水ではあるけれど、微生物が生存や増殖のために使えるような水はほとんどない。ジャムやゼリー、砂糖煮についてもそこで働く原理は同じで、「水を離さない」という糖の能力を活用して、微生物が水を使えないようにしているわけだ。

ほかの保存技術には、ある意味、もっと大胆なものがある。

包装されたグアカモーレ（アボカドのディップ）は、「高圧処理」されている。つまり、内部の生命を圧迫して、微生物を殺し、グアカモーレを黒く変色させる働きをする酵素を不活性化させる。

「発酵」は身近に感じるだろうが、実はこれは非常に直感に反する手法だ。微生物の増殖を抑えるために、微生物の増殖を促すのだから。ここで少し基本となる背景を説明しておこう。微生物はすべてが同じようにつくられているわけではない。地球上には何億種類もの微生物がいる。そのほとんどは人間にとってまったくの無害であり、非常に役立つ微生物もいる。発酵とは、大雑把にいうと、ラクトバチルスのような良い微生物を促して、あなたの食べもののなかで乱痴気騒ぎをしてもらうことだ。ラクトバチルス菌は糖を食べて乳酸を生成する。その増殖スピードはすさまじく、繁殖力が強いことで有名なウサギが、清純なシスターのように思えるほどだ。彼らは古代ローマ人の豊かな伝統にならうかのように、食べて、飲んで、次世代を増やして、吐き出して、そして酔いつぶれる。この最低な（あるいは最高の）饗宴によって、牛乳のような、微生物の居住地として完璧な条件の場所が（pH値は六・五くらいと住みやすい環境だ）、まるで腐った沼のようになる。この沼は牛乳の約一〇〇倍も酸性が強く、ほかの微生物の大部分は（とくに人間を病気にするような微生物は）まったく住むことができない。この腐ったような沼は、一般に「ヨーグルト」という名で通っており、ありがたいことにボツリヌス菌などが住むことはできない。ラクトバチルス菌による発酵はほんの一例で、ほかにもたくさんある。ヨーグルトだけでなく、チーズ、サワークリーム、ビール、ワイン、酢、ザワークラウト、キムチ、パン、ほかにも数えきれないほどの食品で、発酵は大きな役割を果たしている。

そしてもちろん「缶詰」がある。この世の滅亡を信じてせっせと準備する人にとっての必需品だ。缶詰にされると、微生物は酸素を得られなくなる。それによって微生物はすべて死に絶えるだろうと思ったならば、それは間違いだ。実は、前に登場したボツリヌス菌は、酸素のない環境で盛んに増える。pH値が四・六を超える食品を缶詰にする場合には、ある一定の温度で、十分な時間をかけて熱さなくてはならない。そうすれば、缶のなかにボツリヌス菌が残る可能性は一〇億分の一となる。

バニ・ハリは二〇一五年に出版した『フード・ベイブの方法——たった二一日間で食品の隠れた毒素から自らを解放し、減量し、若返り、健康になる』でこのように書いている。

食料品店の通路を歩くと、箱入り、缶詰、瓶詰、包装済みの食品を並べた棚が、死んだ食品を入れた棺のように見え始めます。すべて、防腐剤によるエンバーミング（死体防腐処置）が施されていて、自分まで死んだような気分にさせられるのです。

食品の保存を死体のエンバーミングになぞらえるとは、最大級にショッキングなことだ！「エンバーミング」という言葉から連想されるのは、葬儀場、死んだ人びと、そして葬儀屋を営む一家を描いたドラマの『シックス・フィート・アンダー』などだろう。だが、このどれも、チートスやソーセージ、マスタードと結び付けたくはならない。ここで、ぜひ言っておきたいことがある。このフード・ベイブの言うことは……ある意味で正しいのだ！　僕の見解では、保存食はエンバーミングみたいなものではない。エンバーミングそのものである。まあ、遺体に施すような、完全なエンバーミングではないけれど。どちらかというと、「食品用エンバーミング」とか、「必要十分なエンバーミング」とでもいえばいいだろうか。結局のところ、植物だろうが人間だろうが、防腐処置をしなければ死体は腐るのだ。人びとはずいぶん昔からこれを本能的にわかっていた。結果として、なかなか面白いことに、食品と遺体が同じような処置を受けることとなった。たとえば、干しダラや塩漬けタラを食べたことがある人は、古代エジプト人が王様を保存するのとほぼ同じ方法で保存された魚の死体を食べたといえる。両者の違いは、古代エジプト人が使ったのが食卓塩ではなくナトロンという天然鉱物だったことくらいだ。ほかにも、フランスだけで売られているジャンボン・ド・パリという特別なハムを食べたことがある人は、塩でエンバーミングされた豚の死体を味わったわけだ。この特別なハムをつくるときには、食塩水を全体にいきわたらせるために血管系への注入が行われるのだが、これはアメリカの葬儀場で行われている、人の遺体の血管系にホルムアルデヒドを注入するという方法とまったく同じである。

そしてもちろん、ハチミツがある。ハチミツそのものに保存性があるのだから、何かを保存したい場合、それをハチミツの瓶に浸けるのが最も手っ取り早い方法だろう。あらゆる人びとがこの方法を採用してきた。中国人、インド人、エジプト人、ギリシャ人、ローマ人、そしてカナダの先住民などが、ハチミツを使ってあらゆるものを――種子、野草、イチゴ、小動物のヤマネなどを保存した。そう、中世には、人びとはこの繊細で小さな齧歯類が家のなかにいるところを捕まえて、ハチミツで保存して、喜んで食べていたのだ。（食べものが向こうからやってくるのだから、狩りの必要もない。）そして史上最も有名な武将であるアレクサンダー大王が亡くなったときには、一時的な保存処置としてハチミツに浸けられた状態で、現在のバグダッドからギリシャまで、死後の旅路を進んだのだ。

現在では、もちろん、保存とエンバーミングは厳密に一致するものではないし、境界だってある。保存食がエンバーミングだというのは、化学的な比喩のようなものなのだ。たとえば、僕の知る限りでは、人間の体から水分を抜くために油で揚げたという事例はない。ジャガイモの炭水化物を貯蔵している部位を薄くスライスして揚げるのとはわけが違う。また、ヨーグルトがエンバーミングされてできたなどと言うつもりもない。目的が微生物の増殖を防ぐことであるという点では、エンバーミングもヨーグルトの製法も同じではあるけれど。こういった比較についての自分の考えが度を超したものになっていないかを確認するために、僕はドーニー・ステッドマンに電話した。彼女は人間や動物の死体がどのように分解するのかを研究している科学者で、ボディーファーム（死体農場）という適切な名前をもつ施設を運営している。法医学の進歩のために、約一万平方メートルの土地に死体を自然な状態で横たえて、死体が分解する様子を観察するのだ。人間の体が朽ちるのとステーキが腐敗するのには大きな違いはあるのかと尋ねる僕に、彼女はこう答えた。「ないですよ。はっきりとした共通点があります。肉が腐ることです」

エンバーミングとは、肉が——あるいは植物が——腐るのを防ぐ方法の一種だ。その意味で、フード・ベイブは正しいと言えるだろう。しかし、防腐処置をされたかどうかよりもはるかに重要なのは、どのような防腐処置がなされたかである。博物館に置かれているような、ホルムアルデヒドで防腐処置をされた標本を食べたいと思う人はいないはずだ。しかし、だからといって、水と酢酸と塩の混合物によって「エンバーミング」されたキュウリを——ピクルスのことだけど——警戒すべきだという理屈は、僕には理解できない。エジプトのファラオを塩漬けにしようが魚を塩漬けにしようが、ヤマネをハチミツ漬けにしようがアレクサンダー大王をハチミツ漬けにしようが、驚くべきは、いかに同じ化学が使われているかという点なのだ。

確かに、保存食品のなかには、エンバーミングされた死体もある。もちろん、完全なエンバーミングではなく、絶対に腐敗しないほどの処置ではない。人間が冬を越すのに必要十分な処置である。

このように、保存技術によってありとあらゆる創造的な食べものが生み出される。ここからは、なぜ僕らが加工するのかに対する、「単に楽しいから」という理由へと進むことにしよう。この本を読んでくれているということは、きっとあなたにとって「食べもの」と「楽しみ」は結びついているだろう。レシピに自分なりの工夫を加えたり、さまざまな調理法に挑戦したり、馴染みのない素材を試してみたり。だが、食べものと楽しみが仲間になったのは割と最近のことだ。僕らのご先祖様は料理ショーなんて見ていなかったし、凝ったレシピも、真空調理器も、分子ガストロノミーもなかった。先史時代の料

理研究家には、できることがそう多くはなかったのだ。

とは言え、例外もいくつかあった。骨をかち割り、柔らかくて脂肪分に富んだ骨髄を取り出したり、塩味がちょうどいい具合の岩をなめたりもしていた。確かなことはわかりようもないが、僕の好物であるNeccoのキャンディの最後の一個を賭けてもいいけれど、先史時代の人びとにとって、うっとりするくらいおいしくて楽しい一番のご馳走とは、ハチミツだったんじゃないだろうか。もしも数千年前に、つまり人類がサトウキビから砂糖の結晶をつくる方法を発見した西暦一世紀頃よりも前の時代に生まれていたとすれば、最も甘い食べものはハチミツだったに違いない。

ミツバチはたくさんの時間とエネルギーを費やして巣をつくり、たくさんの小さなハチの赤ちゃん（幼虫）をつくり、赤ちゃんをハチミツで育て、自分たちもハチミツを食べて冬を越す。もしあなたがハチならば、巣は家であり、エネルギー源であり、次世代の基盤でもある。あなたがハチでないならば、巣はとてつもなく魅力的な食べものだ。ハチミツには糖がたっぷり入っているし、幼虫には、一グラムあたりの量でいうと牛肉とほぼ同程度のタンパク質が含まれているうえに脂質も非常に多い。そんな大切な巣なのだから、防御に重点が置かれるのは当然だ。そして、ミツバチはとても創造的な防御策を講じている。

たとえばアリがハチの巣に歩いて入ろうとしたとする。ハチたちは一秒間に約二七五回も羽根をはばたかせて空気の流れをつくり、侵入しようとするアリたちを文字どおり吹き飛ばしてしまう。スズメバチから巣を守るのはもっと困難だ。スズメバチには、成虫のミツバチを狩る種類もいて、たいていは、ミツバチが蜜を運んで巣に戻ってくるときを狙ってくる。スズメバチを刺すのはまず無理なので（硬い外骨格に守られているのだ）、ミツバチは創造性を発揮する。一五匹から三〇匹でスズメバチをつかんで取り囲み、生けるハチの球となってスズメバチを包み込む。そして集団で体を震わせて全体の温度を上げていき、それが四三℃を超えると囲まれたスズメバチは死んでしまう。熱に強いスズメバチの種類もあるが、ミツバチは熱するだけでなく、スズメバチの腹部の動きをブロックして窒息死させるのだ。僕らだったら、胸の上から相撲取りに乗っかられるようなものだろう。ミツバチが、人間やクマのようなもっと大きい動物から巣を守る場合には、刺すのが攻撃手段となる（＊9）。しかし、ミツバチの多くは本当に刺すまではしない。何をするかというと、威嚇する。あなたに向かってまっすぐ飛んできて、大きな羽音をあげ、噛みつき、髪を引っ張りさえする（同時にするわけじゃないが、十分な威嚇だ！）。とにかく、ハチミツを盗もうとする相手にできるだけ嫌な思いをさせたいのだ。

　なぜって？　ハチミツが素晴らしいものだから。おそらく自然界で最もカロリー密度の高い物質であるうえに、好都合にも巣の中に閉じ込められた状態になっていて（取り出しやすいわけではないけれど）、付け合わせとしてタンパク質と脂質が詰まったハチの幼虫もついてくる。そして、念のために補足すると、ものすごくおいしいのだ。

　僕の見解では、古代人たちがやったような、ハチミツを得るための巧妙な方法を考案するというのは、加工ではない。ほかの動物が加工した食品を盗んでいるだけのことだ。ハチミツを盗むのはおおいに結構なことだ。近くに巣があればの話だけどね。もしなければ、糖分を得るためにほかの方法を探さねばならない。

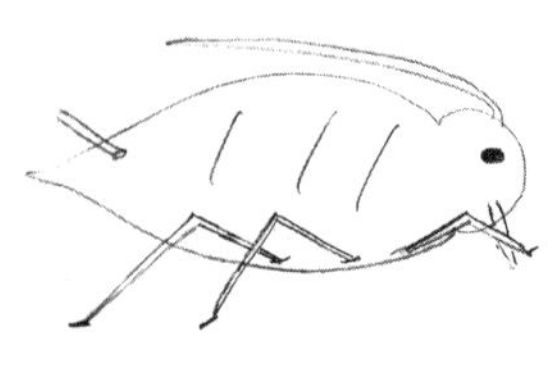

覚えているだろうか。植物は、本質的にシロップといえるものを、その組織の奥深くに埋め込まれた篩管を通して、葉からほかの部分へと絶えず送り届けている。この流れから糖分をいただこうと思っても、ただ植物をかじればいいというわけではない。葉や若芽、茎など、植物において糖分の高速通路の大半を格納している部分というのは、**甘くはない**のだ（セロリの茎をかじればわかるだろう）。なぜかというと、僕らが巨大な歯で植物を噛んでいるときには、篩管だけを味わっているわけではない。植物のほかの部分も一緒に噛んでおり、そこには糖分の絶え間ない流れなどは**ない**ので、糖分の多い部分の味が打ち消されてしまう。植物が自分をまずく感じさせるために特別につくっている苦い化学物質も口に入る。残念ながら、僕ら人間には、植物の糖分高速通路に入り込むための繊細な機構は備わっていない。ところが、この機構を備えている生き物がいる。小さくて控えめなアブラムシだ。

アブラムシはアリマキという別名をもち、とても小さく、一般的に緑色をしていて、植物にとっては完全なる脅威である。ここで、一匹のアブラムシ嬢にご登場いただこう。名前はメイベル。体長は約五ミリメートルだが、アブラムシにしては大柄だ。ほとんどの種はだいたい体長二〜三ミリメートルだからね。メイベルは気に入った場所を見つけると、唾液の小滴を吐きだす。唾液はすぐに、ピーナッツバターと同程度の硬さになる。固まるあいだに、メイベルは彼女の「口針（こうしん）」を繰り出す。これは皮下注射器の針のようなものだが、柔軟性があって、一本ではなくて二本の導管がある。

この口針が、いわばメイベルの口なのだ。彼女の顔は、顔であることをやめて、長くて柔軟性のある針と化す。

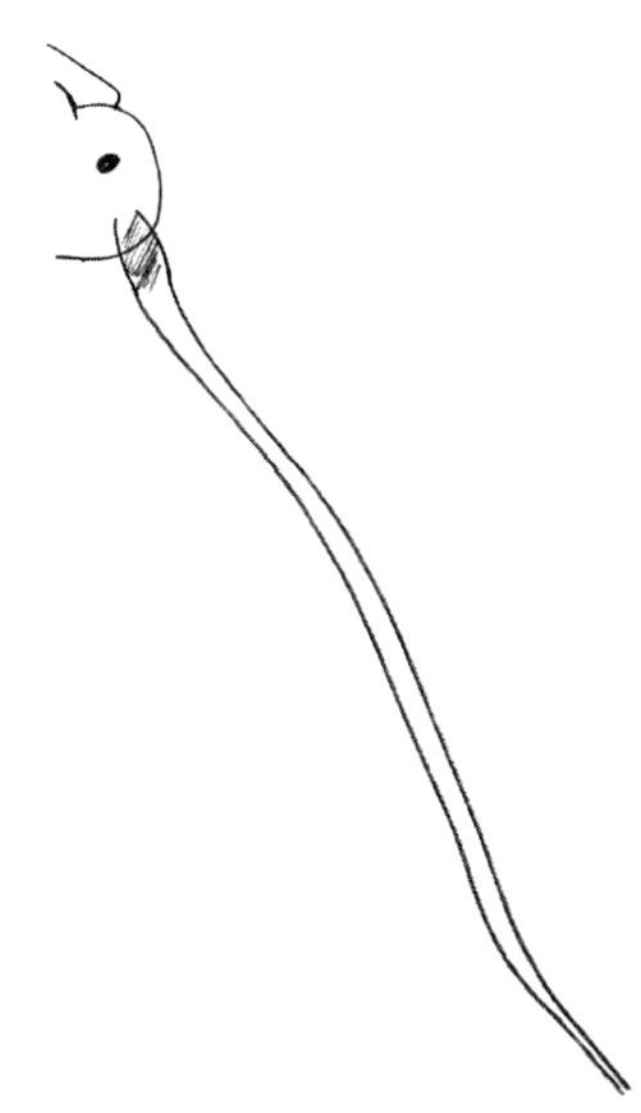

メイベルは吐きだしたばかりのゲル状の唾液に皮下注射針っぽい顔を突き刺す。やがて口針は植物表面に到達する。医師があなたの腕に突き刺すような金属針とは違って、メイベルの針は植物の細胞を突き破ったりしない。細胞のあいだを這い進むのだ。メイベルはゆっくりとした一定の間隔で、植物の内部で口針を前進させる。口針を先へと進める前に、ゲル状の唾液を吐きだして、その小滴のなかを口針が進むようにする。口針が小滴を貫通すると、次の小滴を吐きだして、またそのなかを口針が進み、貫通すると……といった具合に続く。これらのゲル状唾液は硬化して鞘のようなものをつくる。この鞘が、植物の細胞をすり抜ける口針を保護し（同時に潤滑剤の役割も果たして）、口針は植物の体の奥深くへと進むのだ。

時々は、メイベルも自分の位置を確認しなくてはならない。メイベルの口針には目などないので、植物のどの位置にあるかがわからないのだ。そこでメイベルは口針の先を近くの細胞に突き刺す。針先が細胞内に入ると、細胞の内容物を「一口」すする。言い換えると、細胞のはらわたの一部を、口針にある二つの導管の一本のなかに吸い込んで「味見する」わけだ。この「味見」をメイベルがどう感じるのか、実際に知ることはできないが、甘さや酸っぱさをチェックしているのだろう。甘さが足りないとか酸っぱすぎるようであれば、口針を引っ込めて、違う方向へと口針を向けて植物のさらに奥へと進ませる。最終的に、メイベルは植物の体内の聖杯、つまり糖分高速通路であるところの篩管へと到達するのだ。

想像がつくと思うが、植物は侵入などされたくない。ましてや篩管などもってのほかだ。侵入されたら次に何が起きるのか、わかりきっている。懸命につくった糖がごっそり盗まれてしまうだろう。植物は決してケチ臭くなどない。昆虫や動物と公正な取引をすることを受け入れている。こんな感じにね。

やあ、動くことができる、そこの君！　私はここから動けないんだけどね。実は、さっきセックスしたばかりでね、私がつくった受精卵たちを、ここから遠く離れた場所まで君に運んでほしいんだ。そうすれば、受精卵たちがこの世界のはるか遠くまで行くことができるから。（お礼といってはなんだけど、君は私の甘い花の蜜を飲んでいいし、砂糖みたいに甘い果実を食べてもいいよ。）やってくれるって？　じゃあ、取引成立だ。

しかし、返礼もなしに糖質をとろうとする相手に対しては手加減しない。たとえばイモムシが植物の組織を吸ったり裂いたりすると、植物はさまざまな形で対処する。電気的信号や化学的信号をほかの部位に伝えて、攻撃に備えるよう警告する。フォリソームという、篩管のなかの細長いタンパク質は、幅が二〜三倍に膨らんで、篩管を部分的にふさいでしまう。さらに、細胞は、篩管をふさぐのに役立つカロースという糖の生成を開始する。

だが、メイベルはこの防御機構が発動されることを知っている。そこで、口針が突き刺した細胞が篩管だと確認するやいなや、メイベルは別のタイプの唾液を吐き出す。この唾液は植物の防御反応をほぼ止めることができる。これで準備は整った。メイベルは植物の篩管の防御システムを制圧し、しかも篩管には圧力がかかっているので樹液を吸い上げる必要すらない。頭部のバルブを単に開閉して、流れ込む量をコントロールすればいいだけだ。

ただし、メイベルが対策を講じねばならない樹液防御機構がもう一つある。それは糖だ。具体的には、篩管に流れている、缶コーラかそれを超えるくらいに高濃度の糖である。この驚くほど高濃度のシロップは、メイベルの消化管を通りながら、彼女の細胞から水を抜き取ろうとする(＊10)。その作用があまりに強いため、メイベルは、消化管の表面から遠く離れた細胞から、最前線の(消化管表面の)細胞へと、補給用の水を送らねばならないほどだ。残念ながら食事を必要とするメイベルはシロップを呑み込み続けるので、水分の損失は止まらない。メイベルを通り抜けて尻から出る樹液が多いほど、体からは多くの水が吸い取られ、失われることになる。植物製シロップを飲むのをやめなければ、メイベルはシロップに大量の水を奪われて、体が乾ききってしなびて、いずれは死ぬことになるだろう。

だが、そうはならない。なぜなら、メイベルには、この「体の水分抜き取られ問題」に対処するためのエレガントな打開策が二種類あるのだから。一つ目はとにかく単純だ。ときどき、口針を糖の高速通路から引っこ抜いて、木部(もくぶ)を探す。木部とは、水を根から汲み上げる通路のことだ。木部からおいしい水をもらって、脱水状態になった自分の組織を潤すわけだ。二つ目は、メイベルの腸にある酵素である。この酵素には糖の分子を結合させる働きがあり、それによってメイベルの細胞から水を吸い出すという樹液の能力が弱まるのだ。植物にとってはうれしくないことではあるが、こうしてメイベルは好きなだけ樹液を堪能できる。

では、少し時間をとって、これがいかにとんでもない話であるかを噛みしめることにしよう。あなたの指先の爪よりも小さくて、長さ一〇センチメートルの髪の毛一本よりも軽い生き物に、次のような能力があるのだ。

1　柔らかい針のような口を、細胞の隙間を縫うように進ませて、茎の（ときには樹皮の）表面から数ミリメートル奥まで到達させられる。
2　濃度三〇％の糖液を、一平方センチメートルあたり七～一四キログラムもの圧力で輸送している細胞を見つけて、口針を突き刺す。
3　体から水を奪うはずの高濃度の糖液を、ほとんど気づかれることなしに好きなだけ長く飲み続けて、しなびることも死ぬこともない。

人間に置き換えようがないのだが……無理矢理たとえれば、こんな感じだろうか。まず、皮下注射針をつくろう。太さはトイレットペーパーの芯くらいで、長さは左脚くらい。それをうまいこと自分の口に固定して、消火作業にあたっている消防士の背後に忍び寄る。そして、消防士がもっている消化ホースに、このトイレットペーパーの芯の太さの針をぶっ刺す。このとき、自分の消化管に水がドッと流れ込むから注意するように。これを全部、消防士に気づかれないようにやり遂げること。

では、メイベルに戻ろう。彼女の話はまだ終わっていないのだ。

メイベルは樹液をちびちびとするわけではない。一気飲みしている。なぜって？　驚くほどお馴染みの理由があるからだ。それは必須アミノ酸だ。これらの分子の形を知らなくても、名前くらいは聞いたことがあるだろう。アミノ酸とはタンパク質の構成要素で、動物が必要とするアミノ酸は約二〇種類ある。人間の体は——そしてメイベルをはじめ、ほとんどの動物の体は——これらのアミノ酸のおよそ半分を生成できるので、食事で摂取する必要はない。それ以外の、生成できないアミノ酸のことを「必須アミノ酸」という。この必須アミノ酸を得るには、あなたもメイベルも、食事で摂るしかない。さもないと、あなたの体は必須アミノ酸を素材とするタンパク質をつくれないので、ありとあらゆる悪いことがあなたの身に起こるだろう。そして、樹液にはメイベルが必要とするすべてのアミノ酸が含まれているものの(*11)、その量がとにかくものすごく少ないのだ。十分な量の必須アミノ酸を得るために、そしてメイベルにはどうしようもないことなのだが、樹液には、非常に大きな圧力がかかっているために、メイベルは大量の樹液を飲まざるをえない。

そして、これが意味するのは、メイベルは大量に排泄するということだ。

アブラムシの排泄物は、あなたの排泄物とは違う。化学的には、樹液とそれほど変わらない。無色透

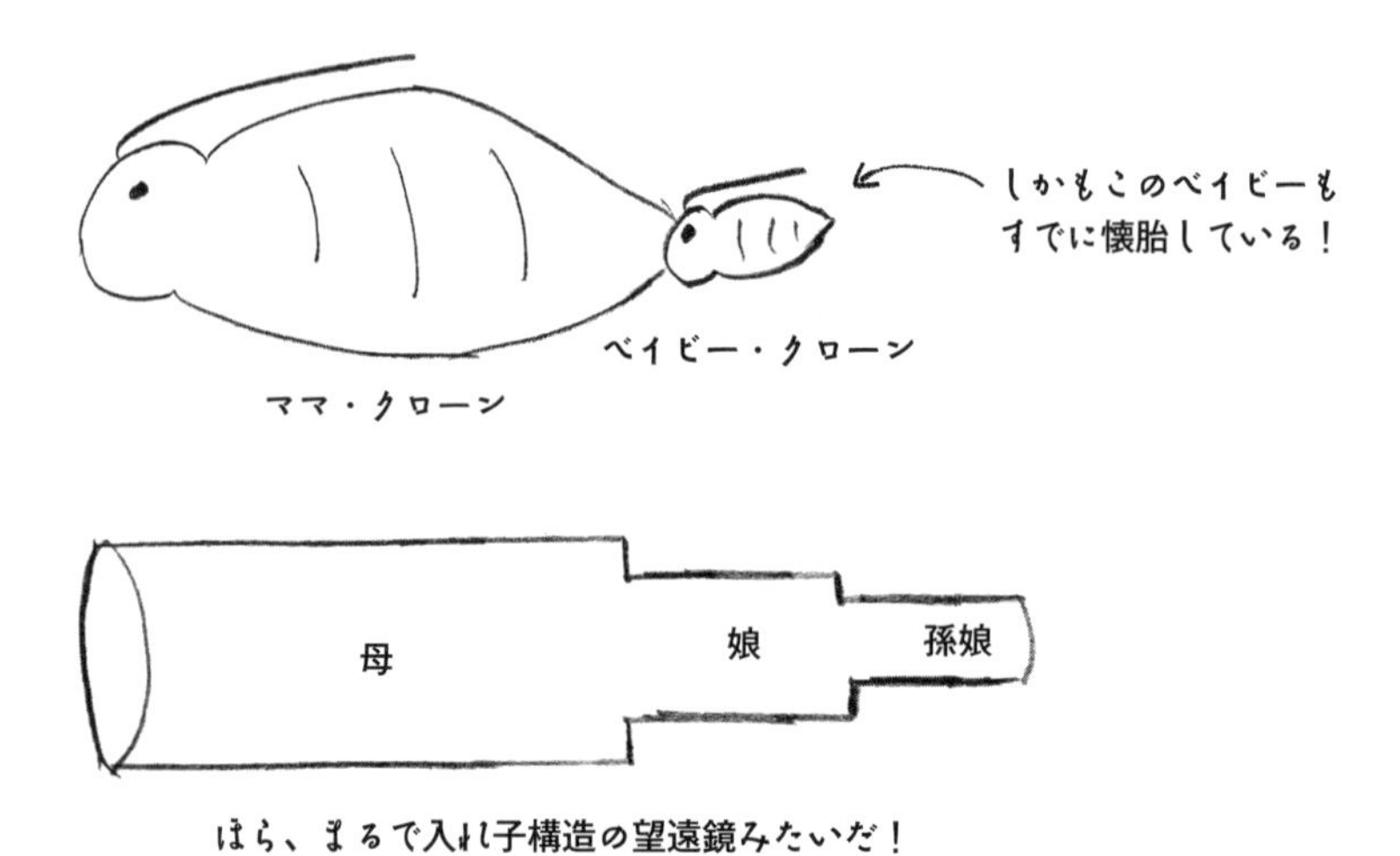

明の、甘いシロップのような液体だ。聞いたことがある人もいるだろうが「甘露」と呼ばれている。メイベルが小娘だったときには、一時間あたり体重と同じ量を排泄することもできた。成虫になった今では、一時間あたりの排泄量は約一ミリグラムだ。大した量ではないと思うかもしれないが、メイベルの体重は二ミリグラムしかない。もしあなたに対して、フォアグラ用のガチョウのような強制給餌が行われ、しかもあなたが記録に残るほど最悪の下痢に襲われたとしても、一時間あたり体重の半分の量を排泄し続けるというのは身体的に不可能だろう。

　これはアブラムシ一匹についての話だ。アブラムシのコロニー単位で考えると、排泄物は理解しがたいほどの量に達する。森によっては、一本の木についた複数のコロニーから、乾燥した甘露が一年あたり五〇キログラム近く生産されることもある（＊12）。森がどれほど密であるか、またどれほど多くのアブラムシがいるかによって変わってくるが、一年間で一ヘクタールあたりに何百キログラムという単位での生産量となる。

この大量の甘露など序の口で、メイベルのすごさはまだ続く。アブラムシのライフサイクルと生殖戦略はかなり複雑だ。冬には、メイベルは雄のアブラムシと交尾して、自分と彼のDNAをミックスした卵を産む。夏には雄と交尾などしない。それなのに、出産はするのだ。今回は、卵ではなく幼虫を生む。生まれるのは、遺伝的に自分とまったく同一の個体、すなわちクローンである。このベイビー・クローンが生まれるときには、その体内にすでに次世代のクローンを宿している。科学者たちは素晴らしい用語でこれを表現している。「telescoping generations（入れ子構造世代）」だ。

テントウムシなどの捕食者に食べられなければ、アブラムシの世代数は一シーズンで二〇にも達することがある。

要点をまとめると、アブラムシにとって植物とは、いわば巨大な食べ放題のビュッフェである。メイベルと親族がそこのメニューの内容を気に入ったとすると、彼らはこんな行動をとる。

1 何日間も篩管の樹液をがぶ飲みして、自分たちにとって必須の栄養素を植物から奪う。
2 あたかもそれが仕事であるかのように、繁殖する。
3 ねばねばする糖液で、自分の足下のすべてを覆い尽くす。（アイスクリームコーンを二歳児に渡したような感じになる。）

もしあなたが数千年前にカリフォルニアで暮らしていたトゥバトゥラバル族の一員ならば、このアブラムシの行動に悩まされることはなかったはずだ。むしろ、自分たちのために活用する方法を見出したことだろう。

アブラムシの排泄物が糖であることを最初に発見した批判的観察者は……おそらく人間ではなくて、アリだった。それから数億年を経た今でも、アブラムシから糖をもらっているアリの種が存在する。たとえば、一匹のアブラムシ（*P. cimiciformis*）がある植物の茎にその口針を差し込んだとして、その同じ茎に一匹のアリ（*T. semilaeve*）を置いたとすると、次のようなことが起こるだろう。

1　アリはアブラムシに対して、科学者曰く「antennal waving（触覚ふり）」を行う。どんなふうに見えるかというと、ペンテコステ派の牧師が教区民に信仰療法を行う映像を早回しにした感じだ。（具体的には、アリが触覚でアブラムシの体を盛んに叩く。）

2　それに反応して、アブラムシは後ろ脚を蹴り上げて、甘露の玉を排泄し、甘露がついた尻の穴をアリに向けて突き出す。〔科学者曰く「anal pointing（アナル指示）」だ。〕

3　アリは甘露の玉をありがたそうに受け取って、飲み始める。

4　アリが触覚でアブラムシの肛門のあたりを触るようにするが、これはおそらく甘露がまだ出続けていないかを確認するためだろう。

アリは甘露を絶えず受け取る代わりに、アブラムシをほかの捕食者から守っている。典型的な共生関係だ。

アブラムシの尻から直接飲むのは、アリにとっては非常に結構なことだ。しかし、数百年前のトゥバトゥラバル族や、オーエンズ・バレー・パイユート族、ヤヴァパイ族、トホノ・オオダム族など、数々のネイティブアメリカンの部族の人びとには、もう少し創造性が必要だった。夏のあいだにアブラムシの様子を注意深く観察した人びとが気づいたのは、しばらく経つと甘露の水分が蒸発して結晶となった糖が、アブラムシの標的となった哀れな植物をびっしり覆うことだった。植物は、カリフォルニア州の場合には、ホタルイ、アシ、その他のイネ科の植物であることが多かった。当時の人びとは、これらの植物を用いて、巧妙な方法によって「甘露玉」（もっと正確に言えば「アブラムシウンコ玉」？）とでも呼べそうなものを加工してつくった。夏の終わりから秋の初めの雨が降り始める前に、人びとはアブラムシがついていた、背の高い夏草の長い茎を刈り取る。そして天日にさらして完全に乾かしてから、その茎を、クマやシカの皮の上から棒で激しく叩くのだ。激しく揺さぶられた茎から甘露がとれて、動物の皮の上に落ちる。これをかき集めて、小さく丸めたり平たく固めたりして、ときにはそのままで、ときには火で温めて食べていた。

ちなみに、ネイティブアメリカンは、自然界の物を加工することにかけて、とても洗練された手法をもっていた（今ももっている）。アブラムシ甘露玉はそのほんの一例であって、僕やあなたが、ただ森に入っても簡単にはつくれないものがたくさんある。赤ちゃんのおむつを地衣類から、それも藻類と菌類を正しく組み合わせてつくるなんてことが僕らにできるだろうか？　あるいは、ヒツジの角から接着剤をつくるのは？　オオバンの皮で手袋をつくるのはどうかな？ (*13)　僕らには無理だろう。アメリカの国立公園で、たったひとりで五日間生き延びられる人だってほとんどいないはずだ。トンヴァ族のある女性などは、面積がワシントンDCの三分の一ほどの島で、たったひとりで一八年間も生き抜いたというのに。

今日、食べものの評価方法は、それがどの程度汚(けが)されていないように見えるかということが基準になっている。現代人にとって最高の食べものとは、古くからあって、有機栽培で、天然で、人の手が加えられていないものだ。一方、最低の食べものとは、最近つくられるようになった、工業的な、超加工食品だ。しかし、人類史を振り返ると、この二つのカテゴリーが複雑に絡み合っていることがわかる。アブラムシ甘露玉は、最高と最低のあいだのどこに位置するのだろう？　ラップでぴっちり包んだ状態で、ガソリンスタンドで売られてそうな気もするし、自然食品スーパーマーケットのホールフーズで、茶色い紙袋入りで売られていてもおかしくなさそうだ。フリーズドライのジャガイモは、そして毒抜きしたキャッサバはどう評価されるのだろうか。

地獄への道は――市販のチョコレート菓子の石畳にシロップ入りのカラフルな飴がそこかしこに散りばめられ、チートスの粉がまぶされているわけだが――思っているほど最近のものではないのかもしれない。そして、僕らは今、それはもう大昔からあるいくつかの潮流の結果、この場所にいるのかもしれない。一つ目の潮流が食物の「毒抜き」だ。それが死ぬか死なないかの選択であるならば、人間は死を避けるための創意工夫と努力をいとわない。キャッサバの根茎をすりおろしたり、ジャガイモをフリーズドライしたりといったさまざまな工程のために、たとえ何時間も費やすことになるとしても。

二つ目の潮流が「保存」だ。必要は発明の母だとよく聞く。確かにそうかもしれないが、「怠惰もまた、発明のための強力な動機となる」のだと付け加えたい。仕留めた獲物を腐敗というリスクにさらしながら、どうしてまた狩りに出なくてはならないのか？　植物でも動物でも、手近な死体を保存する方法を見つけるほうがずっと楽ではないか。そうすれば、野営地の周辺でのんびり過ごせる。そしてもちろん、冬を生き延びようと思えば、食料を保存できればとても役立つだろう。

最後の潮流が「風味づけ」だ。ものを食べ、生き延びて、話をする余裕ができてくれば、手に入る食べものの甘味や塩味の量について、あるいは油っぽいだの油っけが足りないといったことについての文句が出てくるだろう。そして、そういった風味を強めたり、新たな味を創造したりし始める。たとえばアブラムシの排泄物を食べたり、最近だと、テンサイを品種改良して得られた砂糖をありとあらゆる食品に使ったりするのだ（*14）。

僕らのご先祖様が**しなかったこと**の一つが、これらの加工食品のせいで自分ががんになるのではと心配することだ。なぜって？　その当時の脅威といえば……毛皮がついていた。あるいは、外骨格をもち八本足だった。あるいは、地面から生えるものだった。あなたを殺そうとするもののほとんどは、生きものだった（*15）。脅威はもっと直接的な存在で、工業的な生産物などではなかった。人間がさらされていた化学物質のほとんどは、自然界によって「選択された」ものだった。今日では、ほとんどの国において、生き延びることはより容易になり、より危険ではなくなっている。毛皮つきの脅威や目が八個ある脅威は今なお存在しているが、毒蜘蛛や感染症によって死ぬ確率はずっと小さくなり、それよりも心臓病やがんで死ぬ確率のほうがはるかに大きくなった。そして、これまで見てきたように、超加工食品はこれら両方の疾病との関係が疑われているのだ。

そこで、このような主張が現れることになった。超加工食品は悪者だ、なぜなら登場したのがごく最近で、工場でつくられていて、不自然だからだと。しかし、特定の食べものや化学物質が最高なのか最低なのかを議論するのではなく、選択できるかどうかに焦点をあててはどうだろう。それがなんの役に立つのかって？　答える前に、背景を少し説明しておこう。人間は食事の必要性を発明したわけではない。同じく、空気を吸う必要性も、水を飲む必要性も発明していない。しかし、化学物質への曝露（ばくろ）には、実際に人間が発明したものがたくさんある。たとえば、ある草の葉を燃やしたときに生じるエアロゾルを吸い込むこと、つまり「喫煙」がそうだ。あるいは、外出前に自分の肌になすりつける、バターと油の中間くらいの粘りがある白い物質、つまり「日焼け止め剤」もそうだ。これらはいずれも化学物質への曝露であって、両方とも完全かつ一〇〇％、僕たちが選択できることなのだ。そこで、超加工食品が体に悪いかどうか、ひいてはどの食品が良くてどの食品が悪いのかを解明するために、まずは、食べものではないものから始めることとしよう。

最初に取り上げるのは、喫煙と電子タバコだ。

次に、日焼け止め剤について見ていこう。

最後に、これらの二種類の化学物質への曝露について得られた知見を通して、化学物質への究極の曝露、つまり食事について何がわかるかを確認することにしよう。

（＊1） 生物がひしめきあっている様子のことを英語で「zoo（動物園）」という。なので、「微生物の動物園」と言えそうな気もするが、個体数という点ではとうてい適切な表現ではない。全世界の動物園にいるすべての動物を足し合わせてから、その計算がまったくの無意味になるような桁外れに大きな数をさらに足してようやく、あなたの冷蔵庫にある腐りかけの肉一片にとりついている微生物の数となる。

（＊2） 二三〇〇万というのは、実際に計算して出した数字なんだ。こんなふうに計算した。平均的な水溶性タンパク質一〇〇グラムを完全に「固定」するには、約四・五グラムのホルムアルデヒドが必要だ。この比率を用いると、七〇キログラムの人をまったく動けないようにするには三・一五キログラムの強力接着剤が必要となる。ニューヨーク市の人口は約八〇〇万人なので、全員を固めるには二五二〇万キログラムの強力接着剤が必要となる。多くの強力接着剤の主成分であるシアノアクリレートの密度は一ミリリットルあたりおよそ一・一グラム。つまり、二二九〇万リットル必要になるから、少し色を足して二三〇〇万リットルにしたってわけ。

（＊3） 食物の腐敗のすべてが、微生物によって引き起こされるわけではない。ほかの生き物の手を借りることなく食物それ自体の内部で生じる化学反応の結果、腐敗することもある。たとえばオリーブオイルなどは、含まれる不飽和脂肪酸に特有の二重結合が空気中の酸素と反応することで勝手に傷んでしまう。

（＊4） 意味で分けると「マノ」「サーモ」「ソニケーション」だが、これはつまり、高圧にする、高温にする、大きくて破壊的な音波にさらすという三つの処理を、同時に行うということだ。ホットヨガの最中にうざい男がぐいぐいナンパしてくる感じだろうか。

（＊5） 紛らわしいことに、個々の水分子は磁気を帯びているかのように振る舞うのに、コップに入った水は磁気を帯びてはいない。（水の近くで磁石を動かせばわかる。何も起こらないから。）水分子が小さな磁石のように振る舞うのは、水分子の原子核と電子によって電場がつくられるためなのだ。妙な話だと僕も思う。責めるなら物理学にしてくれよ。

（＊6） 名前の「*Escherichia*」は、一八八六年にこの菌を発見したドイツ人医師、テオドール・エシェリヒ（Theodor Escherich）に由来し、「*Coli*」はラテン語の「*Colon*」（大腸の意）から来ている。つまり、この細菌の名前は、実質的に「ドイツ人医師氏の大腸細菌」なのだ。学名も、退屈なものばかりではない。

（＊7） 正直に言ってほしいんだけど、みんなの家にも、一九九七年くらいに買って、今もまったく傷んでいないハチミツが一瓶くらいあるよね？

（＊8）これを読んだ新米ママは疑問に思ったかもしれない。「ちょっと待ってよ、ハチミツのなかで微生物が生きられないのなら、赤ちゃんにハチミツをあげちゃいけない理由って何？」って。その答えは「ハチミツにはボツリヌス菌（*Clostridium botulinum*）の芽胞が含まれているかもしれないから」である。芽胞とは、細菌が、完全に死滅するほどではないにしろ通常の形態のままでは生き延びられないほど苛酷な環境に置かれたときに、形成する構造のことだ。普通の暮らしも繁殖もできないけれど、死んでいるわけでもない。芽胞は機会をうかがい続け、苛酷な環境（ハチミツなど）から、生息に都合のよい環境（赤ちゃんの腸内）へと自分を運んでくれる、偶然だか運命だかを待ち構えているのだ。いったん環境が生息するのに都合のよいものになれば、芽胞は発芽して生きた細菌となる。これがボツリヌス菌だと、人間にとってまったく望ましくない状況である。なぜなら、ボツリヌス菌は知られているなかで最も毒性の強い物質を産生するからだ。この物質はタンパク質で、毒性の強さはシアン化物のおよそ数十万倍である。誰も確認したくはないだろうけど。

（＊9）ミツバチはあなたを刺しても、実は即死するわけではない。その後、一～五日は生き永らえる。

（＊10）シロップによる水分の抜き取りは「浸透」というプロセスによって生じる。浸透作用を確認したければ、小さじ二杯の塩を一カップの水に溶かして、そこにシャキシャキしたロメインレタスの葉を一枚入れるといい。二〇分後に見てみれば、すっかりしなびているだろう。理由は、塩によってレタスの細胞内の水が抜き取られてしまうから。メイベルも同じことだ。違いといえば、メイベルの場合、犯人は塩ではなくて糖であり、しなびるのはレタスの細胞ではなくてメイベルの細胞だ。

（＊11）非常に細かいことをいえば、樹液そのものにメイベルが必要とするすべてのアミノ酸がそのまま含まれているわけではない。だが、メイベルの消化管にいる細菌が樹液中のアミノ酸をメイベルが必要とする必須アミノ酸につくりかえてくれる。アブラムシにも、僕らと同じように、微生物叢が備わっているのだ。

（＊12）疑問を抱いたあなたのために。「乾燥した」甘露とは、水が蒸発した後の甘露のことだ。つまり、コロニーの共用トイレがあるとしたら、そこにたまった排泄物の実際の総量はこれよりずっと大きい。

（＊13）そもそもオオバンが何なのか、わからなかったのでは？　カモによく似た鳥だよ。

（＊14）これら三つの潮流は互いに無関係な方向に進んでいるわけではない。むしろ、同じ道路を構成する複数の車線のようなものだ。たとえば、保存によって食べものの風味が濃くなることがある（ジャムがその例だ）。また、アイマラ族がつくるフリーズドライのジャガイモのように、毒抜きが保存になることもある。とりわけ発酵は境界があいまいだ。風味を変えずに食物を発酵させることは、難しいどころか、おそらくは不可能だろう。発酵によって、まったく同一の死んだ生き物が、ある文化圏では得難い珍味とみなされ、別の文化圏では腐った生ごみの塊とみなされる。（「シュールストレミング」で検索してもらえればここで言わんとすることが理解されるだろう。）そしてもちろん、人間が自然界のものを加工するのには、「毒抜き」「保存」「風味づけ」以外にもたくさんの理由がある。たとえば僕らがお茶を発明した理由の一つは、カフェインを摂取して、いい気分になるためだ。

（＊15） オーストラリアでは今でもそうだけど。

第II部

悪いっていうけど、どのくらい悪いの？

「そのタバコから手を放しなさい。
体に悪いからね」
――神様

第4章 煙を吐く銃、あるいは確実に起こることについて

タバコ、イベリアトゲイモリ、爆発する電池、歯、色素性乾皮症

あなたは喫煙が体に悪いことを知っているだろう。どうやって知ったかというと、両親からそう言われたからではないだろうか。しかし、親世代はどうやってそれを知ったのだろう？　おそらく、アメリカの公衆衛生総監ルーサー・テリーが、一九六四年にそう言ったからだ。では、どうやってルーサー・テリーはそれを知ったのか？

あなたが思うような形ではないはずだ。

喫煙があなたの健康を害することを最も明確に示す方法とは、第1章で説明したのとほとんど同じような形で、ランダム化比較試験を行うことだ。喫煙をしたことのない人をたくさん集めて、二つのほと

んど同じグループに分ける（そしてそれぞれの無人島へと運ぶ）。一方のグループには喫煙をさせず、もう一方のグループには喫煙させる。そして、それから五〇年間、毎年両方のグループの健康診断を行うのだ。

だが、こんな研究がこれまでに行われたことはない。なぜって？　とんでもなくお金がかかるだろうし、とてつもなく面倒だから。とはいえ、世界一の超高層ビルであるブルジュ・ハリファだって建ったのだから、お金と手間だけが問題なら解決できそうなものだ。この実験ができない本当の理由とは、倫理的問題があるためだ。一九五〇年代でさえ、喫煙が人体に悪影響を及ぼす疑いが強いと思われていたのだから、倫理を重んじる研究者たちは、喫煙者をつくるような実験に非喫煙者を参加させるわけにはいかなかった。それに加えて、ほとんどの非喫煙者は喫煙をしたいとは思わない。意識的に避けてきたことを無理やりやらされかねない実験に、希望者が集まるとは思えない。こういった理由から、喫煙に関するランダム化比較試験が実施されたことはないし、今後も実施されないだろう（＊1）。

では、喫煙が体に悪いことを、どうやって科学的に証明したのだろうか？　考えてみよう。まず、タバコの煙には、がんの原因となりうる分子が少なくとも七〇種類、含まれている。ホルムアルデヒドを思い出してほしい。ほとんどすべての生体分子と反応する、とにかく見境のない小さな分子である（第3章）。わかったのは、ホルムアルデヒドには人間に対して発がん性があって、タバコの煙に含まれているということだ。ベンゼンもそうだ。そしてヒ素は、数百年前の中世の時代から毒薬として愛用されてきたが、即死するほどではない量を摂取した場合に、発がん性があることがわかっている。

この七〇種類の分子のそれぞれががんの原因となることは、どうやってわかったのだと疑問に思った人もいるだろう。多くはこのような経緯だ。ある特定の化学物質に非常に高いレベルでさらされることとなる職業があり、その職に就いた人たちの発がん率が明らかに高いことがわかったのだ（たとえば一九世紀のロンドンで働いていた煙突掃除屋は煤にさらされて陰嚢がんになった）。ほかにも、たとえばヒ素などの化学物質は、特定の地域で飲み水に多く含まれているケースがあり、そうした場所で、がんの症例が多く見られた。また、動物実験も行われた。過去五〇年以上にわたり、タバコの煙に含まれる七〇種類以上の化学物質のそれぞれについて、ほとんど思いつく限りの動物種を対象として、何百という科学者による何千何万という投与実験が行われてきたのだ。こうして、ある化学物質が一種以上の動物種に対して有意にがんを引き起こすことが示されている。

たとえば、タバコの煙に含まれる*N*-ニトロソアミン類という特定の化合物群に注目してみよう。これらのマフィアみたいな分子のどれかによって、がんが引き起こされる動物は次のとおり。ニジマス、ゼブラフィッシュ、メダカ、グッピー、プラティーとツルギメダカの交配種、イベリアトゲイモリ、ヒラユビイモリ、アフリカツメガエル、キタアフリカツメガエル、ヨーロッパアカガエル、カモ、ニワトリ、キキョウインコ、オポッサム、アルジェリアハリネズミ、ツパイ、クロハラハムスター、ゴールデンハムスター、チャイニーズハムスター、タビキヌゲネズミ（＊2）、ジャンガリアンハムスター、アレチネズミ、オジロハムスターモドキ、ラット、ネズミ、モルモット、ミンク、犬、猫、ウサギ、豚、オオガラゴ、オマキザル、ミドリザル、パタスモンキー、アカゲザル、カニクイザル。

ざっと三七種いる。

科学者たちは、ある化学物質をさまざまな動物種に与えただけではない。一つの動物種に対してさま

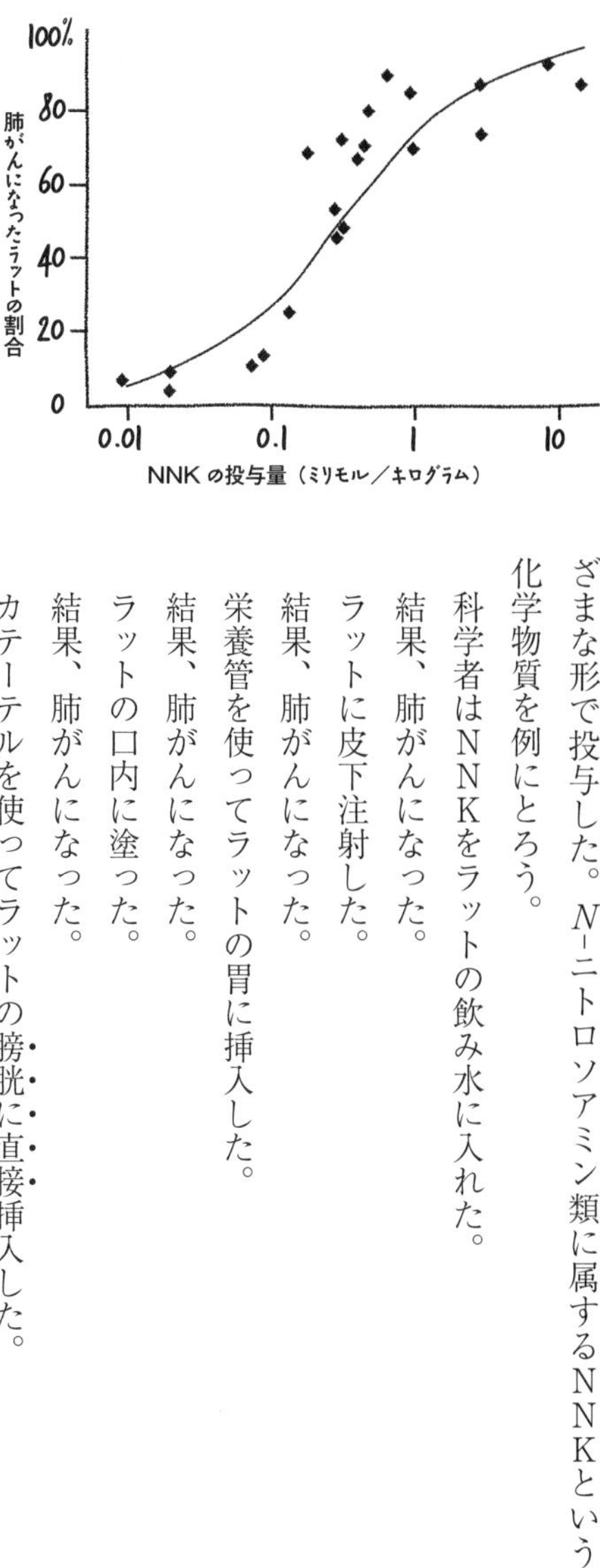

ざまな形で投与した。*N*-ニトロソアミン類に属するNNKという化学物質を例にとろう。

科学者はNNKをラットの飲み水に入れた。
結果、肺がんになった。
ラットに皮下注射した。
結果、肺がんになった。
栄養管を使ってラットの胃に挿入した。
結果、肺がんになった。
ラットの口内に塗った。
結果、肺がんになった。
カテーテルを使ってラットの**膀胱に直接**挿入した。
結果、**やっぱり**肺がんになった！

科学者たちは、さまざまな種に対してさまざまな投与方法で試験しただけではない。用量を変えての試験も行った。これはある意味、直感的な手法である。毒物の用量を増やすことで症状が悪化するならば、その毒物がその症状に関与していそうだと考えるのだ。一〇回セットの実験が少なくとも三カ所の研究機関で行われてはじめて、「用量反応曲線」と呼ばれるものが確立される（僕は勝手に「上にいるほどヤバい曲線」と呼んでいる）。具体的な実験内容とは、ラットのグループごとに異なる用量のNNKを投与して、肺がんを発症したラットの割合を記録するというものだ。たとえば、ラットの体重一キログラムにつき〇・〇三四ミリグラムのＮＮＫを二〇週間にわたって毎週三回投与すると、約五％が肺がんとなる。しかし、投与量を体重一キログラムにつき〇・三ミリグラムにすると、五〇％が肺がんとなる。体重一キログラムあたり一〇ミリグラムだと、約九〇％が発症する。（ちなみに、ラットの約五〇％が死ぬシアン化物の量とは、体重一キログラムあたり約五ミリグラムである。）

想像がつくと思うけど、こういった実験は科学者にとっては骨の折れる作業だし、ラットにとってはかなりの肺がんである。一九七八年から一九九七年までの約二〇年間で発表された論文は八八本、そこでは何千という不運なマウス、ラット、ハムスターたちにＮＮＫが投与されている（投与されなかった幸運なマウスたちもいたが）。ＮＮＫを投与された動物は、投与されなかった動物と比べてがんを発症する割合が著しく高かった。こうした研究やほかの大量の研究がかなりの説得力をもって示しているのは、さまざまな動物にとって、ＮＮＫをはじめとする*N*‐ニトロソアミン類が強力な発がん性物質であることだ。

だが、待ってくれ。動物や人間に対して発がん性があると知られている物質が、タバコの煙に含まれているからといって――どれほど説得力があろうとも――喫煙が体に悪いのだと実際に証明することにはならない。大手タバコ会社が、いかにもこんなことを言いそうじゃないか。「確かに、タバコの煙には、いくつかの化学物質が含まれていますよ。でもね、それらがあなたの肺に接するのなんて、煙を吐きだすまでのたった〇・五秒くらいです。実際には、こういった化学物質が体内にとどまることなどないんです」

ところが、化学物質は体内にとどまるのだ。しかも、それを確認できる方法が少なくとも三とおりある。一つ目は、悪名高い「黒色肺」だ。高校時代に、教師から真っ黒でいかにも病的な肺の写真を見せられて、喫煙者の肺だと説明されたことはないだろうか？　実は、こういった「見せる用」の肺は、豚の肺だ。タバコを一日二箱、二〇年間吸い続けている家畜など普通はいないので、ああいった肺は、茶色や黒色になるよう人工的に染められている（＊3）。もしもあなたに透視能力があって、喫煙者の肺のなかを見ることができたとしても、別に炭坑みたいに見えたりはしない。実際に、喫煙者の肺と非喫煙者の肺を顕微鏡下で比較したならば、両者ともに、マクロファージという細胞がたくさん見つかるだろう。これらの細胞はあなたの免疫系の一部であって、異物を――タバコの煙の粒子も含めて――基本的になんでもかんでも呑み込んで、被害を食い止めようとする。しかし喫煙者の肺では、喫煙歴にもよるが、マクロファージが黄色や茶色に見える。黒色のものすらある。理由はというと、タバコの煙に含まれる粒子は、分解することが化学的に難しいため、マクロファージは自身の内部の小さな区画内にこれらの粒子を蓄えるのだ。あなたの実家の地下室にも、何の役にも立たない危険なゴミでいっぱいのゴミ袋が、捨てることもできずにいくつも放置されているんじゃないかな？　それと同じことだ。これらの粒子が溜まってくると、黄色や茶色の小さな点に見えるようになる。そして、喫煙すればするほど、肺の点々は増えていくのだ。

タバコの化学物質が体内に残ることを確認できる二番目の方法とは、放射性トレーサー法である。これは、特定の分子に放射性元素の標識をつけてから、特別製のガイガーカウンターを使って、注目している器官がどのくらい放射能をもつか（つまり標識をつけられた分子がどのくらい集まるか）を調べるという方法だ。長年にわたり放射性トレーサー法を使った数多くの研究が行われているが、とりわけ際立つ研究が一つある。二〇一〇年に発表されたこの研究では、タバコのなかのニコチンに放射性標識をつけて、被験者を全身スキャナーにかけた状態でそのタバコを一回だけふかしてもらった。その約一二秒後に、被験者の肺で放射線が検出された。約二二秒後に被験者の手首の血管内で、そして約五〇秒後には脳で、放射線が検出されたのだ。これはかなり明確な結果である。時間の経過に伴って化学物質が体内を広がることを確認できる、目視に最も近い方法だろう（少なくともここしばらくのあいだは）。

そして、三番目の方法が、おしっこだ。尿中代謝物バイオマーカー研究、まあこれは「おしっこに含まれる特定の化学物質の計測」を科学っぽく表現しただけなのだが、こういった研究が何十も、おそらくは何百も行われてきた。少し話はそれるけれど、「代謝」という言葉はこんな感じで使われることが多いのではないだろうか。「代謝が落ちたせいで、カロリーを消費しづらくなって痩せにくくなったの」とか。だが、代謝には、カロリーの消費よりもはるかに広い意味がある。代謝とは、食べものや飲みもの、医薬品、タバコの煙など、体に入るあらゆる分子の運命を決定する、複雑に絡み合ったクモの巣のような化学反応のことだ。あなたの代謝によって、タバコの煙に含まれていた分子は変化して、もっと水に溶けやすい分子になる。このおかげで、体はおしっこという形でそれらの分子を排出しやすくなる。排出されれば、科学者たちが測定できる。しかし、タバコの煙にはあまりに多くの化学物質が含まれているために、また、あまりに多くの代謝反応が関わるために、どの化学物質がタバコに含まれていたものので、どれが食べものや飲みもの、医薬品、周囲の環境などに由来しているのかを判断するのが難しい。この謎を解き明かすために、喫煙者と非喫煙者を比較する研究がたくさん行われた。そしてついに、科学者たちはバイオマーカーとして有望そうな八つの物質に照準を合わせた。いずれも、タバコの煙に含まれる発がん性物質と化学的に関係する物質だ。そして、次のような研究が行われ、二〇〇九年に論文が発表された。

1 喫煙者一七人を見つけた。
2 それら八種類の化学物質の血中濃度を計測した。
3 一七人に禁煙してもらった。
4 八種類の化学物質を二カ月間、二週間ごとに計測し続けた。

禁煙してから三日以内で、八つのバイオマーカーのうち五つのレベルが八〇％以上低下した。このとき、六番目のバイオマーカーのレベルは約五〇％低下していた。そして、七番目のレベルが八〇％低下するまでに約一二日間かかった。最後の八番目のバイオマーカーは、禁煙後もまったく減らなかった。この実験には強い説得力がある。別の人を比べているのではなく、同一人物の禁煙前と禁煙後を比較しているからだ。

こうして科学者によって、タバコの煙には発がん性物質が含まれていて、これらの発がん性物質が喫煙によって体内に取り込まれることが、合理的な疑いの余地なく示されたのだ。かなりのエビデンスだと思えるだろうし、実際にそうなのだが、それでもまだ、喫煙が肺がんの原因だと証明するのに十分ではない。ここまでで実証されたのは、「喫煙によって発がん性物質が体内に運ばれる」ことだけだ。では、体内に発がん性物質が入ると何が起きるのか？

この問いに答えるには、タバコの煙に含まれる七〇以上の発がん性物質のそれぞれについて、体内に入った後に何が起きるのか、つまり「代謝上の運命」を正確に解明する必要がある。明らかになったのは、一般に発がん性物質は初めの形のままではがんを起こさないということだ。だが、これらの物質は、僕らの体の代謝機構（とくにターミネーターっぽい名前をしたタンパク質、シトクロムＰ４５０）を経ることで非常に短時間のうちに変換されて、活性化された形になる。つまり、化学反応性が跳ねあがるのだ。たいていの場合は、それらの物質は何事もなく不活性化されて、尿として排出される。しかし、まれに、活性化した分子がこっそり抜け出して、細胞内の何かと化学結合をつくることがある。そしてさらにまれなのだが、その「細胞内の何か」というのが、僕らの古馴染みのＤＮＡであることがある。この一般的な流れが、つまり「発がん性物質が細胞に入り込み、シトクロムＰ４５０によって活性化され、それがＤＮＡに結合する」という流れが、何百という発がん性物質に対して、再三にわたる実験により、過去七〇年以上にわたって検証されてきた。タバコに含まれる発がん性物質に対しても、それ以外の発がん性物質に対しても行われてきたのだ。

こうして、タバコの煙に含まれる発がん性物質がＤＮＡに結合することが示された。「論理の鎖」を構成するパーツがまた一つ見つかったわけだ。それでも、信じがたいことかもしれないが、化学物質がＤＮＡに結合するからといって、それががんを引き起こすということの証明には**まだならない**。次は、この化学的に変化させられたＤＮＡに何が起きるかを解明する必要がある。

あなたの体にとって予想外の形で、化学物質（たとえばタバコの発がん性物質）がＤＮＡに結合すると、体は損傷したＤＮＡに対処しようとする。その方法は、壊れたコンピューターに対処するときと同じで、なんとかして壊れた部分を修復しようとする。最善の展開とは、細胞が自分のＤＮＡを首尾よく修復できて、あなたは何事もなかったように人生を続けるというものだ。しかし、修復不可能な損傷だったり、修復に失敗してしまったりすることがある。この場合、細胞は「もうおしまいだ」みたいな感じになって、自らを殺してしまう(＊4)。悪いことのように思われるかもしれないが、最悪の事態ではない。もっと悪い展開がいくつかある。修復できるような損傷だったのに、仕事が下手で元通りにならなかったとか。あるいは、損傷の検出前に、損傷したＤＮＡの複製を始めてしまって、間違った複製ができてしまうとか。いずれの場合も、結果として、突然変異が生じる。

ＤＮＡの突然変異について聞いたことがある人もいるだろう。突然変異とは、遺伝情報が変化することだ。この遺伝情報とは、細胞が生きるための設計図である。これまでつないできた論理的推論の鎖が正しければ、非喫煙者よりも喫煙者のほうが、ＤＮＡに結合している化学物質が多いのだから、ＤＮＡ内でより多くの突然変異が起きているはずだ。そして、実際に起きていることがわかってきた。大規模なＤＮＡ塩基配列解読が日常的に行える程度にまで安価になったのは最近のことなので、論理の鎖のこの部分を裏づける研究はまだそれほど多くない。しかし、驚くべき一例として、毎日二五本のタバコを一五年間にわたり吸い続けてきた五一歳の男性から、外科的に摘出された肺の腫瘍では、非喫煙者のゲノムと比べると五万以上の突然変異が起きていたことがわかった。これほど劇的な差が見られた研究はほかにはないが、どの研究でも、非喫煙者よりも喫煙者のほうが突然変異の数が多いことは、一貫して示されている。

それでも、まだ証明は終わっていない。科学者は喫煙者のＤＮＡには突然変異が多いことをかなり説得力のある形で示したが、「突然変異ががんを引き起こす」ことは、どうすればわかるのか？

　一九三八～二〇一七年のアメリカ政府による国立がん研究所（ＮＣＩ）への拠出は約一三〇〇億ドル近くに達する。現在、ＮＣＩは年間約五〇億ドルをがん研究にあてており、国の研究費の最大の拠出先となっている。予算の大部分はがんの原因解明に向けられており、ほぼ一致した見解によると、ＤＮＡの突然変異がさまざまな種類のがんを引き起こしたり、がんの成長を促進したりしているという（＊5）。これを裏づける多数のエビデンスのうち、二つを紹介しよう。

　エビデンスの一つはまったく異なる分野から得られた。色素性乾皮症（ゼロダーマ・ピグメントーサム、あるいはＸＰ）という珍しい疾患がある。響きはハリー・ポッターの呪文っぽいけれども、非常に深刻な病気だ。ＸＰの患者は、太陽光に対して**極度に**過敏な反応を示す。ほんの数分、日の光を浴びただけで、肌をさらしていたほぼすべての箇所にしみができ、目は充血する。二〇歳以下のＸＰ患者で皮膚がんを発症する者は、ＸＰでない者と比べて約一〇〇〇〇〇〇〇％も多い。書き間違いではない。一〇〇万パーセント、多いのだ。一九六八年に科学者たちが突き止めたのは、ＸＰは遺伝性疾患であって、ＤＮＡ損傷の修復に必要な、いくつかの重要な遺伝子における変異が遺伝することだった。ＤＮＡの突然変異ががんを引き起こすという説と非常によく合致する発見である。あなたの体がＤＮＡの修復をうまくできないならば、ＤＮＡの損傷によって、より頻繁に突然変異が生じるだろう。これにより、ＸＰ患者ががんを発症する確率の異様な高さが説明されるはずだ。

　もう一つのエビデンスには、喫煙との関係がもう少しある。最近、一八八個の肺腫瘍から得られた何千もの遺伝子の配列が解明されて、最も共通して変異が見られた遺伝子がＫＲＡＳとＴＰ５３であることがわかった。NCIががん研究に費やした一三〇〇億ドルのおかげで両方の遺伝子の働きがわかっている。KRAS遺伝子は細胞の増殖を加速させる機能に関わっており、TP53遺伝子は制御不能になった細胞を細胞死へと誘導する機能に関わっている。いずれの振る舞いもがん細胞の典型的な指標となるものだ。なので、これは素晴らしい手掛かりになるのだが、これらの遺伝子で生じた突然変異によってがんが引き起こされることを確実に証明するためには、実際に変異を起こしてどうなるかを確認しなくてはならない。驚くべきことに、突然変異を起こしたKRAS遺伝子とTP53遺伝子を人間の卵細胞に挿入する技術はすでに確立されているので、その卵細胞から誕生した人が肺がんになるかどうかを確認すればよい……のだが、史上最悪レベルの残酷な実験になってしまう。そこで、これを実行する代わりに、科学者たちは五六匹のマウスに対して、これら二つの遺伝子を変異させる実験を行った。その結果、一匹残らず肺がんになった。一九匹（三四％）ではがんの転移も見られた。KRAS遺伝子のみを変異させた場合には、転移性がんになったマウスは五％だけだった。

ここらで一つ、ひねりの効いた話を聞きたいかな？　興味深いこんな統計値がある。「喫煙者の一〇～二〇％が肺がんになる」。この数字に対しては二とおりの見方があるだろう。「**なんてこった、喫煙者が六人いれば一人は肺がんになるのか。七〇種類もの発がん性物質を毎日吸い込んでいるのに、肺がんになるのは全員じゃないなんて！**」。僕の見方は後者だ。タバコが肺がんを引き起こすことがこれほどはっき

りしていながら、喫煙者全員が肺がんになるわけではないのは、ある意味すごくないだろうか。いずれの見方をするにしろ、この情報によって、喫煙が肺がんを引き起こすという仮説が崩れかねないように思われる。では、本当に崩れるのか、考えてみよう。これまで見てきた「論理の鎖」の最後のパーツとは、「ＤＮＡの特定の遺伝子に起きた突然変異は、がんの原因となりうる」というものだった。あなたのゲノムは対になった文字が三〇億個並んだものとみなせる。そして、その文字のほとんどは、実はなんの遺伝情報ももっていない。喫煙によってあなたのゲノム全体にわたってランダムに突然変異が起きるとしよう。このうち、どれか一個の突然変異がＴＰ５３やＫＲＡＳといったがんと関係する遺伝子で生じる可能性は、（細胞一個につき）およそ一〇〇万分の一である。つまり、喫煙者の生涯において、それら二つの遺伝子のいずれかに突然変異が一度も起きないことは十分ありえるのだ。生涯にわたりほろ酔いで運転したとして、一度も交通事故を起こさないことがありえるのと同じだ。

これが、仮説が崩れないことの説明その一だ。さらに、「論理の鎖」の最後から二番目の「ＤＮＡが損傷して、適切に修復されなかった場合には、突然変異を生じうる」というパーツを使っても説明できる。ほかの人たちよりも、自分のＤＮＡの修復が単純にうまくできる人たちがいる可能性はないだろうか。特定の人びとが、ＤＮＡを修復するのがとくに不得手で（色素性乾皮症の人びとだ）、生涯を通して紫外線を徹底的に避けなければ、異様なほど高い確率で皮膚がんを罹患することはすでに見てきたとおりだ。だとすれば自身のＤＮＡを修復するのがとくに得意な人たちがいてもおかしくないだろう。こういった人ならば、喫煙によってほかの人と同じくらいＤＮＡが損傷を受けるとしても、その箇所がより早く、そしてより正しく修復されるだろう。彼らは、ＤＮＡのほとんどの損傷から突然変異が生じることはなく、肺がんにもならないまま、生涯、タバコを吸い続けられるのだ。

仮説が崩れないことの説明その三もある。喫煙によって引き起こされるのは肺がんだけでなく、たとえば心疾患や脳卒中などいくらでもある。よって、喫煙によって肺がんになるずっと前に、心臓発作で死亡する可能性もある。

ひねりの効いた話をもう一つ、聞きたいかな？

ここまでで見てきた実験はすべて、公衆衛生総監ルーサー・テリーによる一九六四年の報告書よりも後に行われたものだ。当時は喫煙が**どのように**がんを引き起こすのかという正確な化学的メカニズムについてはほとんどわかっていなかったのだが、報告書の著者たちはこう書いている。「喫煙と人類の肺がんには**因果関係**がある」（強調は引用者による）、さらには「喫煙の期間が長いほど、そして一日あたりのタバコの本数が多いほど、肺がんの発症リスクは高まり、禁煙することで発症リスクは減少する」。

著者たちは「肺がんに関連すると思われる」だとか「肺がんと因果関係があるかもしれない」とか「肺がんに影響がある可能性がある」とか「肺がんの発生の要因である可能性があるのかもしれない」などとは書いていない。喫煙は肺がんの**原因**だと、国民に向けて断言したのだ。

なぜそれほどの確信がもてたのだろうか。喫煙が長期的健康に及ぼす影響についてのランダム化比較試験は、一度たりとも実施されていなかったというのに。

まず、背景となる事情を三つ、知っておく必要がある。

事情①　一九六〇年代、アメリカ人の約四〇％は喫煙者であり、喫煙者は平均して一年で四〇〇〇本のタバコを吸っていた。だいたい二日で一箱を吸っていたということだ。

事情②　一九〇〇年代の初めまで、肺がんは非常にまれな病気だった。どのくらいまれだったかというと、一八九八年に博士課程の学生一人だけで、世界中のすべての肺がんの症例を一本の論文にまとめられたほどだ。その時の症例数は一四〇件。だが、二〇世紀に入ってから肺がんの症例数はとんでもなく増えた。そしてそれは、タバコの販売数の増加と並行して（三〇年遅れで）起きたことだった。

事情③　アメリカ人の約六〇％は喫煙者ではなかったので、喫煙者と比較可能な非喫煙者がいくらでもいた。自身が科学の礎となることを待ち構える人がたくさんいたわけだ。

これらの三つの事情が枠組みとなり、史上最も野心的といえそうな知識収集活動が行われた。一九五〇年代終わりから一九六〇年代初めにかけて、一〇〇万人をはるかに超える人びとが喫煙に関する研究に参加した。参加の瞬間から死に至る（あるいは至らない）瞬間まで、病歴、健康状態、疾患、症状、機能障害などのすべてが、調査、分類、検証、記録された。比較的小規模で短期間の研究もあれば、五〇万人が登録されて五〇年以上経った今も継続されている研究もある。これらはすべて、「前向きコホート研究」だ。

第1章で見たように、これらの研究ではたくさんの人を募集して、健康診断を受けさせ、喫煙するかどうか、どの程度の量を吸うかといったことを尋ね、それから何年も追跡調査を行って、どのグループでより多く肺がんに罹患するかを（あるいは心臓病や死亡など、興味の対象に応じて）確認する。コンセプトとしてはランダム化比較試験と似ているのだが、対象者に喫煙を（あるいは喫煙しないことを）

要求しないという点で違っている。ただ参加者を募って、彼らがすでに喫煙しているか（あるいはしていないか）を記録するのだ。

公衆衛生総監の報告書の著者たちが喫煙と肺炎の関係を調査するにあたって頼りにしたのは、七件のコホート研究から得られたデータだった。イギリスでのある研究の場合、対象者のすべてが医師だった。（一九六四年頃には、多くの医師がタバコを吸っていたのだ。）別の研究では、対象者のすべてが退役軍人だった。参加者四四万八〇〇〇人という最大規模の研究では、対象者は二五州に在住するアメリカ人男性だった。調査期間わずか五年のものもあれば、その時点で一二年を越えていたものもあった。全研究で見ると、イギリス、カナダ、アメリカ在住の一〇〇万人以上が参加していた。

結果は驚くべきものだった。全研究で平均すると、喫煙者は非喫煙者よりも肺がんで亡くなる確率が「約一一倍」高かった。確率が一一倍高いということは、パーセンテージで言うと、一一〇〇%ということだ。非喫煙者が肺がんで死亡するリスクを二倍して、さらに二倍して、さらにまた二倍しても、それでもまだ喫煙者が肺がんで死亡するリスクに届かないのだ。

ここまでやって来たエビデンスの列車を、次の論理の駅へと進ませよう。タバコによって人が死ぬのなら、吸う量が多いほど死にやすいように思われる（＊6）。七件のコホート研究のうち四件において、参加者の喫煙量の追跡調査が行われた。どの研究でも、肺がんで死亡するリスクは喫煙本数が増えるにつれて急激に増加していた。同様の発想から、タバコを深く吸い込む人ほど、その生涯での喫煙量は増えそうなので、より死にやすいように思われる。これもまた、実際に、「深く」吸い込む人は死亡リスクが非喫煙者よりも一二〇〇%高かった。

著者たちはいろいろな切り口でデータを分析してみたが、すべてのコホート研究において、結論は同じだった。喫煙者は、非喫煙者よりも、肺がんで死ぬ確率がずっとずっと大きく、ほかの病気で死ぬ確率も高かったのだ。

しかし、これは喫煙が肺がんの原因であることを意味しているのか？

タバコ産業が長年にわたり主張してきたのは「必ずしもそうではない」という答えであり、そのために次のような論法を使ってきた。「確かに、タバコの販売数と肺がんの症例数は並行して伸びていますが、絹のストッキングの販売数と肺がんの症例数も並行して伸びているのです」。また、こんな論法もある。「雨が降った後でウシガエルを見かけた人がいたからといって、ウシガエルが降ってきたことにはなりませんよね」。僕が考案した比喩も加えておこう。「あなたのキッチンカウンターに温かいパイが置かれていたからといって、あなたのママが事前連絡もなしにやって来てパイを焼いていったことにはならない」。これらの比喩が言いたいのはこういうことだ。「二つの事柄に関連があるからといって、片方の事柄が原因でもう一方の事柄が生じたとは限らない。ほかの説明が十分に考えられるのではないか」。たとえば、絹が大流行したから。雨の後で虫を食べるためにウシガエルが現れた。赤ずきんちゃんが自宅からパイをもってきたのかもしれないし、レストランにパイの宅配を依頼したのかもしれない、二日前のパイを温め直したのかもしれないし、エイリアンがパイを焼いてあなたの家のなかにテレポートさせたのかもしれない。この説明を読んで、絹で着飾ったウシガエルがエイリアンのお手製パイを食べている夢を今夜見たとしても、僕の責任じゃないからね。

ともかく、たくさんの人びとが、肺がん発症数の驚異的な増加を説明する、喫煙以外の原因について議論した。単純に医師が肺がんをより多く診断できるようになったのではないか？　喫煙と同時期に急増した自動車の排気ガスや道路の舗装が原因なのではないか？　産業公害の影響では？　そもそも、環境内の化学物質にはまったく関係しないのかもしれない。タバコを欲することと肺がんの両方を引き起こす遺伝子があるのかも。さて、僕らの最初の疑問に戻ろう。公衆衛生総監の報告書の著者たちは、どうやって、喫煙が肺がんの原因だと言い切れるだけの強い確信がもてたのか？

それは、喫煙が肺がんを引き起こす仕組みを彼らが解明したからではなかった。確かに、さまざまな動物実験が行われた。とくに有名だったのは、タバコの煙成分を濃縮してマウスの皮膚に塗ると、皮膚がんが引き起こされたという実験だ（*7）。さらに、科学者たちはタバコの煙に含まれている、発がん性をもつ可能性のある物質、あるいは発がん性をもつとわかっている物質を、少数ではあるが特定していた。だが、著者たちの推論の核がおもに頼っていたのは、大規模な前向きコホート研究であり、これらの研究によって次の四つのことが示されていた。

1　肺がんは喫煙の、前ではなく後で発生した
2　肺がんの症例のほとんどは喫煙者が発症したものだった
3　この関係性は多種多様な集団で発見された
4　喫煙により肺がんリスクが大幅に増え、タバコの本数が多いほど、あるいは深く吸い込むほど、リスクはさらに高まった

考慮すべき要因がもう一つある。肺がん患者が日常的に何を経験しているかということだ。肺がんは対処しやすいがんではない。病院でゆっくりして、簡単な治療を受けて、看護師さんと談笑して、体からがんが消えたので帰宅しましょう、なんてことにはならない。進歩した現代医学をもってしても、肺がんと診断されてから五年後に生きている可能性は約一九％だ。公衆衛生総監の諮問委員会は、喫煙が肺炎を引き起こすと断言するかどうかを検討する際に、そうしたことまで考えを巡らせたに違いない。また、肺がんによる死亡者数が急増していることもわかっていた。一八九八年には、肺がんはごくまれな症例だった。それが、一九六四年までには、アメリカで一年あたりの死者数が五万人を超えるようになっていた。今日では、その数は一四万人を超えている。（世界全体でいうと、二〇一八年の死者数は約一八〇万人にのぼった。）そんなわけで、喫煙と肺がんを結びつける機構面についてのエビデンスは現在ほど広範には揃っていなかったものの、観察に基づくエビデンスは豊富にあり、代わりとなる説に説得力のあるものはなく、断言しないことによる潜在的なマイナス面での影響力はとてつもなく大きかった。諮問委員会と公衆衛生総監にとっては、一歩踏み込んで、喫煙が肺がんの原因であると断定的に発表するのに十分な状況だったのだ。

☕

科学者が二人いれば、まったく同じデータや実験、理論を見ても、意見の相違が生じることはありえるし、それはまっとうなことだ。ある科学者にとっては「明白な結論」でも、ほかの科学者からすれば「誤った主張」となる。また、真実に対する閾値、つまり、あるアイデアが事実だと納得できるために

①タバコには発がん性物質が含まれている

②それらの発がん性物質があなたの体内に入る

③いったん入ると、それらの物質はDNAと化学的に反応する

④そうするとDNA複製などの重要なプロセスに悪影響が及ぶので、あなたの体はその損傷を修復しようとする

⑤損傷の結果として、DNAの突然変異が生じる場合もある

⑥DNAに突然変異が蓄積する

⑦細胞の成長をコントロールする遺伝子に突然変異が起きると、細胞ががん化への道を進むことがある（*8）

超えねばならないラインも、人によって違っている。しかし、こと喫煙に関しては、関係のあるデータをひととおり見れば、ほぼすべての科学者が、喫煙によって肺がんが生じると結論づけるだろう。人を対象としたランダム化比較試験が行われていなくとも、何千何万という実験によって、上にあるような事象の論理的な鎖が支えられているのだから。

しかも、一〇〇万もの人びとが登録して長期にわたる複数の観察研究が行われた結果、研究の場所や登録者の種類にかかわらず、喫煙者は肺がんリスクが恐ろしいほどに高く、喫煙量が多いほどリスクが上昇することがわかっていた。

さまざまな調査の登録者、公衆衛生総監の諮問委員たち、メカニズムを解き明かした科学者たちなどすべての関係者と、大義のために犠牲となったすべての動物たちのおかげで、素晴らしいことが成し遂げられた。霧と闇に覆い隠されていた「なにもわからない国」から「ほとんど確かにわかっている国」への架け橋ができたのだ。この架け橋の材料となったのは、何千何万という実験と調査である。それぞれが頑丈なレンガであり、ほかのレンガを支え、あるいはほかのレンガに支えられ、隙間もなく密に積まれて、広大なる「無知の海峡」を越え

たのだ。そのレンガをここで残らず取り上げるのはとうてい不可能だ。しかし、いくつかのレンガと、それらをつなぐ論理というモルタルを紹介したことで、科学者という集団が何かを本当に知っているとは、どういう感じのことなのかというイメージは伝わったのではないだろうか。

残念ながら、これまで見てきたように、科学者には名前をつけるセンスがまったくない。この橋についても「真実の架け橋」みたいなクールな名称にすればいいのに、科学者が選んだのは理論（セオリー）である。ご存じの方もいるだろうが、セオリーという言葉は、科学における意味と日常の英語における意味がかなり違っている。

日常的な英語で「セオリー」が意味するのは、たいてい、一回か二回の観察から生まれたあやふやな説明っぽい思考のことだ。たとえば、赤いシャツを着てゴルフトーナメントで優勝すると、「赤いシャツを着るとゴルフがうまくできる」というセオリーが生まれる。

しかし科学の世界では、セオリーとは、緻密に構築された堅固な真実の架け橋である。たとえば重力や原子、進化などだ。これらはいずれも科学的理論であって、赤いシャツを着て勝負に負けたからといって崩れるようなものではない。

僕はこの「セオリー」という言葉があまり好きではないのだが、それには理由が二つある。

1　科学界と日常英語で逆の意味になっているから。（「確実」と「あやふや」。）

2　日常英語での定義のほうがすでに優勢だから。

二つ目を甘く見てはいけない。ほとんどの人にとって、「セオリー」という言葉は「ついさっきでっちあげた適当な思いつき」を意味する。そのため、「科学者は喫煙が肺がんを引き起こすという理論(セオリー)を打ち立てた」といった文章がすごく……たいしたことのないように聞こえてしまう。僕らの頑固な脳みそに、頑固な英語の定義がへばりついているせいだ。

しかし、これまた頑固な現実世界において、科学者たちは、喫煙が肺がんを引き起こすことを知っているのだ。

いまでは、喫煙ががんを引き起こすことや、心臓病など、誰もが避けたがるさまざまな病気を引き起こすことを示す圧倒的な量のエビデンスが存在している。それなのに、タバコ産業は見事な業績をあげ続けている。なぜか？　彼らはタバコをイギリスとアメリカからそれ以外の世界中へと輸出しているからだ(*9)。しかし、写真素材のなかのエリート風なビジネスパーソンなら、「インテグレーションを分散化させればそれぞれが相乗効果を発揮しますよ」などと忠告してくるだろう。言い換えると、一点張りはしない方がいいよということだ。長年にわたり、大手のタバコ会社はタバコに一点張りをしてきた。確かにタバコによって国外で大儲けしているとはいえ、ニコチンを供給するための代替デバイスがあれば、国内事業を分散化できるので、(大手タバコ会社にとって)素敵なことにちがいない。

さあ、電子タバコの世界へようこそ。従来の紙巻きタバコの煙と比べて、電子タバコから出る煙(蒸気)の化学的効果と健康への影響ははるかにわかっていないのだが、エビデンスのなかに分け入って、何がわかるか見てみよう。紙巻きタバコと電子タバコの最大の違いは、実は煙とは関係のないところにある。紙巻きタバコは、タバコが燃えるときに放たれるエネルギーによって機能する。一方で電子タバコのエネルギー源はリチウムイオンである。これが原因で発火や爆発の事故がたびたび起きており、心底恐ろしい大怪我を負った人びともいる。

ある事例では、電子タバコを使用していた一八歳男性の口のなかで電子タバコが爆発し、前歯の一本が歯茎のラインで折れ、別の一本は歯茎にめり込み、もう一本は完全に根元から抜けた。別の事例では、二〇歳男性の電子タバコが突然爆発して、吸い口のパーツが猛烈な勢いで顔にはね飛んだために鼻筋の右の骨が粉砕した。それだけでは終わらず、反対側に吹っ飛んだバッテリーのために火災まで発生した。三番目の事例では、二六歳男性が試作品をテストしていたところ、細かい多数の金属片が男性の胸と左肩に突き刺さるという恐ろしい事故が起きた。ディック・チェイニーが一緒に狩猟していた人物の顔を「誤って」撃ってしまったのを覚えているだろうか。そのときのような傷を負ったわけだ。（この二六歳男性を治療した医者は、傷の様子を「散弾銃で撃たれたような」と表現している。）さらに付け加えると、たくさんの人が、ポケットに入れた電子タバコが爆発したため腿に火傷や大怪我を負っている。僕が読んだなかでは、少なくとも二つの事例で、局部に第二度熱傷などの怪我を負った人がいる。もちろん、電子タバコの爆発などめったに起きるものではない。しかし、こういった被害から、あの小さなバッテリーにどれほど大きなエネルギーが詰め込まれているかがわかるだろう。

従来の紙巻きタバコと電子タバコの、派手さはないけれど明らかな違いといえば、紙巻きタバコは電子タバコの液体（リキッド）よりもはるかに多くの化学物質を含んでいることだ。これは直感に反するかもしれない。紙巻きタバコなんて、乾燥させたタバコの葉を紙で巻いて端っこにフィルターをくっつけただけなのにと。喫煙時に消費される材料だけを数えれば、その数なんと……たったの二つだ。一方の電子タバコについては、最近行われたリキッドの分析によると、ラベルには三〜四種類の成分しか記載されていないにもかかわらず、それ以外に六〇種類以上の化学物質が含まれている可能性があるという。驚いて椅子から転げ落ちる前に、「タバコ」は一種類の成分ではないことを思い返そう。タバコの葉はかつて無数の細胞からなる生体だった。細胞のそれぞれがDNA、タンパク質、糖、その他、植物がつくるさまざまな化学物質をもっていた。その葉を、摘み取り、洗浄し、乾燥・貯蔵し、細かく刻み、一枚の紙で巻いたものが、紙巻きタバコなのだ。なので、成分が二つだけに見えたとしても、実際にはずっとたくさんある。全部合わせると、約五七〇〇種類の化学物質が特定されている（添加物を抜きにして）。タバコの化学物質をテーマとした著作のある科学者は、それ以外にも、特定されていない化学物質が「万の単位で」含まれていると見積もっている。

だが、この多数の化学物質のなかで、ほかを圧倒するものが一つある。『指輪物語』の言葉を借りるとこんな感じだ。

一つの化学物質は、すべてを統べ、
一つの化学物質は、すべてを見つけ、
一つの化学物質は、すべてを捕えて、
喫煙者のなかにつなぎとめる。

その化学物質とは、ニコチンだ。

ニコチンは、喫煙者が喫煙をやめない最大の理由だ。ニコチンによって、タバコに中毒性が生じる。ニコチンは電子タバコの本質でもある。電子タバコが発明されたのは、喫煙者が、がんになることなくニコチンを摂取するためなのだ。（訳注　日本国内ではニコチンを含まないリキッドが一般的。ニコチンを含むものは「医薬品」の扱いとなる。）ニコチンには中毒性があるだけでなく、昔ながらの形での毒性もある。摂取しすぎると人は死んでしまうのだ。これを聞いて少しは気分が良くなってくれればいいのだが、実は人間は、ニコチンのそもそもの標的ではない。植物のタバコがニコチンをつくるのは、自身を食べようとする昆虫を殺すためである。つまり、ニコチンとは天然の殺虫剤なのだ。実際に、一七世紀までさかのぼってみれば、植物のタバコから抽出されたニコチンが殺虫剤として使用されていた。そして、この植物はかなり強力な毒をつくるように進化している。最も低めの推定値であっても、ニコチンの経口致死量は体重一キログラムあたり約一〇ミリグラムである。ニコチンが高濃度で入っている電子タバコ用リキッド三〇ミリリットル入りの小瓶一本で、成人一人が死ぬのだ、幼児も当然死んでしまう。この小瓶に含まれるのと同量のニコチンを摂取するには、紙巻きタバコならば、八三本を食べるか、六〇三本を吸わなければならない。ただ、紙巻きタバコの味はなんというか……タバコ味なのだけれど、電子タバコのリキッドは「バースデーケーキ味」や「フルーツ風味のシリアル味」など、子どもが口に入れたくなるようないろいろな種類のフレーバーがついている(＊10)。もしあなたが電子タバコを使用するならば、リキッドを子どもの手の届かないところに隠しておくことだ。キャンディ風味の毒薬としか言いようのないものもあるのだから。

最後に、紙巻きタバコと電子タバコの、最も重要にしてなかなか気づかれにくい違いを指摘しよう。それは、煙だ。

電子タバコの「蒸気」と紙巻きタバコの「煙」の違いを理解するには、最初にあげた最大の違いに戻る必要がある。紙巻きタバコは燃焼作用によって機能する。つまり、紙巻きタバコを吸うのはちっちゃなキャンプファイヤーを熾(おこ)してその先端を吸うようなものなのだ。高校で化学の授業を受けた人は、このような燃焼の式を習ったことだろう。

単純な炭化水素（メタンなど） ＋ 酸素 → 二酸化炭素 ＋ 水

しかし、不完全燃焼と呼ばれる燃え方もある。こんな感じの式だ。

単純な炭化水素（メタンなど） ＋ 酸素が十分にはない → 一酸化炭素 ＋ 水 ＋ 炭素

紙巻きタバコが、(a)単純な炭化水素（炭素と水素の化合物）であって、(b)完全燃焼するとしたら、その反応による生成物は、二酸化炭素（気体）と、水（燃焼は高温で起きるので水も気体の状態、つまり水蒸気）の二つだけである。仮定が正しければ、紙巻きタバコをふかしたら跡形もなく消え去ることになるが、もちろんそんなことは起きていない。紙巻きタバコは化学的に極度に複雑な混合物であり、完全燃焼もしない。当然、素敵に単純な反応であるはずもなく、書くとしたらこんな感じの式になる。

何千何万という化学物質で構成されているものを燃焼させる　＋　酸素が十分にはない　→　何千何万という化学物質の反応物が途方もなくごちゃまぜになった状態

紙巻きタバコの煙は、とんでもなく複雑な化学的混合物なのだ。では、電子タバコはどうだろうか。先ほど、紙巻きタバコでの喫煙を、ちっちゃなキャンプファイヤーの先端を吸うようなものと表現したが、それでいくと電子タバコは、ヘアスプレー缶とコンセント式芳香剤を足して二で割った感じだ。電子タバコは燃焼反応によって機能するのではない。金属のコイルによってリキッドが約一五〇〜三五〇度まで熱される（コンセント式芳香剤のようなものだ）。それによってミストが発生するのだ（ヘアスプレー缶から噴出するミストのような感じ）。紙巻きタバコはかなり高温で、八〇〇度以上にも達する。電子タバコの温度ははるかに低く、また電子タバコは紙巻きタバコよりも化学的にずっとシンプルな組成なのだから、ほぼ確実に、電子タバコの蒸気に含まれる化学物質の数は、普通の紙巻きタバコの煙に含まれる化学物質の数よりもずっと少ない。なぜ「ほぼ」をつけて断言を避けたのかというと、電子タバコが身近になったのは最近のことであり、含有物を分析するまでにかなり時間がかかる可能性があるからだ。一九六〇年に刻みタバコや紙巻きタバコの煙に含まれると確認された化学物質は五〇〇種類以下だったが、その数は着々と増えて現在では一〇倍以上になっている。何が言いたいかというと、電子タバコのミストについて今後さらなる発見が進むだろうし、今はまだ、それが始まったばかりなのだ。

電子タバコの煙に対しては「ミスト」や「ベイパー（蒸気）」といった用語が使われる。誰が思いついたか知らないが、お見事としか言いようがない。言葉を聞く限りでは、無害な水蒸気のふわふわした雲をすすっているような印象になるからだ。もちろん、現実はそうではない。紙巻きタバコのような燃焼反応は起こらないにしろ、噴霧装置はある程度の化学反応を起こさせるくらいには熱くなる。たとえば、この熱によって、一般的な電子タバコのリキッドの主成分であるプロピレングリコールやグリセリン（別名グリセロール）が分解して、ホルムアルデヒドとアセトアルデヒド、アクロレインが生成される。ホルムアルデヒドをたっぷり吸い込みたい人などいないだろう（第3章を思い出してほしい）。先ほどの残りの二つについても同じことがいえる。この化学物質の三銃士は、いずれも、多種多様なブランドの電子タバコのミストで確実に検出されている（タバコの煙よりは含有量が少ないけれど）。それ以外にも、だいたい八〇種類の化学物質が、リキッドや電子タバコの噴霧器で生成されるミスト内で見つかっている。

ここで少し寄り道して、化学の世界での数字の考え方について取り上げよう。

読者の多くが気づいたことと思うが、八〇種類の化学物質というのは、五七〇〇種類の化学物質と比べれば、ずいぶんと少ない。電子タバコを吸っている人は、おそらくこんな内容の文章を電子タバコの宣伝として見たことがあるだろう。「電子タバコは、従来のタバコと比べると、使われている化学物質がずっと少ないので、健康への悪影響が少ないのです」。禁煙を促すこんな感じの広告を見たことがある人はさらに多いはずだ。「タバコを一吸いするだけで、七〇〇〇種以上もの化学物質の有害な混合物が体に入るのです」。これらの表現は明らかに、「何かに含まれる化学物質の種類が多いほど体への害が大きい」という発想が元になっている。

だが、これはとんでもなく非論理的な考えだ。

何千種類もの化学物質が含まれているものは、ほかに何があるだろうか。たとえば、レタスがそうだ。鶏肉に、ライマメも。一方、青酸カリに含まれる化学物質は一つしかないが、その一つの化学物質の構造はとても単純で、なおかつ毒性が強い。つまり、何かに含まれる化学物質の種類の数など、情報としてはほとんど役に立たない。そんなものは、スポーツジムにいる姿をインスタグラムに投稿するのと同じで、宣伝用のたわごとなのだ。数を聞いたところで、「体内でそれらの化学物質がどうなるか」だとか、「その何かにそれぞれの化学物質がどのくらい含まれるか」ということすらわからない。紙巻きタバコは肺がんを引き起こすが、そう言えるのは、昔々の偉い化学会計士が「化学物質を三七種類以上含む物質にはどれも毒性がある」などと決めたからではないのだ。紙巻きタバコが肺がんを引き起こすのは、どの化学物質がどのくらい煙に含まれているかによるのであって、化学物質の種類の多さによるものではない。

では、有毒だとわかっている化学物質については、紙巻きタバコと電子タバコの違いはあるのだろうか。

これまでになされた実験は少ないが、そこから言えそうなのは、紙巻きタバコの煙よりも電子タバコのミストのほうが、毒性があることが知られている物質の種類が少なく、またそれらの物質の含有量も少ないということだ。たとえば、紙巻きタバコの煙と比べると、電子タバコのミストに含まれるホルムアルデヒドの量は約一〇分の一であり、強力な肺の発がん性物質として知られるＮＮＫの量は約四〇分の一である。

これを読んで、お祝いにシャンパン風味のリキッドを用意しようなどと考えたとしたら、それはまだ早すぎる。

電子タバコを巡る議論には二つの立場がある。

楽観的な人びと　「従来の紙巻きタバコに比べると、電子タバコに含まれる毒性のある物質の量はかなり少ないのだから、健康にとってはよりよい選択だよ！」

慎重派の人びと　「電子タバコのほうがよりよい選択だからといって、健康被害がないとは言えないよね。既知の毒性物質をたくさん含むエアロゾルを吸い込んでいることには変わりないもの」

僕が見たところ、慎重派の人たちの見解のほうが、説得力がありそうだと言わざるをえない。〇・二二口径の銃で撃たれるほうが、〇・三五七口径の銃で撃たれるよりも確かにより健康的だけれど、だからといって〇・二二口径で撃たれるのが健康的だということにはならない。電子タバコと紙巻きタバコを比べれば、電子タバコがずっとよさそうに思える。しかし、その大きな理由とは、従来の紙巻きタバコがものすごく体に悪いからなのだ。紙巻きタバコよりも電子タバコのほうがずっと健康的で、なおかつ、電子タバコによって肺がんをはじめとする疾患のリスクが高まるというのは、完全に両立しうる。もっと意味のある比較を、それも、かつて紙巻きタバコに対して行ったのと同様の比較をすべきだ。つまり、電子タバコを使用した場合と、何も使用しない場合とを比べるのだ。何も使用しないのと比べれば、電子タバコの使用が体に悪いのは想像がつくが、ではどの程度悪いのかというと――その答えはまだわかっていない。雪を割って咲く春の花のように、少数の研究による結果が出始めているものの、電子タバコは流通してから日が浅いために、長期にわたる大規模な前向きコホート研究（従来のタバコに対して行われたような研究）はまだ途中段階にある。

そして、考慮すべき点がもう一つある。禁煙の傾斜路理論だ。説明しよう。もしあなたが禁煙したいけれどニコチン摂取を続けたい場合には、いくつかの選択肢がある。ニコチン含有のパッチやガム、キャンディ、吸入器の使用などだ。しかし、このいずれも、喫煙にともなうさまざまなことが再現されるわけではない。たとえば、火をつけるとか、ふかすとか、ニコチンを急激に取り込む感覚とか、コーヒーと一緒に楽しむとか、喫煙休憩とか。つまり、喫煙を巡る儀式全体のことだ。現代にあるような電子タバコを発明した薬剤師のホン・リクは、ニコチン摂取と喫煙儀式の両方を可能とするものを開発しようと考えた。紙巻きタバコから、それより害の少ないものへと移行するのが最善の方法だと思ったのだ。思うに、これは非常に理に適った考えだ。喫煙者に禁煙させようと思った場合、崖から突き落とすよりも、ゆるやかな傾斜路で下るよう促すほうが簡単なのだ。しかし、傾斜路には問題がある。下りにも上りにも使えるという点だ。これまでの人生で一度も喫煙したことのなかった人が、電子タバコを手に取って、喫煙儀式をすべて行うようになって、最終的に従来の紙巻きタバコを吸うようになるというシナリオだって起こりえる。

この種の仮説はすぐに煩雑になるけれど、基本的なポイントはこうだ。電子タバコの健康被害は、電子タバコがどれほど体に悪いかだけでなく、電子タバコの使用が紙巻きタバコの喫煙習慣の始まりや禁煙にどう影響するかにもかかっている。

さて、長すぎると読む気が失せるだろうから、要約しよう。

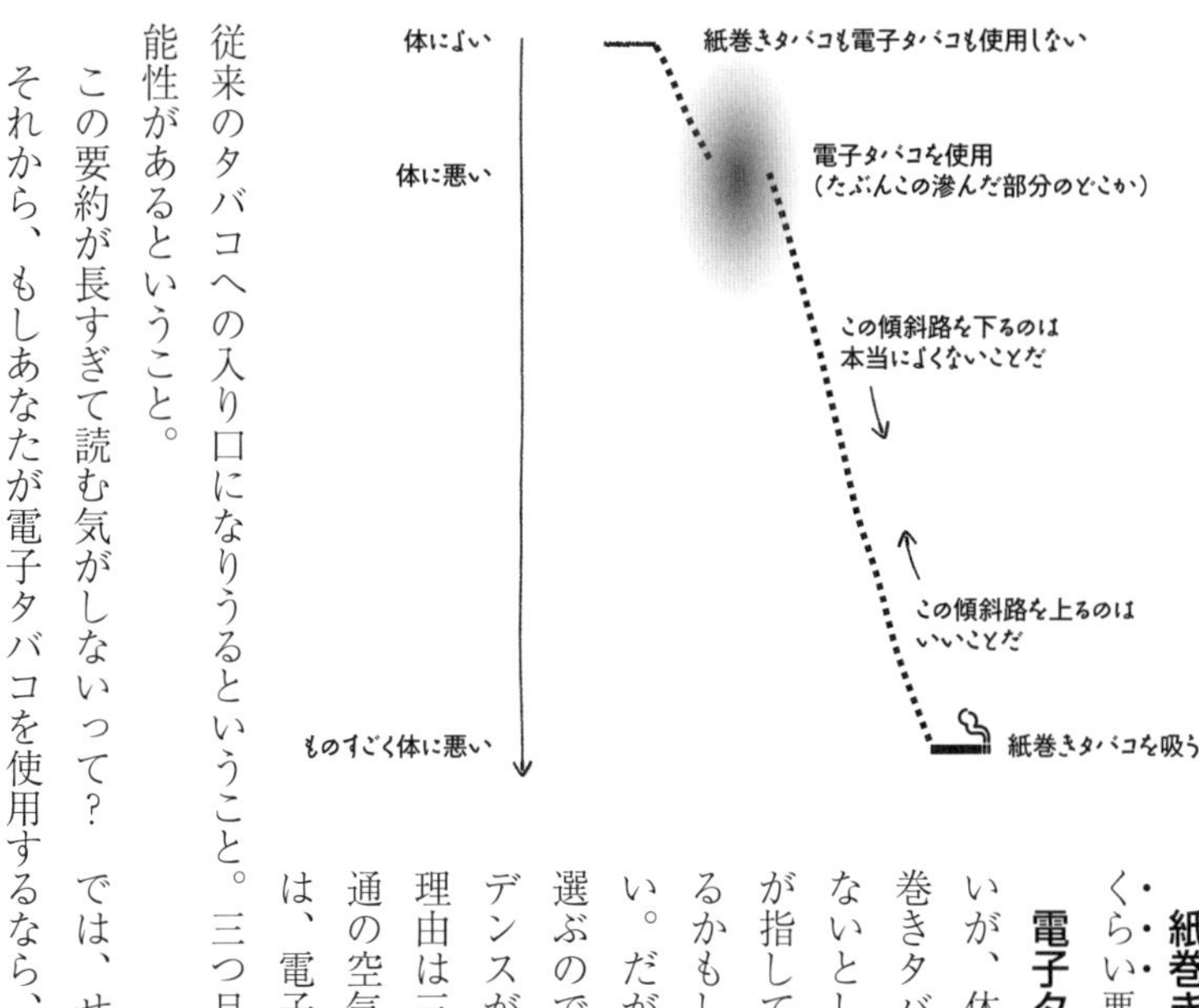

紙巻きタバコ　体に悪いと完全にわかっており、どのくらい悪いのかもわかっている。

電子タバコ　どのくらい体に悪いのかはわかっていないが、体によくないことはわかっている。とはいえ、紙巻きタバコと電子タバコのどちらかを選ばなくてはならないとしたら、明らかになっているすべてのエビデンスが指しているのは電子タバコのほうだ。禁煙の助けになるかもしれないし、紙巻きタバコほどには体への害もない。だが、電子タバコと何も吸わないという選択肢から選ぶのであれば、これまでにわかっているすべてのエビデンスが指しているのは、何も吸わないという選択肢だ。理由は三つある。一つ目は、電子タバコは昔ながらの普通の空気よりもほぼ確実に体に悪いということ。二つ目は、電子タバコは、非常に体に悪いことがわかっている従来のタバコへの入り口になりうるということ。三つ目は、電子タバコのリキッドは汚染されている可能性があるということ。

この要約が長すぎて読む気がしないって？　では、せめて右上の図を眺めてほしい。

それから、もしあなたが電子タバコを使用するなら、燃えやすいゴミの近くには置かないようにね。

（＊1）しかし、残念なことに、とんでもなく非倫理的な実験は数多く行われてきた（喫煙とは関係ない実験である）。たとえば一九四〇年代後半、アメリカ公衆衛生局のある医師が、グアテマラで一〇〇〇人以上を人為的に淋病や梅毒に感染させている。淋病感染者の膿汁を売春婦の子宮頸部に接種して、その売春婦に金を払って兵士と性行為を行わせるといった方法もとられた。本当の本当に、こんなことが実際に行われたのだ。その十数年後、同じ医師が、悪名高い「タスキギー梅毒実験」に関与している。これは、アメリカ公衆衛生局主導でなされた梅毒の経過観察の実験で、無治療時に症状がどう進行するかを観察するために、治療法が確立された後になっても、何百人という黒人男性が二五年間にわたり治療されないままとなった。この実験が明るみに出ると、当然ながら激しい抗議の声があがり、非人道的な研究に対する法規制整備へとつながった。

（＊2）タビキヌゲネズミは、「wanderlust hamster（旅行大好きハムスター）」としても知られている。

（＊3）喫煙を阻止するという大義名分があるとしても、嘘をつかれるのって嫌だよね。

（＊4）これを「自殺」と考えるのは、アナロジーとして正しくない。細胞が実際に何をするのかというと、自分を殺して、自分の葬式の計画を立てて、自分の遺品整理をして、ほかの細胞がリサイクルできるように自分自身を細かく切り刻む。ときには、自分がいかに大きな損傷を受けているのか細胞が気づかないこともある。この場合は、近くにいる免疫細胞がその細胞を脇に連れていって、身辺整理をしてさよならをしなさいと説得する。

（＊5）ほかのあらゆる見解と同じく、この件についても、反対意見をもつ科学者は存在する。だけど、それはまた別の本で。

（＊6）これはタバコには当てはまるのだが、その他の無数の死因については当てはまらないかもしれない。たとえばシアン化物のような急性毒性物質の場合、ある一定の閾値を超えれば量によらず死亡する。投与量と影響の関係は、単純だとは限らない。

（＊7）驚かれるかもしれないが、マウスを使った実験により、タバコの煙を吸ったら肺がんになることを示すには、あと五〇年はかかるだろう。実験動物は喫煙を好まないことが明らかになったのだ。実行するには、動物を小部屋に閉じ込めて、タバコの煙をその部屋に充満させるしかなさそうなのだが……なんともゾッとする話だ。

（＊8）問題になるのはDNAだけではない。タバコの煙に含まれる物質には、DNAを変異させないけれども、細胞をがん化への道へと進ませるものがいる。だが、それはまた別の本で。

（＊9）タバコを世界中に輸出しているために、そして喫煙を始めてから肺がんになるまで時間がかかるために、タバコによって死ぬ人の数は二〇世紀よりも二一世紀のほうが多くなるだろう。

（＊10）危険なのは誤飲だけではない。リキッドによっては処方された目薬と同じような容器で売られているので、薬箱のなかの目薬の隣にしまったりしないことだ。ご想像どおり、実際にそこに置いていた人がいる。そしてご想像どおり、そのせいで、ある女性が誤ってリキッドを目に差してしまった。

第5章

日焼けで黒焦げ、あるいはそれほど確実に起こらないことについて

日焼け止め剤、ビタミンD、人間の遺伝情報、SPFの数字、サンゴ礁

二〇一二年に、ある七七歳のイギリス人女性が休暇を過ごそうと、イギリスを離れて南フランスを訪れたときのことだ。彼女は日光浴をしながら眠りに落ちたのだが、そのとき、背中の痛みを和らげるために処方されていた、オピオイド薬であるフェンタニルのパッチを貼っていた。パッチは、薬剤を肌に密着させることで効力を発揮する。薬剤はゆっくりと体内に入り、血流にまで入り込む。単純にして見事な薬剤送達システムだ。しかし、残念なことに、肌が温まると――日光浴をしていればそうなるわけだが――体内に拡散するフェンタニルの量が増加する（ほかの薬剤も同じことが起きる）。オピオイドの濫用問題についての記事を読んだことがあれば、フェンタニルの過剰摂取によって何が起こるのか、

わかるだろう。

この女性は、昏睡状態に陥った。

通常ならば、日光浴をしながら眠りに落ちたとしても、最終的には熱くなりすぎていることを体が感じ取って、あなたを覚醒させる。肌の色にもよるが、肌が強く焼かれているという不快感で目が覚めることもあるだろう。そして数日後に水ぶくれができたり皮膚が剝がれたりする。もちろんこれが「日焼け」である。肌の明るさや場所にもよるが、わずか数分のうちに日焼けすることもある。

この女性が昏睡状態に陥ったのは、フランスの強い日差しの下であり、それは六時間に及んだ。

救急車が到着するまでに、女性は、僕が見つけた医療記録のなかでも、日焼けとして最悪の症状を示していた。あまりに深刻な日焼けで、まるで火傷のように見えた。加熱されてできた焦げ跡の黒い線が、腹部と足を蛇行するように走っている。それよりもさらに恐ろしいのは、ところどころに、白っぽい皮革のような焼けた脂肪が見えていたことだ。つまり、太陽によって皮膚の三層（約二ミリメートル）すべてが焼かれ、皮下組織の脂肪まであぶられてしまったのだ。彼女の火傷はあまりに深刻だったため、昏睡状態から目覚めてからは、専門の熱傷治療室で治療を受けねばならなかった。

太陽によってなぜこのような悲劇が起きたのか？　エネルギー量という観点から見てみよう。太陽とは、壮大で、巨大で、超弩級の、並外れて強力なエネルギー銃だ。長崎に投下された原子爆弾から放出された全エネルギーを一〇〇〇倍すると、太陽から地球に一秒あたりに届くエネルギーの総量に等しくなる。そう考えると、先ほどの事例で不思議なのは、太陽によって僕たちが調理されうることではなくて、むしろこういった事例がめったに起きないことのほうだ。そして、この点に関して感謝すべき相手とは、僕ら自身の体の仕組みである。人体は太陽を浴びすぎるのが悪いことだと本能的に理解しており、僕らに危険を警告するための非常に洗練された方法を二つも用意してくれているのだ。

その1…暑いと感じる。（翻訳「すぐに屋内に入れ！　それか、日陰を見つけるんだ！」）
その2…日焼けする。（翻訳「人間よ、わが怒りを思い知れ。これは太陽の下に長居しすぎたことへの罰である」）

南フランスを訪れた女性にとって不運なことに、フェンタニルによって昏睡状態に陥ったせいで、これらの絶妙なメカニズムの両方が機能しなくなったのだ。だが、ほとんどの場合には、僕らの体は太陽からの光をどの程度吸収したいかについて非常に明確な見解をもっており、その限度を守らせるためならば、僕らに不快な思いをさせることも辞さない。実は、日光を浴びすぎない仕組みによって人体が避けようとしているのは、生きながらに調理されることだけではないのだが、それはなんだろうか？

☕

その話の前に、不幸なイギリス人女性が日光によってどのように調理されたかを見ることにしよう。

太陽は、エネルギーの小さな粒を放出しており、これを光子という。それぞれの光子が特定の量のエネルギーを運んでおり、光子のもつエネルギーの量によって、その光子についてのすべてが——たとえば人間の目に見えるかどうかなどが——決まる。人間の目は非常に感度のいい光子検知器である。僕た

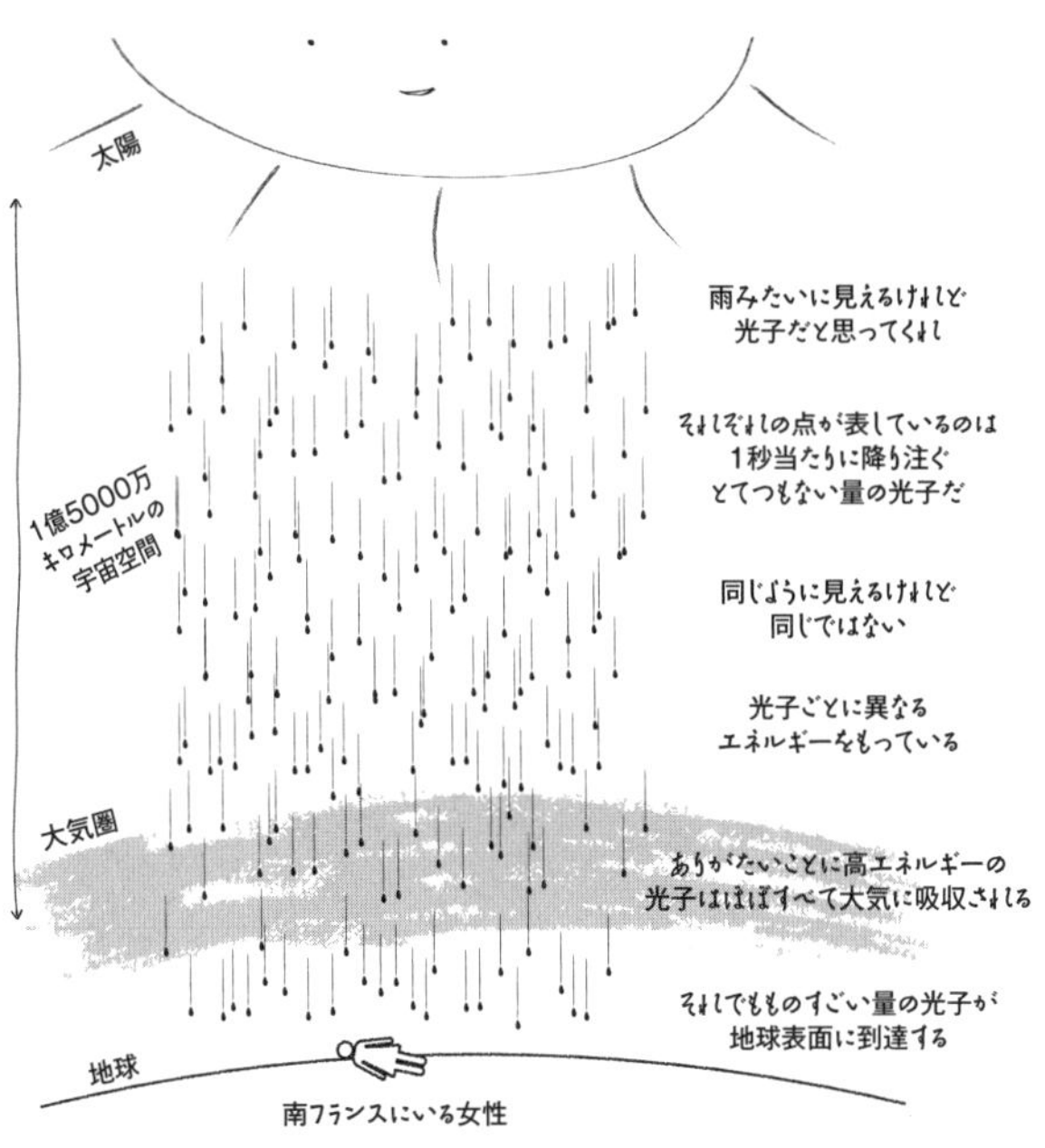

ちが「光」と言っているのは、実は、太陽からの長旅を終えようとしている、想像を絶する数の光子のことだ。それらの光子があなたの周辺のあらゆるものに当たって跳ね返ってから、あなたの網膜にある光センサータンパク質にぶつかる（＊1）。この衝突によって生じた電気信号をあなたの脳が解釈することで、たとえば自分が見ているのは交尾する二頭のライオンなんだなと認識する。人間の目が検知できるのは、エネルギー量が非常に狭い範囲に収まっている光子だけであって、その範囲は0.00000000000000000028〜0.00000000000000000052ジュール（＊2）である。しかし、太陽から放たれる光子のエネルギー量の範囲はそれよりも・は・る・か・に広く、だいたい0.0000000000000000000000020〜0.000000000000000020ジュールである。ただし、そのほとんどはありがたいことにO_3分子の薄い層によって吸収される。中学校で習っただろう、オゾン層のことだ。南フランスを訪れた例の女性を襲った光子は、一つあたり、だいたい0.00000000000000000079から

（その約一〇倍の）0.000000000000000068ジュールのエネルギーをもっていた。

ゼロが多すぎて混乱するという読者のために描いたのが前のページのイラストだ。縮尺はまったくのデタラメだけれど、人間に見える光子も見えない光子も合わせて、南フランスの女性にぶつかるまでの様子だ。

これらの光子のそれぞれが、彼女の体とわずかに異なる形で相互作用したはずだ。まず、目で見える光子よりもわずかに少ないエネルギーをもつ光子のグループについて見てみよう。これらの光子は、あなたが想像するよりも深く人間の皮膚を貫く。少なくとも一ミリメートル、肌の色合いや光子の厳密なエネルギー量にもよるが、それ以上に深くまで入るものもあるかもしれない（＊3）。これは、光子が、それはもうたくさんの細胞や細胞内の分子――たとえばＤＮＡやタンパク質、糖、脂肪、コレステロール、水など――と相互作用したということだ。光子がこういった分子内の電子と衝突すると、分子はさまざまな形で動かされる。分子全体が回転したり、分子内の二つの原子の位置が離れたり近づいたり、三番目の原子の位置に対してずれたり、揺らされたり、切れたり、ねじれたりするのだ。

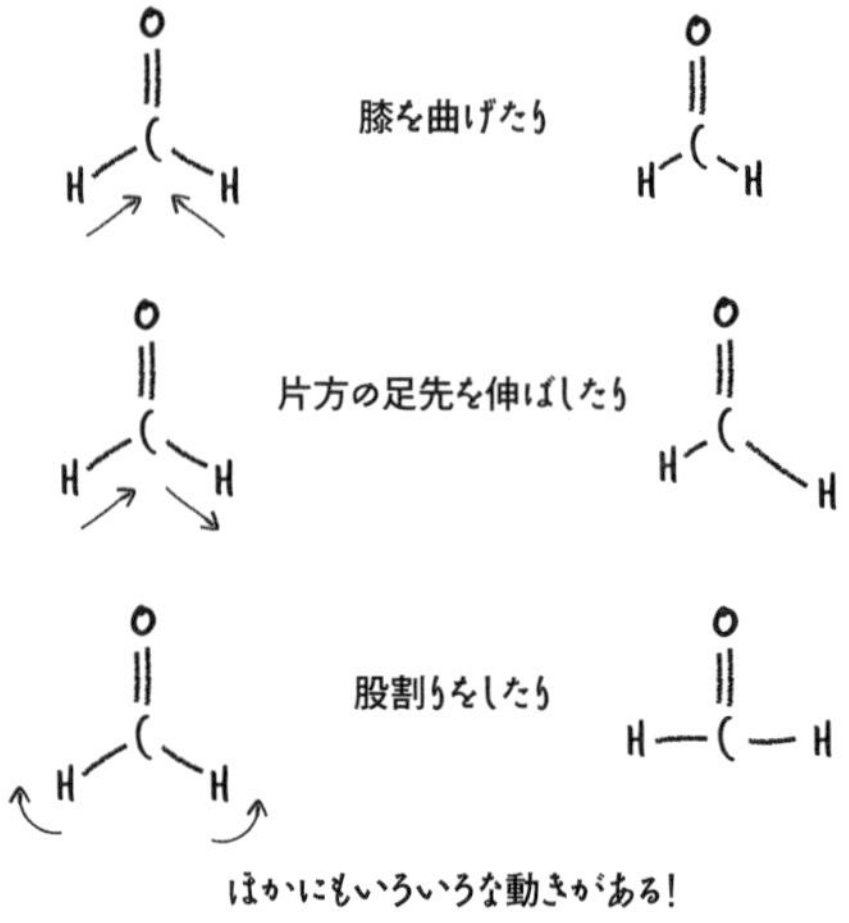

膝を曲げたり

片方の足先を伸ばしたり

股割りをしたり

ほかにもいろいろな動きがある！

ほとんどあらゆるものが、見たところランダムで、まとまりがなく、ぎこちない感じに激しく揺れる。まるで、不

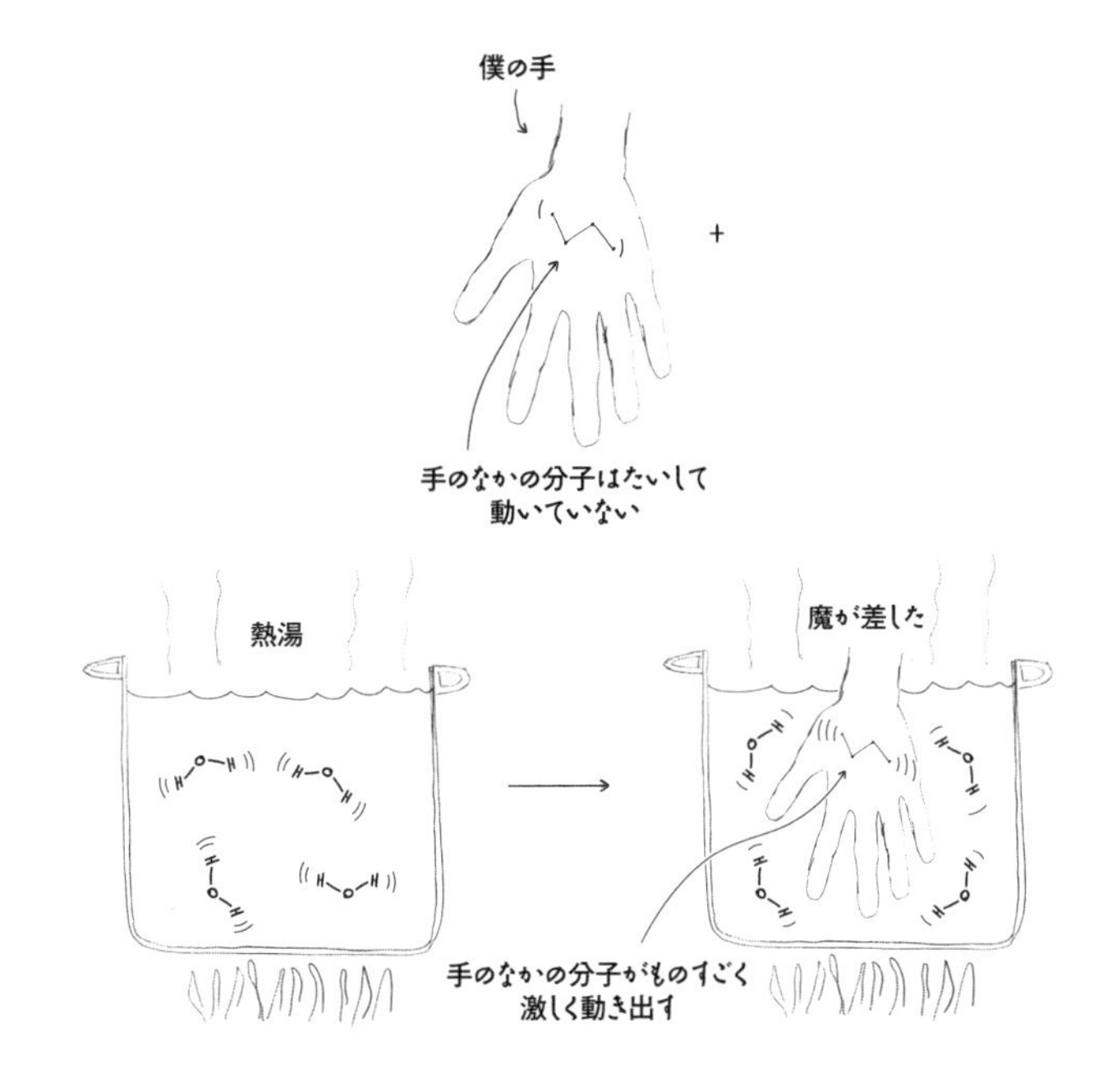

器用な若者が親友の結婚式で初めてダンスをおどるときのように。

　この分子のダンスは、あなたもよく知る物理量で測定される。それは温度だ。何かが熱いほど、その何かを構成する分子が激しくおどっている。たとえば、沸騰しているお湯の水分子は、あなたの手の細胞を構成する分子よりもはるかに速い動きでおどっているのだ。あなたが手を沸騰しているお湯に突っ込むと（＊4）、熱湯内の水分子はあなたの皮膚の分子に強烈な勢いでぶつかるので、皮膚の細胞を構成する分子はそれまでよりもずっと激しくおどり始める。

　あなたの末梢神経はこの分子の激しい動きを検知して、脳に信号を送る。その信号は脳によって「熱い！　熱い！　手を今すぐ引き出せ！　早く！」とかそんな感じに解釈される。

あなたの皮膚の分子を（熱湯と同じように）おどらせる光子は、「赤外線」と呼ばれる。日の光で温まるのは赤外線のおかげという話や、温度変化をとらえる赤外線カメラ、さらには遠赤外線の効果をうたうおしゃれな調理器具について聞いたことがある人もいるだろう。「赤外線」とは、ある限られた範囲のエネルギーをもつ光子に対して人間がつけた呼び名である。そして、「温かい」とは、その光子が肌に衝突したときに僕たちが受ける感覚をあらわす単なる表現だ。

太陽が放出した光子から人体が吸収する（一秒あたりの）エネルギー量は、沸騰したお湯に手を入れたときに吸収する（一秒あたりの）エネルギー量よりも、明らかにずっと小さい。その結果、光子との衝突からは心地よい温もりの感覚が生じるのに、熱湯に手を入れると焼け付くようなひどい痛みが生じるのだ。しかし、赤外光子との衝突も、あまりに多すぎると、さまざまな悪影響が生じる。細胞が破裂したり、タンパク質が凝固して機能しなくなったりする。最終的には水分が沸騰して蒸発し、固形物は燃焼して気体と炭素を形成する。（ステーキの焦げた部分がこれだ。）

フランス南部のビーチでフェンタニルによって昏睡状態に陥った女性は、およそ二〇〇〇万ジュールのエネルギーをその体に受けた。ガスコンロで一七分間にわたって調理されるのと同じくらいのエネルギーだ。

この女性は、太陽による赤外光子の集中砲火だけでなく、同時にほかの光子による攻撃も受けていた。やはり太陽から放たれたものだが、もう少し高いエネルギーをもつ光子だ。約0.00000000000000000052～0.0000000000000000068ジュールのエネルギーをもち、紫外線（UV）と呼ばれる。このより高いエネルギーをもつ光子によって、彼女の肌に、まったく異なることが――なにかしら**よい**ことが――起きた。光合成だ。

わかるよ、人間が光合成をするなんて、聞いたことがないというのだろう？　光合成は植物の専売特許だと考えられているし、ほとんどの場合はそうだ。しかし、僕らにも光合成はできる。人間の皮膚の最外層には、7-デヒドロコレステロール（7-DHC）という、コレステロールの、あんまり有名じゃない親類が大量に含まれている。7-DHCは、この紫外光子にぶつかられると、プレビタミンD_3へと変化する。そこからいろいろあって、活性型のビタミンDとなる。これは植物で生じていることと、大筋として同じで、光を使って化学反応を起こしているのだ。植物とは違って、光合成によって食べものをつくりはしないが、生存のために欠かせない化学物質を、僕らは光合成によって確かにつくっている(＊5)。

植物の光合成について取り上げたときにはさらっと流したが、実は、光合成とはかなり奇妙なプロセスだ。光には化学反応を起こす能力がある。つまり、光によってある分子が別のものに変化するのだ。光が、物質の性質そのものを変えてしまう。その方法の一つは熱を介するもの。赤外線によって肉を調理できる。これは物質の性質を変えていると断言していいだろう。紫外線だって負けてはいない。分子がもつ電子を励起させることで、化学結合を切って別の結合を形成しうる。つまり、ある物質を別の物質に変えているのだ。

とくに、プレビタミンD_3からビタミンDへの変化なんかは、人間にとってよいことだ。

しかし、悪いことも起こりえる。

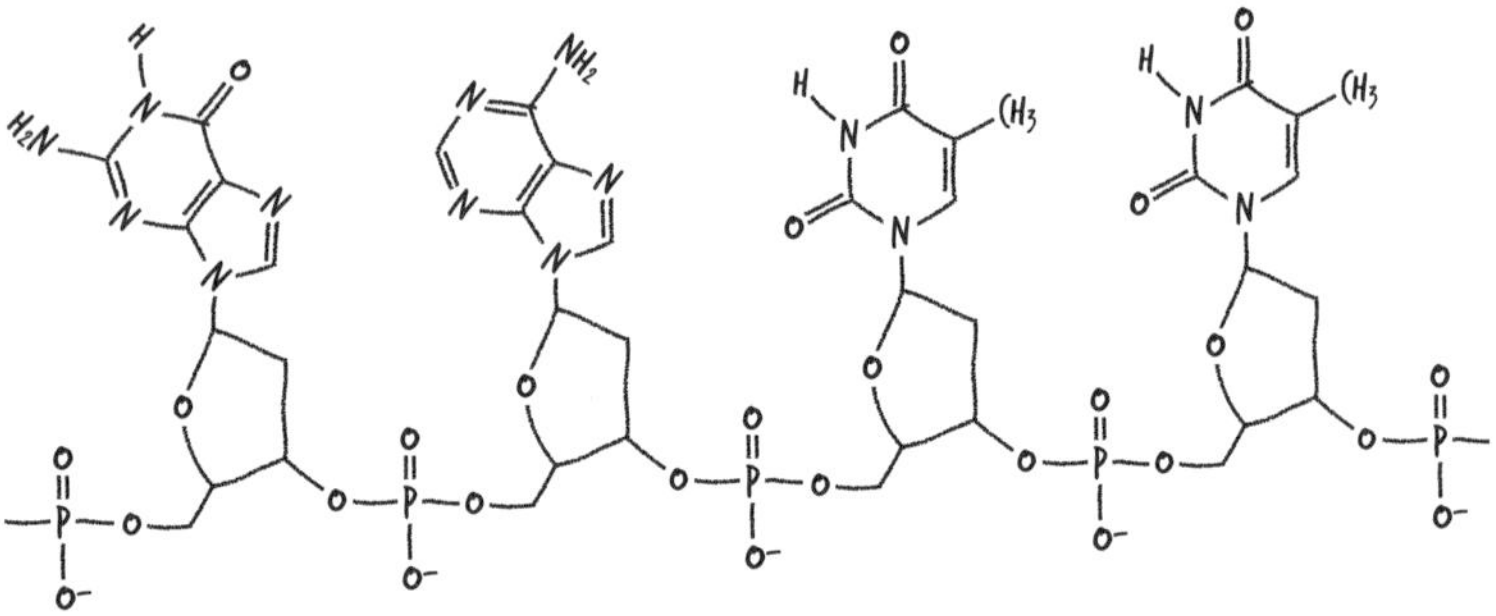

世界で最もマーケティングに成功している分子といえば、ＤＮＡだろう。『ＤＮＡ』なんてタイトルの映画がつくられるとしたら、サブタイトルはこんな感じになりそうだ。

「私たちの遺伝子コード」
「人生の設計図」
「自由意志など存在しない」

マーケティングにとことん利用されているものすべてについて言えることだが、広告コピーに惑わされず、ＤＮＡのありのままの姿を確認したほうがいいだろう。

上の図が、ＤＮＡの構造式だ。憶えておいてほしいが、図のなかの線は、二つの原子が電子を共有していることを表している。これが化学結合だ。上図から見て取れるのは、ＤＮＡを構成するすべての原子が、近くの原子たちとどのように結合し

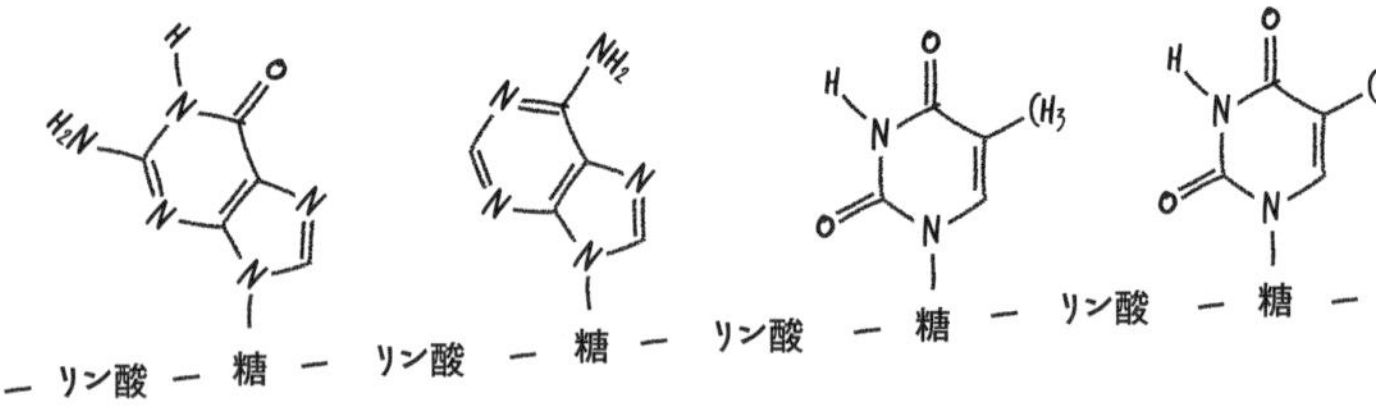

リン酸 — 糖 — リン酸 — 糖 — リン酸 — 糖 — リン酸 — 糖

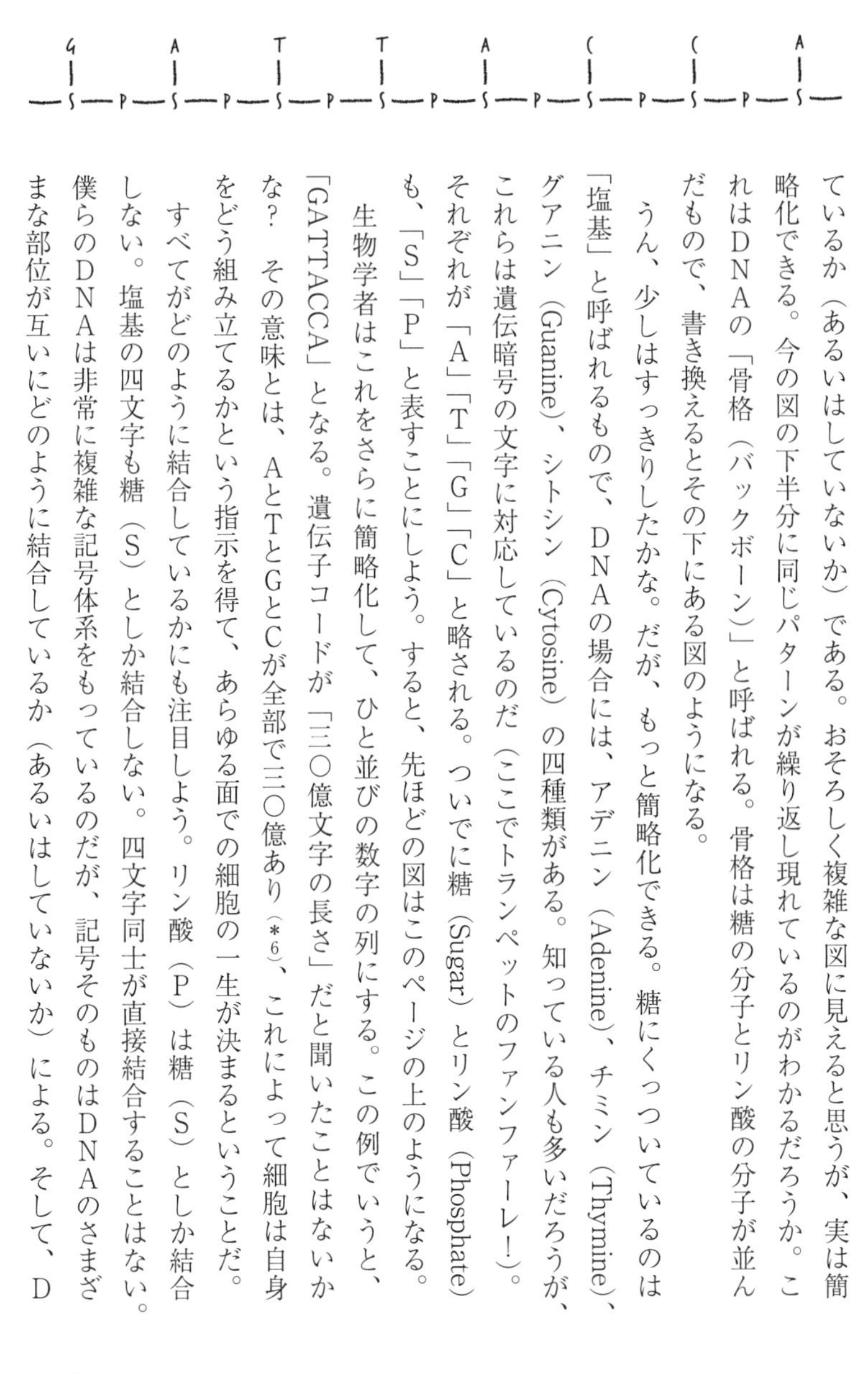

ているか（あるいはしていないか）である。おそろしく複雑な図に見えると思うが、実は簡略化できる。今の図の下半分に同じパターンが繰り返し現れているのがわかるだろうか。これはDNAの「骨格（バックボーン）」と呼ばれる。骨格は糖の分子とリン酸の分子が並んだもので、書き換えるとその下にある図のようになる。

うん、少しはすっきりしたかな。だが、もっと簡略化できる。糖にくっついているのは「塩基」と呼ばれるもので、DNAの場合には、アデニン（Adenine）、チミン（Thymine）、グアニン（Guanine）、シトシン（Cytosine）の四種類がある。知っている人も多いだろうが、これらは遺伝暗号の文字に対応しているのだ（ここでトランペットのファンファーレ！）。それぞれが「A」「T」「G」「C」と略される。ついでに糖（Sugar）とリン酸（Phosphate）も、「S」「P」と表すことにしよう。すると、先ほどの図はこのページの上のようになる。

生物学者はこれをさらに簡略化して、ひと並びの数字の列にする。この例でいうと、「GATTACCA」となる。遺伝子コードが「三〇億文字の長さ」だと聞いたことはないかな？　その意味とは、AとTとGとCが全部で三〇億あり（*6）、これによって細胞は自身をどう組み立てるかという指示を得て、あらゆる面での細胞の一生が決まるということだ。

すべてがどのように結合しているかにも注目しよう。リン酸（P）は糖（S）としか結合しない。塩基の四文字も糖（S）としか結合しない。四文字同士が直接結合することはない。僕らのDNAは非常に複雑な記号体系をもっているのだが、記号そのものはDNAのさまざまな部位が互いにどのように結合しているか（あるいはしていないか）による。そして、D

ＮＡは電子で結合しているので、電子が適切な場所になければＤＮＡは機能を果たせないことになる。

さて、信じられないほど多くの紫外光子が天から南フランスでくつろぐ女性の体表へと降り注いだとき、一部の光子はＤＮＡの電子とぶつかって励起させた。（憶えているだろうか、励起した電子によって分子が化学的に反応しやすくなることがある。たとえば、プレビタミンD_3のように。）ありがたいことに、あなたのＤＮＡに光子がぶつかっても、ほとんどの場合、励起した電子は元の励起していない状態に戻るだけで、ＤＮＡはそれまでと化学的に同じ状態のままでいる。あまり面白くはないよね？　だけど、これはあなたの健康のためにはよいことなのだ。太陽光を浴びるのがほんの数分であっても、とんでもない数の紫外光子の集中砲火を受ける。もしそのほとんどが、あるいは一部であっても、ＤＮＡに対して恒久的な効果を及ぼすとすれば、僕らは深刻な問題に陥るだろう。

しかし、本当に、きわめてまれなことなのだが、光子によってＤＮＡ内の結合の仕方が変わることがある。たとえば上のようになるかもしれない。

ご覧のとおり、ＣとＣが直接つながってしまって、これが僕らの背骨ならかなり問題のある状態になっている。たいしたことないのでは、と思う人もいるだろう。細胞のゲノムにはほかにも文字が六〇億個もあるのだから、大きな悪さはできそうにもないよね、と。

ところが、このせいで、ＤＮＡの持ち主が死ぬことだってあるのだ。

ほとんどの場合、細胞がこのＣの結合問題を検知して修復するので（＊7）、持ち主は何事もなかったかのように人生を続けられる。前の章を思い出せば、これが最善のシナリオだとわかるだろう。しかし、ときには修復作業が壊滅的に失敗することもある。この場合、細胞は「もうおしまいだ」みたいな感じになって、自らを殺してしまう。これは、まずまずのシナリオだ。最悪のシナリオとは（比較的にまれであるが）、修復の途中や細胞分裂の過程で、細胞が自身のDNAを誤って複製してしまうことだ。そうすると、「GATTACA」の並びが「GATTATTA」になってしまうかもしれない。つまり、この最悪のシナリオとは、「DNA配列に突然変異が忍び込む可能性」が生じることだ。

いったんDNAに入り込んだ突然変異は、ほぼ定着してしまう。人体はC同士の結合を検出して修正することならできる。だが、Cの結合ではなくて、TTという並びへの変化が起きたとしたら、それを検出することも修正することもできない。なぜなら、この場合の突然変異後のDNAは、化学的に健康なDNAだからだ（情報という点では病的であっても）。なんだか変な気がするという人の気持ちはわかる。だが、こう考えてみよう。二〇一二年のこと、イリノイ州の『セントラリア・モーニング・センチネル』紙は、地元のミュージシャンのバンド仲間であるエリック・ライデイが「on drugs（ドラッグをやっている）」と報じた。だが、記者が書いたつもりだったのは、エリックが「on drums（ドラムをやっている）」ということだった。一文字を書き間違えただけで文章の意味がまったく変わってしまったのだ。しかし、できあがった文には文法やスペルの誤りはまったくない。これと同じことが、DNAの突然変異でも起きる。DNAの化学的なルールをまったく破らずに、意味だけを変えるのだ。

さて、例の南フランスにいた女性は、六時間の日光浴でDNAに突然変異が起きたのだろうか？　おそらくそうだろう。うーむ、そうだとすると、彼女がスーパーパワーを身につけたという医学文献が見あたらないのは不思議議じゃないか？

残念ながら、日の光を浴びてどれだけ多くの遺伝子変異を生じたとしても、突然に鮮やかな緑色に発光し始めたり、スーパーパワーを得たりはしない。実のところ、ほとんどの突然変異はなんの影響ももたらさない。あなたのゲノムのなかで実際にタンパク質をコードしているのはたったの約一％なのだ。突然変異が起きたのがそれ以外の場所であれば、おそらく無害だろう。また、突然変異が生じた場所が、たとえば腸の内壁の細胞ならば、やはりたいした問題にはならないだろう。その細胞は割とすぐに排泄されてしまうからだ。しかし、ある細胞で突然変異がより多く生じるほど、がんになる可能性が高くなることはわかっている。なので、自然状態で突然変異が生じる確率を高めるようなことは——日の光を浴びすぎるのもこれに相当するが——よろしくない。

ここで立ち止まって、しっかり検討してみよう。ここまで話してきたのはすべて、日光と皮膚がんをつなぐ「真実の架け橋」の一部である。喫煙と肺がんをつないだ「真実の架け橋」と同じく、この架け橋にもさまざまな種類のレンガが使われる。ここまで話してきたレンガはいずれも分子レベルのものであり、紫外線が皮膚の分子とどのように相互作用して、皮膚がんを引き起こしうるのかが示された。しかし、喫煙とまったく同じで、分子に関するこれらのレンガは後半で登場するものだ。架け橋を築くための最初のレンガは、分子とは関係ない。その例をいくつか見てみよう。

一つ目は、あなたが働く場所だ。一九世紀後半から二〇世紀初頭にかけて、科学者たちはあることに気づいた。農夫や船乗りなど、日中の大部分を屋外で過ごす人のほうが、都会で暮らして働いている人たちよりもがんになる割合が高いのだ。鉱山の町で開業していたある医師は、そこで診察していた二五年間で、鉱山労働者で皮膚がんの症例は二例だけだったと報告している(*8)。現在では、そのリスクの差は定量化されている。戸外で働く者は、屋内で働く者と比べると、皮膚がんのリスクが約三〇〇%の高さになる。

二つ目は、衣類である。あなたが過激な露出狂でないのなら、おそらく服を着ているだろう。衣類は紫外線をある程度吸収するので、常時覆われている部分は皮膚がんを発症する可能性が低いと考えてよさそうだし、実際にこれは正しい。皮膚がんは、足や太もも、お尻よりも、頭皮や耳、鼻などでずっと多く見られる。

三つ目が、皮膚の色だ。皮膚がんは白人ではるかに多く見られる。正確な相対リスクを算出するのは難しいが、推定によると、白い肌の皮膚がんのリスクは、黒い肌の一六〇〇〜六三〇〇%にのぼるという。理由はメラニンだ。メラニンとは人体によって生成される分子で、皮膚全体に広く分布している。メラニンは紫外光子を景気よく吸収するので、DNAが損傷を受ける可能性が減る。つまり、皮膚にメラニンがあればあるほど、DNAの損傷が——そして皮膚がんのリスクが——軽減されるのだ。(メラニンは可視光も吸収するので、皮膚のメラニンが多いほど、皮膚の色は黒く見える。ただし、皮膚の色が黒いからといって皮膚がんにならないわけではない。そして残念なことに、皮膚の色が黒いと、がんの検出が難しくなる。色黒の人も油断は禁物だ。)

そして最後の四つ目は最も重要なものだ。第1章で加工食品のランダム化比較試験について議論したのを覚えているだろうか? 数万人を二つのグループに分けて、それぞれを別々の無人島に送り込み、一方のグループには超加工食品を、もう一方には未加工の食品を与え続けて、五〇年間にわたり追跡調査を行うというものだ。実は、日光により皮膚がんが生じるかどうかについて、このランダム化比較試験に驚くほどよく似た実験を、イギリスが知らず知らずのうちにお膳立てしていたことがわかった。この実験について、知っている人もいるかもしれないね。そう、「オーストラリア」だ。一七八八年から一八六八年頃にかけて、一五万人以上の受刑者がイギリスからオーストラリアへと送られた。つまり、遺伝的に近い非常に多くの人びとが（イギリス国民）、二つのグループに分けられて（受刑者とそうでない者）、それぞれのグループが別々の島に置かれたのだ（イギリスとオーストラリア）。オーストラリアはイギリスよりも赤道にずっと近いし、オーストラリアの空はイギリスの空とは違って、霧と絶望で織られた湿った灰色のブランケットなどではないので、オーストラリアにはイギリスよりもはるかに多くの紫外光子が降り注いでいる。そして、オーストラリアに移住した多くの人は――現在のオーストラリア人もそうなのだが――肌が白く、この大量の紫外線から身を守るためのメラニンをあまりもっていなかった。つまり、イギリスよりもオーストラリアでずっと多くの人が皮膚がんを発症するのではないかと予想できるだろう。そして、実際にそうなった。今日まで、オーストラリア人が皮膚がんを生涯で一回以上発症するリスクは、イギリス人の約六六〇％という高さである（＊9）。

この章の残りで、太陽光と皮膚がんを結ぶ「真実の架け橋」を構成するレンガを見ていくことにする。（その多くについては、たとえば皮膚がんの種類によって話が複雑になることに注意が必要だ。）とにかく、話を進めよう。

ここで、太陽が放つ光子について簡単にまとめておこう。植物は光子を使って食物をつくる。僕らは光子を使ってビタミンDをつくる。だが、光子が多すぎると、僕らは焼かれたり、皮膚がんを発症したりすることさえある。

どうやらついに、僕らはこの本のハイライトに達したのかもしれない。人間は、植物を無毒化して食料にしたり、それを保存したり、アブラムシのフンをキャンディに変えたりと、自然界のものを加工することに関して、数千年に及ぶ経験を重ねてきた。その集大成として、太陽光と皮膚がんに関する知識を統合して、この健康問題を解決するための完璧な消費者製品である日焼け止め剤を完成させたのだ！

うーん、ちょっと言いすぎたかな……。

アメリカのドラッグストアで販売されている、ほぼすべての日焼け止め剤の容器には、この製品を使えば皮膚がんのリスクが軽減されると書かれている。だが、日焼け止め剤が発明された理由は別にある。実は、皮膚がんが認識されるよりもはるか昔から、日焼け止め剤は存在していた。何千年も前から、人びとは自然界から得たものを加工して日焼け止め剤をつくってきたのだ。たとえば古代のギリシャ人やエジプト人は、日焼けを防ぐために、ありとあらゆるものを――オイルや没薬、米ぬかなどを――体中に塗りたくっていた。

しかし、現代の日焼け止め剤のルーツは、たった一つの製品に遡ることができる。一九三六年にウージェンヌ・シュエレールが開発した「アンブル・ソレール」だ。当時、太陽光と皮膚がんの関係はわかっていなかった。実際、アンブル・ソレールが発明されてから九年後に、ＤＮＡが生物の遺伝情報をもっていることが理解され始め、一八年後にＤＮＡの構造が明らかとなり、四〇年以上経ってから、ＤＮ

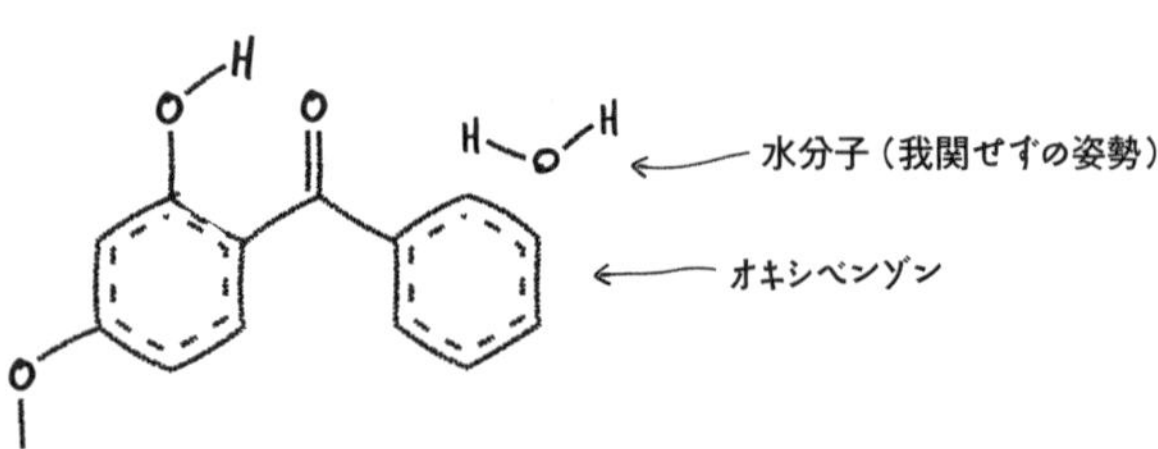

Aの突然変異によってがんが生じうることがわかったのだ。アンブル・ソレールが発明されたのはただ日焼けを防ぐためであって、皮膚がんを予防するためではなかった。二〇一二年、ＦＤＡ（アメリカ食品医薬品局）の日焼け止め剤に関する表示規則が正式に発効し、製造業者は日焼け止め剤によって「皮膚がんのリスクが低下する」と記載できるようになった。なぜＦＤＡは製造業者がそんな主張をできるようにしたのか？　アメリカで売られている日焼け止め剤で最も広く使用されている有効成分の二つ、酸化亜鉛とオキシベンゾン（別名ベンゾフェノン３）について見ていこう。

酸化亜鉛は「物理的」日焼け止め剤の一種で、オキシベンゾンは「化学的」日焼け止め剤の一種だと、何かで読んだことのある人もいるだろう。前者は盾のように光子を反射するのだが、後者は光子を吸収するというのだ（大ヒット映画『ボディガード』でホイットニー・ヒューストンを守るボディガードに弾丸が吸い込まれたみたいにね）。

だが、そんな説明は、オレオをオレンジジュースに浸すよりも間違っている。実際に起きていることはもっと奇妙なことなのだ。このオキシベンゾンについて見てみよう。

まずは、サイズ感を把握しよう。標準的な日焼け止め剤を二五セント硬貨の大きさ（訳注　一〇〇円玉と五〇〇円玉の中間くらい）に押し出すと、そのなかに

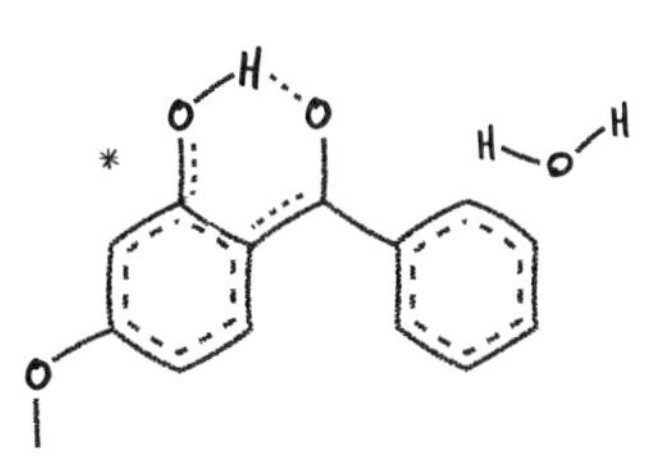

（ジャグリングみたいに結合の位置がつぎつぎと変わる）

は約700,000,000,000,000,000,000個のオキシベンゾン分子が入っている。推奨される用量に従えば、8,400,000,000,000,000,000,000個のオキシベンゾン分子を体の露出している部分に塗り広げることになる。

太陽からの紫外光子があなたの肌の上のオキシベンゾン分子にぶつかると、そこから複雑な現象が連鎖的に生じる。まず、光子がぶつかったオキシベンゾン分子が励起状態になる。つまり、それまでよりも多くのエネルギーをもつ状態になった。分子の見かけはこれまでと変わらない。

励起状態になっていることを示すために、小さな「＊」のマークをつけることにしよう。さて、一方の光子はどうなったのか？　光子はなくなった。消えたのだ。オキシベンゾンは光子を吸収することで、僕らが前に話した、光子がＤＮＡにぶつかってＣの結合問題が引き起こされる可能性を防いだのだ。ここまでならば、ボディガードが身代わりになって銃弾を受けるというさっきの比喩で十分そうだ。だが、話はここでは終わらない。

オキシベンゾンが励起したということは、あなたの肌の上に励起した分子が存在しているということだ。これは、肌の上に高エネルギーの光子があるのと同程度に害を及ぼしかねない状態なのだ。だが、オキシベンゾンはこの余分なエネルギーをダンスのパワーで取り除く！

①まず、分子の最初のステップは上の図みたいな感じ。

②お次はこうだ。

ここの結合が
こんなふうに回る

（セクシーに足をくねらせるぞ）

③そして、こう。

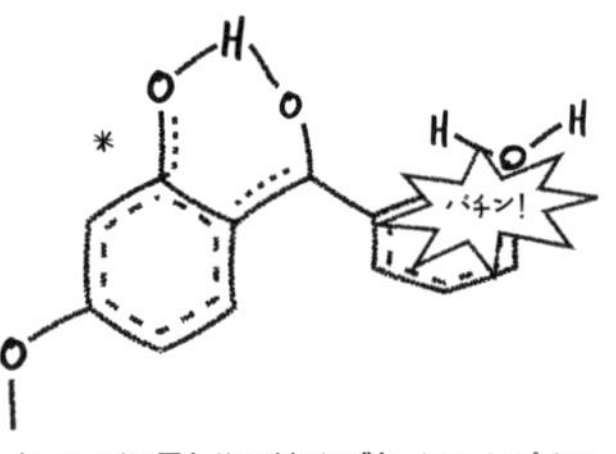

（シュレックに尻をぶつけられる感じ。このステップでは
オキシベンゾンの隣にいた水分子がぶつかられる様
子に注目しよう。）

④それから、こうなる。

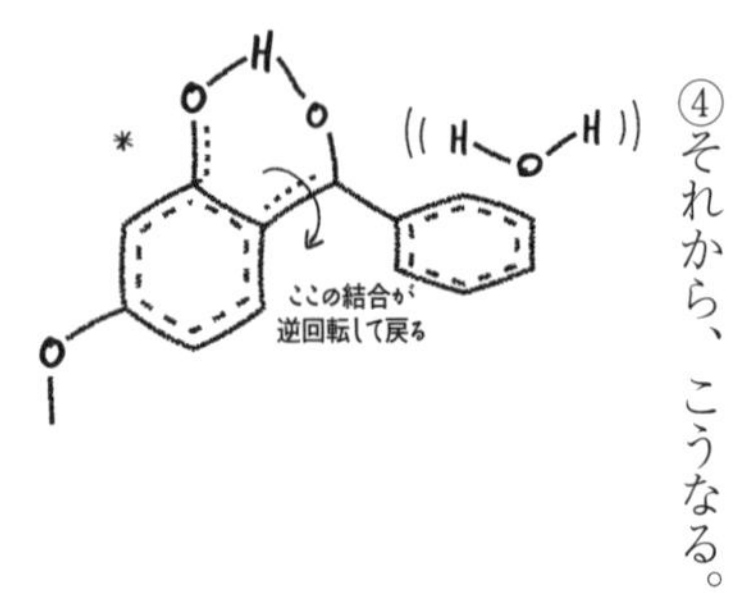

⑤そして、ほとんど最初の状態に戻る。

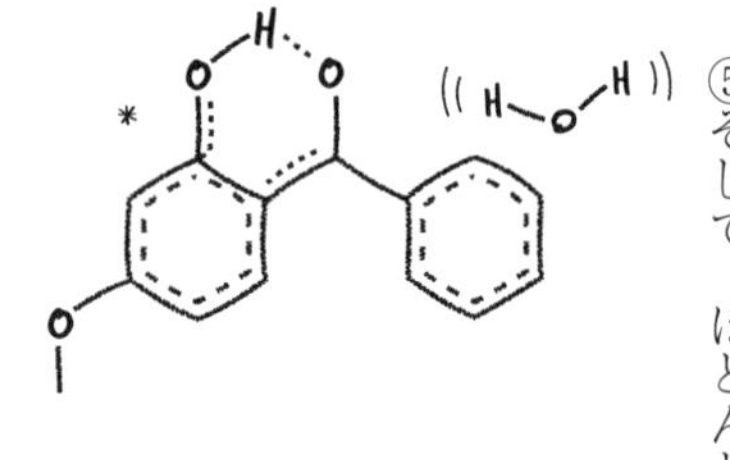

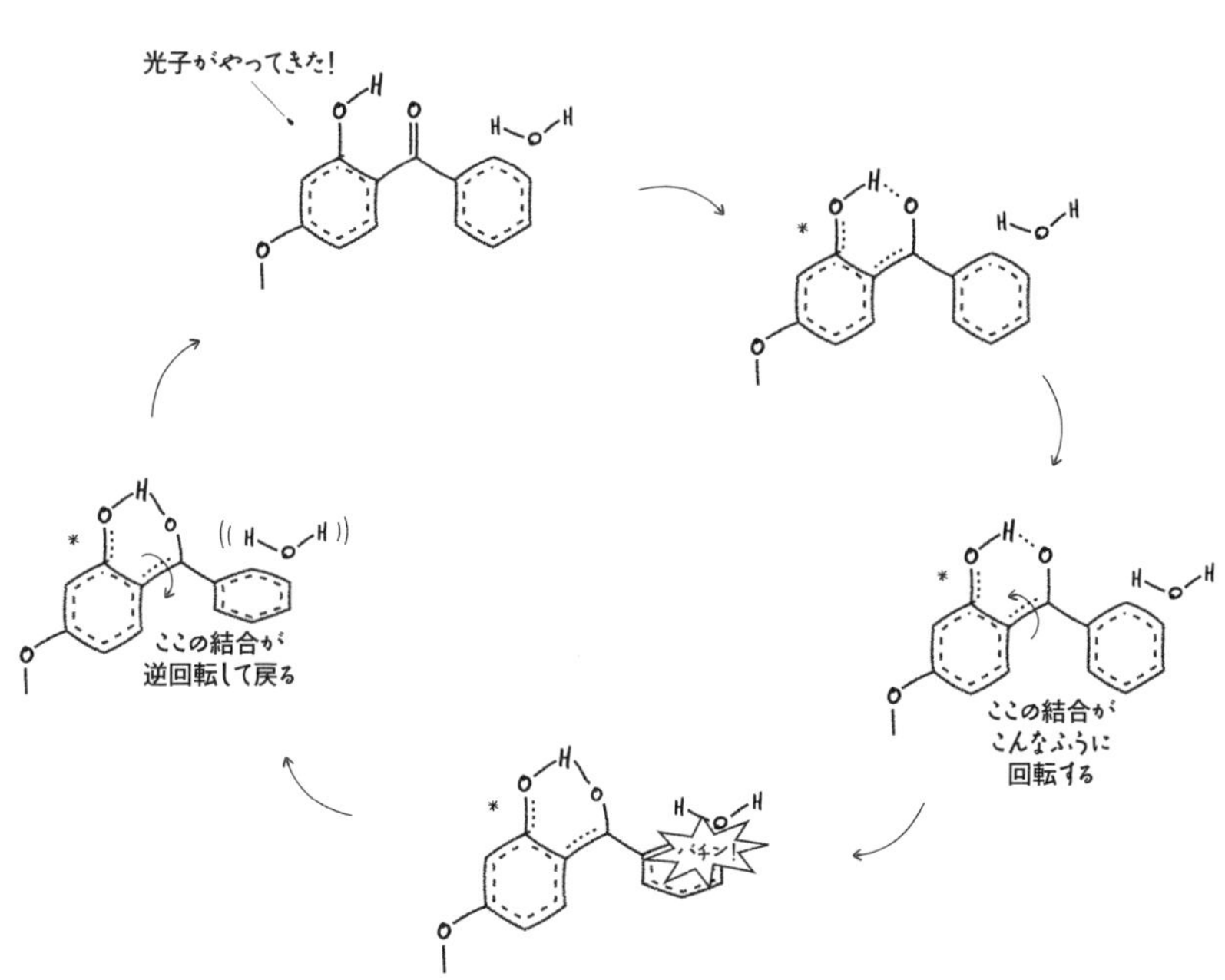

結婚式でよく見かける、不慣れな者のダンスのように、オキシベンゾンは近くの分子にぶつかって、その動きのいくらかをその分子に伝える。つまり、自身の周囲を熱するのだ。ダンスの終わりには、オキシベンゾンが、光子にぶつかられる前の状態に戻れたことに注目しよう。熱を発する、この一連のぎこちないダンスムーブは、実はサイクルになっている。紫外光子が入ってきて、熱が出ていくのだ(*10)。

厳密なメカニズムは異なるが、酸化亜鉛と二酸化チタン(いわゆる物理的な日焼け止め剤)もまた、光子を吸収して、それを熱エネルギーに変換するというサイクルをもっている。だが、健康関連のブログやニュース記事、さらには皮膚科の医師でさえ、これらの化学物質が紫外線を「反射」あるいは「散乱」させると表現している。実際には、複数の資料によって、これらの化学物質が反射または散乱させているのは紫外線の五％に過ぎず、残りは吸収していることが示されている。思うに、こんな混乱が生じた理由は、亜鉛やチタンを含む日焼け止め剤を使うと、肌に白いクリームチーズを塗っているみたいに見えるからではないだろうか。確かに、日焼け止め剤は可視光を散乱させる（だから、日焼け止め剤を塗った人が、クリームチーズを塗ったベーグルみたいに見えるわけだ）。そこから、紫外線も散乱させるに違いないと皆が思い込んでしまうのだろう。しかし、何かが可視光を反射するからといって、紫外線も反射するとは限らない。

オキシベンゾンに話を戻そう。この分子の、紫外光子を熱に変換するサイクルはとても早く、衝突前の状態に戻るまでにかかる時間は約一〇〇〇億分の一秒である（＊11）。つまり、オキシベンゾン一分子は、一秒間でだいたい九〇〇億個の紫外光子を吸収できる。ＳＰＦ30の日焼け止め剤をＦＤＡが推奨する量だけ塗るということは、一秒あたり700,000,000,000,000,000,000個を超える紫外分子のエネルギーを、ダメージを受けることなく散逸させられるよう、あなたの肌の能力を強化していることになる。

ここまでをまとめると、紫外光子はＤＮＡを損傷する可能性があるのだけれど、人類がつくったこの白いクリームを体に塗り広げれば、一秒あたりに数億の一兆倍の一兆倍という個数の紫外光子のエネルギーを体にほぼ無害な熱へと変換できるということだ。

念のために言っておくが、日焼け止め剤も、南フランスにいた女性の助けにはならなかったにちがいない。彼女の皮膚を「焙る」レベルまで加熱したのは、紫外光子ではなく赤外光子であり、こちらは日焼け止め剤に吸収されなかっただろう。たとえ吸収されたとしても、この女性は六時間も太陽光を浴び

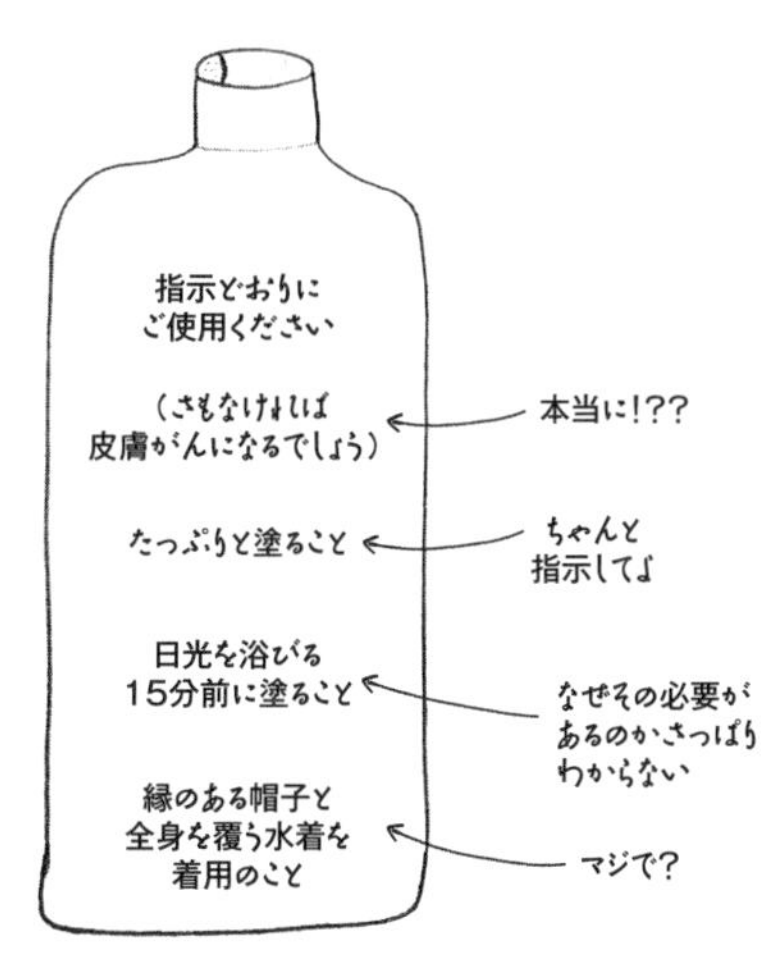

続けていたのだから、いかなる日焼け止め剤も彼女に降り注ぐ光子の大軍に打ち負かされたはずだ。

あるレベルにおいては、現代的な日焼け止め剤も、古代のエジプト人やギリシャ人が使ったような、泥や鉱物、砂や油の混ざりものを体に塗るのと大差ない。しかし、別のレベルでは、現代的な日焼け止め剤とは、摩訶不思議な化学を駆使した魔法のクリームなのだ。

人類は称賛に値する偉業を成し遂げたといえよう。だが……、この魔法のクリームは、本当に効果があるのだろうか？

これは単なる哲学的な疑問などではない。実際的な疑問だ。さて、日焼け止め剤を買うように皮膚科医にさんざん脅されて、ドラッグストアにやってきたとしよう。しかし、どの製品を選んだらいいのか？　日焼け止め剤の棚の前で困り果てて立ち往生したとしても、あなたを責める者などいない。誰だって混乱するし圧倒される。

悪いのはあなたではない。日焼け止め剤のラベル表示というのは、僕らが見るなかでも最もわかりづらいものなのだ。一七五ページのイラストが典型的な例だろう（＊12）。

そうは見えないだろうが、実はこの表示には、日焼け止め剤には効果があるのかという実際的な（そして哲学的な）疑問を解き明かすのに必要な手掛かりがたくさん含まれている。

では、ＳＰＦから取り掛かろう。ウェブスター辞典のオンライン版も、オクスフォード英語辞典も、ＳＰＦの定義は「sun protection factor」（直訳：太陽防御指数）である。我らが神聖なる英語を扱う、これらの名高い辞書の両方が、ペパロニにピーナッツバターをのせるよりもまだひどい間違いを犯している。本来ならＳＰＦは「sunburn protection factor」（直訳：日焼け防御指数。日本語では一般に「日焼け止め指数」とされる）の略語であるべきなのだ。（アンブル・ソレールが発明されたのは、青白いヨーロッパ人が炎症を起こすほどの日焼けを起こさずに肌を焼くためであったことを思い出そう。）

ＳＰＦは、正確に理解するのが少々難しい。最初に知っておくべきことは、ＳＰＦの数字が、なんらかのアルゴリズムによって吐き出されているのでは**ない**ことだ。これは、どこかにある目立たない医療機関の建物のなかで実際に計測されている数値である。計測のための手続きは連邦法により定められていて、だいたいこんな感じだ。

1　肌の白い人を見つける（オフホワイトやクリーム色ではだめで、プリンター用紙レベルの白さでなければならない）。（＊13）

2　型紙から長方形を上下二列分くり抜く。その型紙を、被験者の腰に載せる。

3 定められた厳密な量（一平方センチメートルあたり二・〇ミリグラム）の日焼け止め剤を、下の列にだけ型紙の上から塗って、乾くまで待つ。

4 紫外線のみを発するランプを使って、長方形の部分に紫外線をあてる（照射の際には、長方形の左から右へと紫外線の量が増えるようにする）。

5 時間を一日おいて、上列（日焼け止め剤なし）と下列（日焼け止め剤塗布）のそれぞれについて、ほんのわずかの炎症を伴う日焼けを起こすためにどのくらいの紫外線量が必要だったかを確認する。

6 次のようにＳＰＦを計算する。

$$\mathrm{SPF}=\frac{\text{日焼け止め剤を塗った肌の白い人に、ほんのわずかの炎症を伴う日焼けを起こさせるのに必要な紫外線の量}}{\text{日焼け止め剤を塗っていない肌の白い人に、ほんのわずかの炎症を伴う日焼けを起こさせるのに必要な紫外線の量}}$$

7 色白の人をたくさん集めてこれを繰り返し、ＳＰＦの平均をとる。

たとえば、ドラッグストアでＳＰＦ25の日焼け止め剤とＳＰＦ50の日焼け止め剤を手に取ったとしよう。言えるのは、両方とも、どこかの実験室で人間が人間に対して行った試験によって得られた数値であり、ＳＰＦ50の日焼け止め剤はＳＰＦ25と比べると、日焼けを生じさせる紫外線のエネルギーの通過量が、だいたい半分に抑えられるということだ。これは世界各地の主要マーケットで売られている合法的なあらゆる日焼け止め剤に対して当てはまる。つまり、日焼け止め剤は、日焼けのリスクを明らかに軽減するという点においては、本当に**効果がある**のだ。

ＳＰＦの意味を実際に解釈する場合に、問題にぶつかることがある。こんな感じの説明を聞いたことがないだろうか。「何も塗っていない肌が赤くなり始めるのに二〇分かかるとする。ＳＰＦ15の日焼け止め剤を使えば、理論的には、赤くなるのは一五倍の時間が経ってから、つまり約五時間後である」。これ自体は理屈のうえでは正しいのだが、残念ながら、これを聞いた人はこんな感じの計算をするようになってしまう。

自分が日焼けするまでに通常かかる時間×ＳＰＦ＝日焼けが起きない時間！　やったあ！

あなたが、自分は日焼け止め剤なしで赤く日焼けするのに二〇分かかると思ったとしよう。ＳＰＦ100の日焼け止め剤をたっぷり塗れば、三三時間太陽の光を浴び続けても日焼けしないと考えるかもしれない。しかし、これはナンセンスだ。理由その一。「自分が日焼けするまでに通常かかる時間」などまったくわからないから。理由その二。その時間は不変ではないから。一日のうちの時間帯によって、季節によって、場所によって、足元がなんであるかによって（砂とか雪とか）、頭上がなんであるかによって（晴天とか曇天とか）、大きく変化する。そして理由その三。容器の表示に書かれているＳＰＦの守りの力を完全に得ることは、ほぼ確実にない。なぜって？　理由はたくさんあるが、最も単純な理由は、公式テストで使われる一平方センチメートルあたり二ミリグラムという量の日焼け止め剤を使う人などまずいないからだ。

それは、本当に大量の日焼け止め剤なのだ。その量の日焼け止めクリームをつけてみたことがあるのだが、洗剤ではなくマーガリンが大量噴射される洗車場を歩いて通り抜けたような気分になった。ほとんどの人がつける日焼け止め剤は規定量の半分以下だろう。みんながつける日焼け止めの量が「少なすぎる」のだという主張もできるだろうが、それは……意味がない。たとえばパンにバターをつけるのだって、誰かに教えてもらったわけではなく、自分がこのくらいだろうと感じる量である。日焼け止め剤も同じことだ。たいていの人が「このくらいだろうと感じる量」というのが、おそらくは、FDAが義務づける量のだいたい半分であることは知っておいたほうがいい。実はこれが、繰り返し塗布するよう容器のラベルに書かれている理由の一つであって、初回に「十分な」量をつける者などいないことがわかっているのだ。

もう一つ、とても広まっているのに、これもまた間違っているSPFの解釈がある。「SPFの数値がある数字を超えると（その数字は一〇～三〇のさまざまなバージョンがある）、それ以上数字が大きくなっても大した違いはなくなる」というもの。この通説は、『ニューヨーク・タイムズ』紙や米消費者組合が発行する『コンシューマー・レポート』誌、テクノロジー情報サイトの「ギズモード」、ブリタニカ百科事典のウェブサイト、さらには皮膚科医が著した査読つき科学論文にも書かれている。そういった記述で見られる推論はいずれも似通っており、日焼けの原因となる紫外光がさまざまなSPF値の日焼け止め剤によって吸収される割合を示す、次のページのような表を論拠としている。悪気なく誤解を広める人びとは、表を見て、こんな感じの文章を書く。

SPF	日焼けの原因となる紫外光が日焼け止め剤に吸収される割合
1	0%
15	93.3%
30	96.6%
50	98.0%
100	99.0%

SPF15によってUVB放射の約九三％がブロックされ、SPF30によって九七％がブロックされる。その差はわずか四％で……

こんなの、魚介パーティーでミートローフが出てくるよりも間違っている。その理由を理解するために、二つの「防弾チョッキ」のどちらを買うかをあなたに検討してもらうことにしよう。防弾チョッキAは銃弾の九三％を防ぎ、防弾チョッキBは銃弾の九七％を防ぐとする。二つの防弾チョッキの差はたった四％しかないと感じるだろうが、こう考えるとどうだろう。誰かに銃弾一〇〇発を撃ち込まれたとする。防弾チョッキBを着ていたら突き抜けてくる銃弾は三発だ。だが、防弾チョッキAを着ていたら七発、つまり防弾チョッキBを着ていたときの倍以上の銃弾が突き抜けるのだ。光子についても、これと同じことが言える。日焼け止めによってブロックされる光子の数など、まったく重要ではない。問題なのは、日焼け止めをしても通り抜けてくる光子の数なのだ。

これをふまえて、もう一列追加したのが一八一ページの表だ。さてと。これで、異なるSPF値の関係がもっとよく理解できるようになった。日焼けの原因となる光子が通り抜ける量を比較すると、SPF100はSPF50の半分で、SPF30はSPF15の半分なのだ（もちろん、塗布する日

5. 日焼けで黒焦げ、あるいはそれほど確実に起こらないことについて

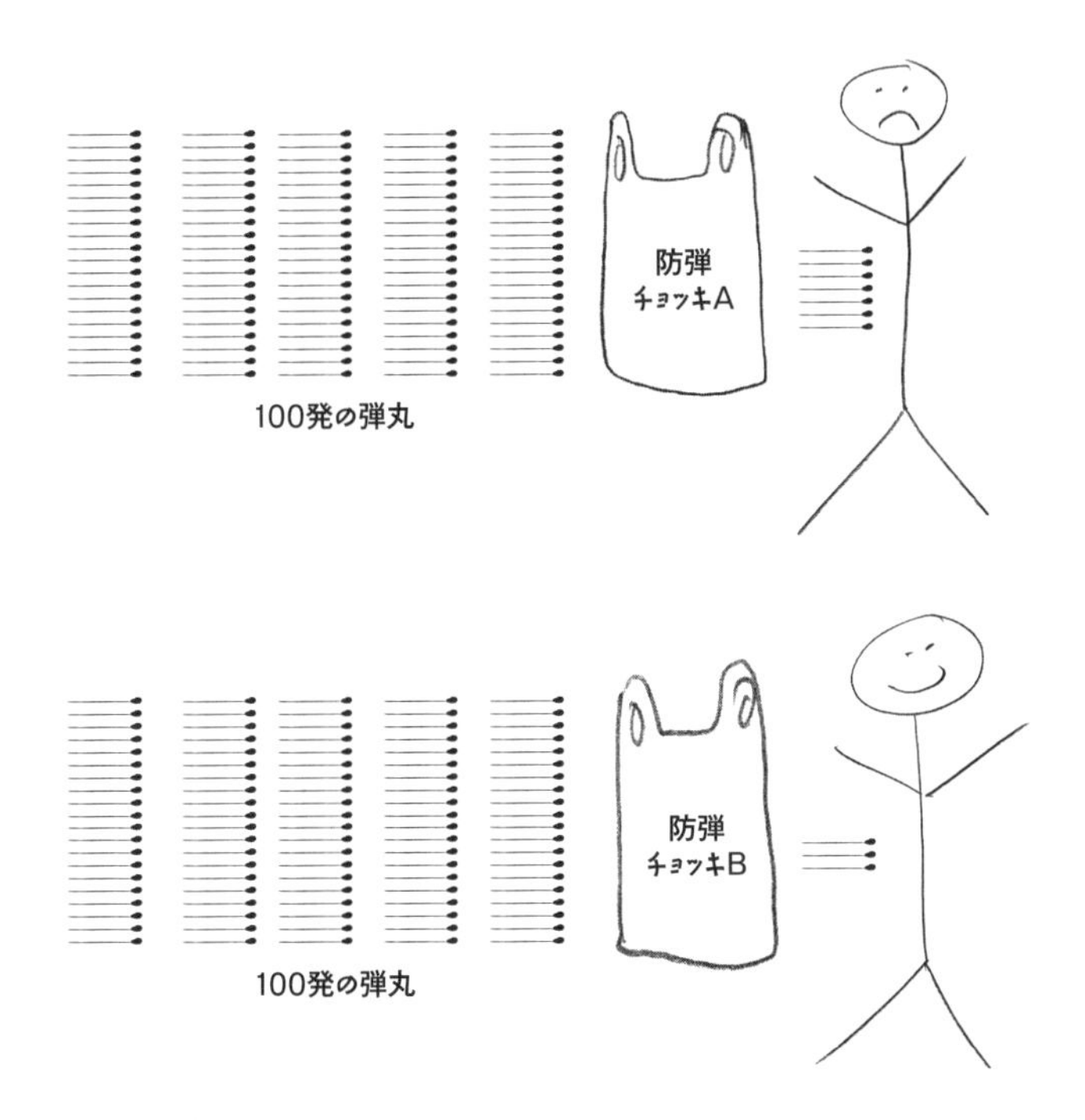

SPF	日焼けの原因となる紫外光が日焼け止め剤に吸収される割合	日焼け止め剤を塗っても日焼けの原因となる紫外線が通り抜ける割合
1	0%	100%
15	93.3%	6.7%
30	96.6%	3.4%
50	98.0%	2.0%
100	99.0%	1.0%

焼け止め剤を同量とした場合だ)。

では、手に入るなかで最大のSPF値のものを選ぶべきなのか？　二〇一〇年頃までは、日焼け止め剤のメーカーは確かにそう考えていた。ずっと、これまでで最も高いSPF値の製品をつくって他社を出し抜こうとしてきたのだ。僕も、手に入るなかで最高のSPF値の日焼け止め剤を使おうとしがちなのだが、この方針で万事解決するわけではない。SPF値がとんでもなく高い日焼け止め剤を使いたくなくなるようなまともな理由が存在するのだ。それに、低いSPF値の日焼け止めを使うほうが、心理的効果から繰り返し塗ることになって、いいかもしれない。

どういう意味かって？

つまりこういうことだ。SPF値が何億もあるような日焼け止めを使ったとすると、「ここまで高い数値なんだから、これで丸一日、一〇〇％紫外線をブロックできるぞ。一回塗ればもう塗る必要もないし」などと考えるかもしれない。しかし、残念ながらそうはいかない。どんな日焼け止め剤も、SPF値には関係なく、ビーチで楽しく遊びまわるうちに、あるいはタオルで拭ったり、汗で流れたりして、結局は肌からとれてしまう。つまり、日差しの下で一日を過ごすつもりなら(＊14)、繰り返し塗らないといけないのだ。だが、SPF30くらいの日焼け止め剤を使う場合には、自分がそれほど紫外線から守られていないような気分となり、こまめに塗り直すだろう。

それから、日焼け止め剤の容器に「日光を浴びる一五分前に塗ること」なんて書かれているのを見た人もいることと思う。

なぜこんな指示が必要なのだろうか。

理由は、日焼け止め剤は保湿剤などではないから。皮膚に擦り込んで、皮膚の最外層の下側にまで届けたいわけではない。目的は皮膚の上に防護壁をつくることにある。こんなことを聞くのは初めてかもしれないが、日焼け止め剤をつける正しい方法とは、皮膚の表面にとにかく軽く広げてから、乾かすことだ。乾くにつれて、日焼け止め剤は皮膚の最外層と結合する。これが、一五分という待ち時間の意図である。それから、日焼け止め剤をつけてからすぐに衣服を着たりすると、日焼け止め剤が肌の最外層と結合する前に、日焼け止めを拭い落としてしまうかもしれないので注意すること。

日焼け止め剤には効果があるのか?

日焼けのリスクが低減されるのは間違いない。市販されているすべての日焼け止め剤は、どのくらい多くの紫外線を照射すればその日焼け止めをつけた人が日焼けするのかを、人間を被験者として実際に観察したうえで、SPF値が計算されているのだから。

しかし、皮膚がんという点では、物事はもう少し不明瞭になる。

皮膚がんにはざっくり分けて二種類ある。黒色腫(こくしょくしゅ)(メラノーマ)と、非黒色腫だ。ほとんどの皮膚がんは非黒色腫であり、これはさらに、扁平上皮(へんぺいじょうひ)がん(SCC)や基底細胞がん(BCC)などに分けられる。どうしてもがんになるけれど種類は選べるとしたら、僕ならBCCにする。広がる速さが非常に遅く、転移することもまずない。それに比べると黒色腫は深刻だ。症例数では皮膚がんのなかでも少数派だが、皮膚がんでの死亡はこの黒色腫によるものがほとんどだ。

太陽光によって皮膚がんが生じることははっきりとわかっている。問題は、日焼け止め剤の使用によって皮膚がんを防げるのかという点だ。直感的には、防げそうだ。日焼け止め剤が日焼けの原因である紫外光子を吸収するとわかっているのだから。しかし、がんの専門家であるジョン・ディジオバンナが言うように、「日焼け止め剤は鎧ではなく、強すぎる太陽光に敗れることもある」のだ。日焼け止め剤で満たされたプールにどっぷりつかっているのでもない限り、太陽から発された光子の一部は確実にあなたの肌表面を突き抜ける。これもあって、ＦＤＡは、製造業者が日焼け止め剤の宣伝で「完全遮断」を思わせる“sunblock”という表現を使用することを禁止している。さらに次のような要因もある。

1　光子は異なるエネルギーをもつ。
2　異なるエネルギーをもつ光子は、あなたの皮膚に対して異なる作用を及ぼす。
3　異なる種類の日焼け止め剤は、異なるエネルギーをもつ光子を同じようには吸収しない可能性がある。

お腹いっぱいって感じかな。噛み砕いて説明しよう。

一九三二年、コペンハーゲンで、第二回「光に関する国際会議」が開催された（秘密結社イルミナティの集会みたいに聞こえるけどそうじゃない）。その会議で、物理学者の集団が、どうしたことか紫外光を適当に分けたのだ。目にしたことがあるだろう、ＵＶＡとＵＶＢである。皮膚科医からこんな感じの説明を受けた人もいるかもしれない。

UVBによって、日焼け（および一部の皮膚がん）が引き起こされる。
UVAによって、しわ（および一部の皮膚がん）が引き起こされる。

厳密には事実ではないのだが、僕らの目的からすると非常にいい単純化になっている。初期の日焼け止め剤はUVBの光子をとてもよく吸収したのだが、UVAの光子についてはそうでもなかった。こういった日焼け止め剤を「狭域スペクトル」対応と呼ぶことにしよう。狭域スペクトル対応の日焼け止めは、炎症を起こすUVBの光子を防ぐ効果は強いのだが、太陽による広範囲に及ぶ光子攻撃を防ぐには、UVAの光子も吸収してもらわないといけない。そこで、UVAとUVBの両方に効果があると認定された日焼け止め剤には「広域スペクトル」の表示がつけられているのだ。

FDAは、SPF値が一五以上で広域スペクトルの試験を合格した日焼け止め剤に対して、効能の欄に「太陽光を原因とする（中略）皮膚がんのリスクを軽減する」との記載を許可している。では、この主張についてのエビデンスはあるのだろうか？

うーん……。

そうだなあ……。

これを認めるのは気まずいのだが、これまでのところ、日焼け止め剤によって皮膚がんのリスクが軽減しうることを確認したランダム化比較試験は、たった一つしかない。そして、その試験で焦点があてられていたのは、非黒色腫の皮膚がんだった。研究から明らかになったのは、日焼け止め剤によって扁平上皮がんと基底細胞がんを発症する人数は変わらないのだけれど、一人あたりに診断される扁平上皮がんの数は減るということだった。これは鉄壁のエビデンスとはほど遠いが、それを責める前に、指摘しておくべき二つの要因がある。第一に、この試験が実施されたのは一九九〇年代のことで、日焼け止め剤に用いられていたテクノロジーはかなり古いものだった。最近の日焼け止め剤を用いてこの試験を行えば、もっと劇的な結果が出るかもしれない。第二に、試験の対照群は、日焼け止め剤の使用を禁止されたわけではなかった。そんなことをしたら非倫理的な試験になってしまう。対照群の人たちも日焼け止め剤の使用を許可されていたが、もう一方のグループよりは使用量が少なかった。対照群の人びとに日焼け止め剤を使わせないような試験をしていたら、やはりもっと劇的な結果が期待できただろう（＊15）。

では、黒色腫についてはどうなのか？　これまたエビデンスは……理想とはほど遠い。成人における黒色腫を扱った唯一のランダム化比較試験とは、先ほどの試験の続きとして行われたものだった。この試験といくつかのコホート研究によって示されているのは、日焼け止め剤には実際に防御効果があるということだ。

だが、黒色腫の発症率に関するデータからは、少々逆説的な現象も読み取れる。世界中の多くの白人が日焼け止め剤を使っているにもかかわらず、黒色腫の発生率は低下しておらず、横ばいですらない。実は、過去三〇年間で三倍に増加しているのだ。日焼け止め剤が皮膚がんを防いでくれるというのなら、なぜ黒色腫の発症率は上昇しているのか？

考えられるのは、人びとがかつてよりも肌を焼くことを楽しむようになったので、日焼け止め剤を使いながらも太陽光に身をさらす機会が以前に比べてずっと増えたということだ。この仮説が正しければ、日焼け止め剤がなければ黒色腫の発症率はもっと上がっていただろう。

だが、別の仮説もある。フィリップ・オーティエというベルギーの疫学者が提唱したこの仮説には、二つの（小規模な）ランダム化比較試験という裏付けもあるのだが、物議を醸している。オーティエによると、日光浴をする際に白人が日焼け止め剤を使用すると、紫外線への総曝露量はかえって増加し、それが黒色腫の発症という結果を招いた可能性があるというのだ。彼の推論はこうだ。白人は肌を焼くためにあえて太陽光に身をさらすのだが、炎症を起こしたいわけではない。そこで彼らはSPF値が非常に高い日焼け止め剤を使用する。そういった日焼け止め剤は炎症の原因となる光子のほとんどを吸収してくれる。だが、炎症を起こすほどの日焼けには至らないために、彼らは自身の体が許容するよりもずっと長く日差しの下にとどまってしまう。

つまり、オーティエの考えでは、日焼け止め剤のために、人びとが「太陽光をもう浴びるな！」という生化学的な危険信号を受信しなくなるので、太陽光の曝露量が過剰に増加するというのだ。彼は、日焼け止め剤の塗り直しを推奨するのは――アメリカだと法律でその表示が義務づけられているのだが――「おそらくは一種の虐待だ」とまで言っている。

かなり激しい主張だ。

それで、僕らはこれをどう受け止めればいいのか？

日焼け止め剤に詳しいブライアン・ディフィーという研究者から話を聞いたところ、僕らには「ジレンマ」が与えられているのだという。一方では、日焼け止め剤によって皮膚がんから守られるというエビデンスは、たとえば新型のがん治療薬に対するエビデンスほどには確たるものではない。だが、その一方で、太陽から届く光子が皮膚がんの原因であることや、人体は過剰な太陽光に適切に対処できないことがわかっている。こういったことをふまえて、この章でこれだけは覚えておいてほしいというポイントがある。それは、「紫外光は避けたほうがよい」ということだ。僕は、日光浴だろうが日焼けサロンだろうが、面白半分で肌を焼いたりはしない。戸外では、日陰にとどまるようにする。吸血鬼みたいに太陽を避けているわけではないよ。僕らは皆、ビタミンDをつくるためにある基準値以上の紫外線を浴びる必要がある（食事から摂取しない場合の話だ）。それに、太陽の光を浴びるのはすごく気分がいいしね。

なんらかの事情があって、日の当たる場所に長時間いなければならないとしたら、日焼け止め剤をつけるべきか？

そうだなあ……うん、いいんじゃないかな。日焼け止め剤によって、あなたの皮膚のなかの分子と反応する紫外光子の数は減るし、その結果、皮膚がんのリスクも軽減されるかもしれないのだから。その意味で、日焼け止め剤をつければいいと思う。だけど、つばの広い帽子をかぶるのもおすすめだ。服を身につけるのもね。ブルキニ（訳注　全身を覆う水着）だって悪くない。

最後の疑問だ。日焼け止め剤を毎日の習慣として取り入れるべきか？

これは、もう少し複雑な話になる。

日焼け止め剤に含まれている化学物質は体に悪影響を及ぼすのか？

使用されている化学物質に対するアレルギーがないのなら、答えは「短期的な悪影響はない」となる。だが、長期的にはどうだろうか。たとえば、三〇年間、毎日欠かさず日焼け止め剤を律儀に塗り続けたら？　日焼け止め剤の安全性について数時間ばかり検索すれば、何百回分もの排便の時間をつぶせるだけの読み物が手に入るだろう。そういった資料のいくつかを慎重に見ることにする。まずは、日焼け止め剤に含まれる最も一般的な有効成分、オキシベンゾン、オクチノキサート（メトキシケイヒ酸エチルヘキシル）、オクトクリレン、酸化亜鉛、二酸化チタンをとりあげた研究を確認しよう。

オキシベンゾン（別名ベンゾフェノン3）は、皮膚から体内に浸透し、尿や母乳、血流に入り込み、あたかもホルモンであるかのように振る舞う。オキシベンゾンや、こちらも紫外線吸収剤であるオクチノキサートにさらされた動物は、精子数が減少し、異常のある精子の割合が上昇することがわかっている。オキシベンゾンにさらされた雌マウスでは、月経周期に異常が生じた。そして、オクチノキサートにさらされたラットから誕生した雌ラットは運動活動が低下した。最近の研究によると、思春期の若者ではオキシベンゾンのレベルが高いほどテストステロン値が大幅に少なくなることが明らかとなった（*16）。また別の研究で不妊治療クリニックの受診者を調べたところ、男性のベンゾフェノン類のレベルが高いほど妊娠成功率が低いこともわかった。自然への影響はそれだけではない。オキシベンゾンによってサンゴの幼生のＤＮＡは損傷を受け、サンゴ礁が白化・死滅する。ハワイ州では、日焼け止め剤でのオキシベンゾンとオクチノキサートの使用を禁止する法案が二〇一八年に署名され、二〇二一年より発効される。そして、大手アウトドア用品店のＲＥＩは二〇二〇年からオキシベンゾンを含む日焼け止め剤の販売をやめると宣言している。

だが、オキシベンゾンとオクチノキサートを避ければ危険を免れるなどと考えてはいけない。インターネット情報によると、アメリカやEUで日焼け止め剤に使用されている紫外線カット能力をもつ化学物質を調査したところ、そのうち一三種類に、男性の精子細胞でのカルシウムシグナリング（カルシウムイオンによる情報伝達系）に影響を及ぼすことで精子細胞の正常な機能を阻害するという性質が見られた。この一三種類に含まれる紫外線吸収剤のホモサレートは、皮膚から血流中への除草剤の吸収を促進することもわかっている。また、メチルベンジリデンカンファにさらされた雌ラットは性行動が減少し、ゼブラフィッシュでは筋肉と脳の初期発達が害される。さらに、オクトクリレンにさらされたゼブラフィッシュは脳において発達と代謝に関係する遺伝子の発現に障害が見られたのだ。

オキシベンゾンやアボベンソンなどの代わりに、日焼け止めに金属酸化物を使用すれば安心なのではと考えたあなたには、これをお伝えすべきだろう。酸化亜鉛も二酸化チタンも、そのナノ粒子によって、ラットは空間認識がおぼつかなくなり、マウスは学習と記憶が損なわれ、さらに活性酸素種も増加し、魚のアセチルコリンエステラーゼ活性は低下し、ミツバチの脳は軽くなり、人間の脳細胞の細胞生存能力は弱まり、雄ラットの海馬の酸化的損傷は増加し、ゼブラフィッシュの孵化期間は短縮して奇形率が上昇するのだ。

やはり日焼け止め剤の成分として一般的に使用されているパラベン類も、（インターネット情報によると）内分泌系を混乱させることが示されている。これによって、人間の生殖機能に悪影響が及ぶ可能性がある。オキシベンゾン、ベンゾフェノン4、アボベンソン、オクチノキサート、オクチサレート、オクトクリレンは、すべて接触アレルギーと関連があり、メチルイソチアゾリノンなどは、アメリカ接触皮膚炎学会から二〇一三年の「アレルゲン大賞」に選ばれている。健康に関するブログを運営しているヒラリー・ピータースンの指摘によると、「fragrance（香料）とさえ記載すれば名称を表示しなくてすむ化学物質は五〇〇〇種類あり、ホルモンに類似する作用があって内分泌を攪乱するフタル酸エステル類および合成ムスクが含まれる」という。こういった化学物質が紫外線にさらされると、細胞の損傷や細胞死を引き起こすこともありえる。

次に、パルミチン酸レチノールとその化学的な親戚連中である酢酸レチノール、リノール酸レチノール、レチノールについて考えることとしよう。これらの名称はいずれも「retin-」で始まるのだが、これはビタミンAを表している。僕らが生き続けるためにある程度の量を摂取する必要がある化学物質だが、化粧品メーカーは長年にわたりこれを日焼け止め剤（およびアンチエイジングクリーム、化粧水、ファンデーション）に添加してきた。（理由は、ビタミンAにはかなりしっかりとした抗酸化作用があり、ビタミンAがしわ予防になることを示す研究がいくつもあるからだ。）残念ながら、ビタミンAを過剰に摂取すると、肝障害や爪の変形、脱毛を生じるおそれがあり、さらには高齢者の骨粗鬆症や、発育中の胎児における骨格の先天性欠損症の一因となる可能性がある。だが、ビタミンAの毒性（*17）の最たるものとは、マウスの皮膚の上に塗り広げられた状態で紫外光子があたると、皮膚の腫瘍や病斑の数が大幅に増大するという事実である。二〇一〇年に非営利団体の「環境ワーキンググループ」（EWG）が五〇〇〇種類の日焼け止め剤について調査したところ、その四〇％以上にビタミンAが含まれていた。二〇一九年には約一三％とその割合は減っているものの、それでもかなり多くの日焼け止め剤に添加されている。

二〇一九年初めに、ＦＤＡはこうした懸念のいくつかに対処している。現在市販されている日焼け止め剤の成分のうち一二種類（オキシベンゾンとアボベンゾンが含まれる）について「ＧＲＡＳＥ」ではない可能性があると示すよう、規定案の変更を発表したのだ。

この〈ＧＲＡＳＥではない可能性がある〉とはどういう意味なのか。

ＧＲＡＳＥとは、「generally recognized as safe and effective（一般に安全かつ有効と認められる）」という言葉の頭文字をつなげた、政府が使用する用語だが、前文でもっと重要なのは、実は「ではない可能性がある」という部分だ。つまり、ＦＤＡの認識によると、これらの一二の成分の安全性や効果を判断できるだけのデータが揃っていないということだ。あなたがこう考えるのも当然だ。「なんだって?! ＦＤＡなら、ずっと前に明確にしておくべき内容じゃないのか？　これらの成分が日焼け止め剤の成分として最初に使われた時点でね」

当然ながら、この展開ではＦＤＡに問題があるように見える。しかし、ＦＤＡのために弁解するならば、日焼け止め剤の使用方法は大きく変わったのだ。「昔」ならば、日焼け止め剤を使うのは、ビーチで一日中、日光浴をするとき――つまり一年のうちに二～三週間くらいのものだった。それがいまや、企業は日焼け止めを毎日つけるべきものとして常時販売している。さらに、皮膚科医のなかには日焼け止め剤をこれから永久につけるようにと指示する者もいる。つまり、日焼け止め剤に使用されている化学物質をかつてないほどの用量で皆が塗りたくっているわけだ。ＦＤＡからすると、「なんてことだ！これらの化学物質のほとんどは、長期間にわたる日常的使用によって何が起きるかなんてわかっていないのに」と言いたくなる状況なのだ。ただし、二つの化学物質に対しては、ＦＤＡは科学的なＧＲＡＳ

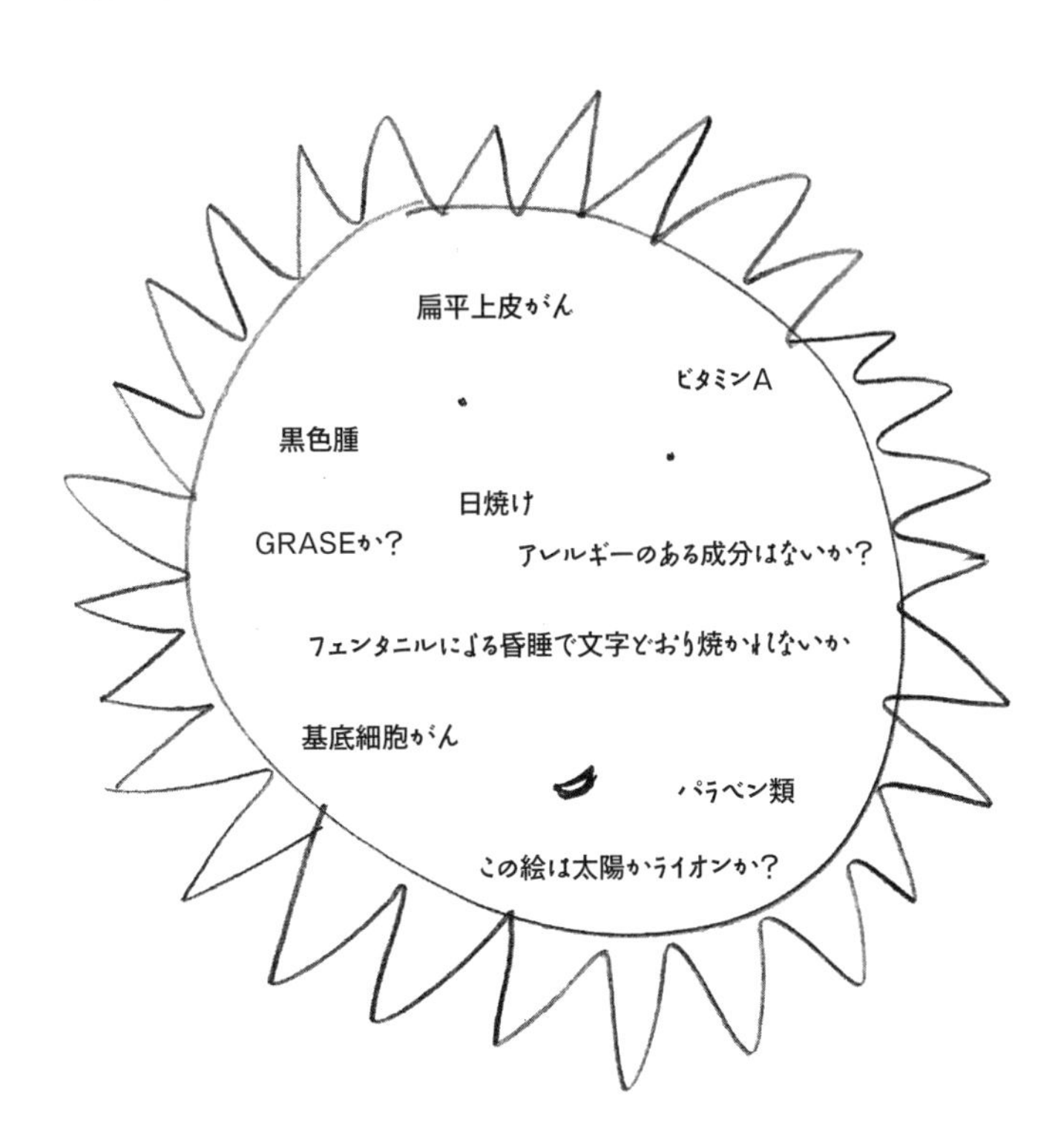

Eを宣言できるだけの情報があると判断している。この栄誉を受けたのが、酸化亜鉛と二酸化チタンなのだ。

ふう。棚のなかの、無害そうな容器のなかに、こんなにも憂慮すべきことが詰まっているなんて！　そこで、とても便利な「気に掛けるべきことダイアグラム」をつくったから、上のイラストを見てほしい。近所のドラッグストアでどの日焼け止め剤を買えばいいかを決める際にごちゃごちゃと考えなくてはならないことが全部、入っているよ。

これらすべてが、ある小さな製品についての懸念事項なのだ。

しかも、日焼け止め剤を使用するかどうかは、自分の口に何を入れるか、肺に何を吸い込むか、体に何を塗りつけるかという、一日に一五七二回ある選択のたった一つにすぎないのだ。
さて、ずいぶん長く食べものの話から離れてしまったね。そろそろ話題を食べものへと戻すとしようか。のんびりできる日曜の朝のように、熱い一杯のコーヒーを楽しみながら。

（＊1）物理学者ならば、光はエネルギーの個々の粒よりも「連続した波のように振る舞うことがある」と指摘するだろう。確かにそのとおりだが、物事を単純化するために、ここでは一貫して「光の粒」というたとえを用いる。

（＊2）ジュール（J）とは、栄養成分表示に記載されているキロカロリー（kcal）と同じく、エネルギーの単位だ。一キロカロリーは四二〇〇ジュールよりも少し小さい。

（＊3）光が皮膚を貫くなんてそんな馬鹿なと思ったあなたへ。暗がりのなかで強力な懐中電灯をつけてから、光っている面を手のひらで覆ってみよう。その状態でも光が見えるに違いない。これは、懐中電灯の電球から放たれる光子があなたの手を通り抜けて、あなたの目に届いているのだ。

（＊4）自宅では試さないように。というか、どこだろうと試さないほうがいい。

（＊5）ちなみに最近は、あらゆる食べものに（多くは牛乳に）ビタミンDが添加されている。くる病や骨軟化症といったビタミンD欠乏症を予防するためだ。

（＊6）三〇億とは、厳密には、DNAの一本の鎖にある塩基の数である。どの細胞のDNAも二本の鎖でできているので、僕たちのゲノムは実際には六〇億文字で構成されている。

（＊7）タンパク質は、まずDNAの二本の鎖をほどく。ダメージを受けた鎖の、結合したCの前と後ろで、糖とリン酸の骨格を切り取る。そして、対となる鎖の塩基の並びを解読して正しい塩基の並びを特定し、さっき切り取った鎖を再構築する。こうして、DNAの相補的な二本の鎖という構造が役に立つわけだ。片方の鎖が破損しても、情報は失われない。

（＊8）残念ながらこの医師は、発見した差異を日光とは結びつけなかった。鉱山労働者は紅茶をたくさん飲むのでリスクが低いと考えたのだ。

（＊9）もちろん、オーストラリア人はオーストラリアで、イギリス人はイギリスで暮らしているという条件での話だ。

（＊10）ちょっと待てよ。日焼け止め剤によって紫外光子の光エネルギーが熱エネルギーに変換されるのなら、日焼け止め剤を塗って日のあたる場所に出たら暑くなるということなのか？　おそらくそうだろう。だが、忘れてはならないのは、体には途方もない数の赤外光子がぶつかっており、それによって肌が直接熱せられていることだ。赤外光子から受ける直接の熱が大きすぎるものだから、紫外光子が日焼け止め剤を温めるほんのちょっぴりの余分な熱については感じ取ることはないだろう。

（＊11）どうやってそんなことがわかったのかと、疑問に感じたのではないだろうか。答えはポンプ・プローブ分光法だ。この手法を使えば、ピコ秒のタイムスケールで生じる物事を「見る」ことができる。（一ピコ秒とは、光子が一ミリメートルの三分の一の距離を移動するのにかかる時間だ。）

（＊12）この日焼け止め剤は架空のものであって、実際の製品にそっくりなものを見かけたとしても、それはまったくの偶然だからね。

（＊13）日焼け止め剤の被験者に対するＦＤＡの条件とは、冬のあいだ、まったく日光を浴びずに暮らした後で、初めて日の光を浴び始めてから三〇～四五分のあいだに、「必ず痛みや炎症を伴う日焼けになる」「かなり日焼けしている」「しっかりと色素沈着している」人、つまりは「常に肌が黄褐色である」「そこそこの痛みや炎症を伴う日焼けになる」人である。「常に肌が黄褐色である」人、つまりは肌が茶色や黒色の人は、日焼け止め剤の被験者としては不適格なのだ。ヨーロッパでも似たような規定がある。もちろん、肌の色が濃い人は日焼けをしないということでも、日焼け止め剤を塗る必要がないということでもない。肌の色調がよく似ている人でも、日焼けに対する感度は多種多様である。肌の色が薄いからといって必ず日焼けしてひどい目に遭うというわけではないし、肌の色が濃いからといって日差しから守られているわけでもない。

（＊14）そもそも、日差しの下で一日を過ごすなんてことはすべきじゃない。詳しい説明は本章の後半で。

（＊15）この場合の「もっと劇的な結果」とは、対照群の人びとがもっと多くががんになることだろう。そんな試験の設計には、多くの点で問題がある。まず、最もわかりやすいのは、がんのリスクを低減する可能性のあるものを人びとが使えなくすることとの倫理的問題だ。次に、研究としてはいい結果に見えるとしても、がんになる人の総数を、まったく試験をしなかった場合に比べて増やすことになりかねない。さらに、そのような試験をしても、日焼け止め剤の実際の性能改善にはつながらないだろう。使わないより使うほうがいいという結果が出るだけなのだから。

（＊16）むしろ、テストステロン値の高いマッチョ男は、「日焼け止めなんぞ使うのは軟弱者だ！」などとマッチョに考えがちだけれど、そんな連中にカツアゲされるテストステロン値の低いオタクたちは日焼け止めをたっぷり塗るというだけのことかもしれない。（オキシベンゾンが先かテストステロンが先か、わからないよねってこと。）

（＊17）ＭＩＴで過ごした四年間で得た知識のなかで最も印象深いのがこれだ。「ホッキョクグマを殺したとしても、その肝臓を食べてはならない」。なぜかというと、ホッキョクグマの肝臓にはとんでもなく高濃度のビタミンＡが含まれており、肝臓を一度に全部食べた人は死んでしまう。

第Ⅲ部

チートスを食べていいのか悪いのか

「食べていい」　　　――ある科学的研究
「食べてはいけない」――別の科学的研究

第6章

コーヒーは生命の妙薬か、それとも悪魔の血か

この章で登場するのは

コーヒー、レシピ集（科学の教科書）、タピオカプリン、フライドポテト

一九八〇年代の半ばのニュースをよく聞いていた世代の人ならば、こんな感じのニュースに触れて、コーヒーは体に悪いと思っているかもしれない。

「コーヒーを飲むことと女性の心臓病のリスクに関連性あり」
「肺がんのリスクは〈コーヒーに由来する可能性〉」
「コーヒー五杯で、リスクは三倍に」
「研究結果：コーヒー愛飲者はがんのリスクが増加か」

「コーヒーで心臓病のリスク倍増の可能性ありとの研究結果」

しかし、ＡＰ通信社は一九八七年の初期に次のような記事を発表している。

「コーヒーで心臓病のリスクは増加せずとの研究結果」

ふう、助かった。だが、ほんの二年後の一九八九年には、こうだ。

「デカフェのコーヒーがリスク要因となる可能性（＊1）」

そして、恐ろしい見出しは一九九〇年になっても続く。

「たった二杯のコーヒーで死亡リスク上昇」

「コーヒーによって心臓は危機にさらされる」

後者の記事が出たのは一九九〇年九月一四日のことだ。そのたった二八日後に出た記事がこれだ。

「コーヒーは心臓病のリスクにあらず」

「心臓病の危険性、コーヒーとの関連なし」
「コーヒーによる心臓へのリスクはないことが、研究により判明」

だが、その六カ月後にはこうだ。

「コーヒー、心臓病リスクの上昇に関与」

そして、一年後にようやく決着したかに思われた。

「コーヒーで心臓病のリスク高まらず」
「一日に三杯のコーヒーを飲んでも、胎児への悪影響はないとの研究結果」
「研究によると、コーヒーで膀胱がんのリスクは上昇せず」
「コーヒーには何のリスクもないとの研究発表」

そろそろこの小競り合いにもけりがついたと思ったかもしれないが、そんなことはなかった。最後の見出しの記事のたった二一日後に、コーヒーは再び人びとの生命を脅かす存在になる。

「研究結果：コーヒー愛飲者は心臓発作のリスクが大」

だが、二五年間にわたり「なんてこった、コーヒーなんぞ飲むべきじゃない」と「まあ、たぶん大丈夫なんじゃないか?」のあいだを揺れ動いた後に、コーヒー論争は劇的な転換点を迎えた。

「研究者によると、コーヒー愛飲者で心臓発作のリスクが軽減」

ちょっと待て、コーヒーは実際に体にいいのか? だが、その後数年間に及ぶ見出しによって、心は揺れ動くことになる。


くそっ!「股関節骨折のリスクを下げるには、コーヒーを飲む量を減らして、よく歩くこと」

やった!「コーヒーによってがんのリスク軽減との研究結果」

くそっ!「コーヒー飲用量が多い女性は、急性心筋梗塞のリスクが高まる」

やった!「コーヒーは、アメリカ人女性にとって、冠状動脈性心疾患の重要リスク因子ではない」

やった!「コーヒーの飲用は自殺リスクを軽減する可能性があると、研究者が示唆」

くそっ!「コーヒーの大量飲用は、高血圧発症の危険性あり」

くそっ!「コレステロール増加リスクはコーヒーカップのなかで醸成されているのかも?」

やった!「コーヒーによって結腸がんのリスクが下がる可能性あり」

やった!「コーヒーで胆石のリスクが軽減」

くそっ!「イギリスにおいてコーヒーと紅茶は心臓病のリスクと関連性あり」

やった！「コーヒーは冠状動脈性心疾患のリスク低下と関連性があるが、紅茶にはない」

これらの見出しはすべて二〇〇〇年よりも前に出たものだ。二〇〇〇年を過ぎると、こうした記事が出るペースが加速した。非常に非科学的な小実験ではあるが、レクシスネクシスというデータベースを検索して、二〇〇〇～二〇一九年の新聞および通信社の「健康」セクションの記事で、記事内に「コーヒー」と「リスク」と、「増加」または「減少」の三単語が含まれているものを調べた。「増加」を含む検索ではヒット数が二四七五件、「減少」を含む場合はヒット数が六一五件だった。たとえばこの件数の半分は無関係な内容で、残りの記事の半数が同じ情報を下敷きにしたものだったとしても、コーヒーによってなんらかのリスクが増加するという記事が六〇〇本以上、なんらかのリスクが減少するという記事が一五〇本以上、報じられたことになる。

僕の最初の感想はこんな感じだ。

冗談だろ？　こんなの国家レベルで恥をさらしてるようなもんじゃないか！

まったく、科学は何をしているんだ！　コーヒーが体にいいのか悪いのか、飲むべきかどうかっていう、単純な疑問なのに。研究が難しいものだということはわかっている。しかし、二〇年以上もかければ、それなりの答えは出そうなものじゃないか？

矛盾する見出しに彩られる食品は、コーヒーだけではない。二〇一六年、スタンフォード大学医学部の二人の研究者が『ボストン料理学校クックブック』（訳注 一〇〇年以上前に書かれたアメリカ家庭料理の古典的名著）を棚から引っ張り出して、そこから五〇種類の食材をランダムに選んで、それぞれの食材についてがんとの関連を調査研究した文献を広く探した。（古い本とはいえ、「満月の夜に搾乳された山羊の乳房から滲み出た汗」など、よくわからないものが書かれているわけではない。れっきとした食材、たとえば卵、パン、バター、レモン、人参、牛乳、ベーコン、ラム酒などだ。）研究の数が一〇に満たない食材を除外したところ、二〇種類が残った。その二〇種類のなかで、それぞれの結論が完全に合致したのは四種類だけだった。それ以外、つまり食材の八〇％は、矛盾する結果が少なくとも一つはあったわけだ。ワインやジャガイモ、牛乳、卵、トウモロコシ、チーズ、バター、そしてもちろんコーヒーでは、矛盾する結果がいくつもあった。つぎつぎと現れる、相反する内容を伝える記事の数々を、統計学者であり科学コミュニケーターのレジーナ・ヌッツォは「むち打ち症製造記事」と言っている。

意見をころりと変えるような政治家のことを僕らは信用しない。なのに、たった一つの食品について科学が何十回も意見を変えるとは、何事だろうか。

それでは紳士淑女の皆さん、あなたを正式に「栄養疫学」の世界へとお連れいたしましょう。栄養疫学とは、どの食品によって人が早死にするのかを研究する分野であり、食品と健康をテーマとする多くの記事の情報源でもある。

栄養疫学は、大部分が、長期の前向きコホート研究に基づいている。本書でも何度か取り上げたが、喫煙と肺がんの関係を明らかにするために一九五〇年代に行われたのがこのタイプの研究だ。たくさんの登録者を募って、彼らの生活について詳細な質問をし、長期にわたる追跡調査を行い、かかった病気などを記録する。こういった研究からなにがわかるかというと、「関連性〈association〉」である。（「相関〈correlation〉」ともいうが、この本では「関連性」という言葉で統一する。）喫煙に関する研究からわかったのは、多量の喫煙と、肺がんになるリスクが一〇〇〇％高いこととの関連性だ。典型的な栄養疫学の研究では、たとえば、一日にコーヒーを約二杯飲むことと、転んだときに股関節を骨折するリスクが三〇％高いこととのあいだに関連性が見つかったりする。そうすると、こんな見出しがおどるわけだ。

「股関節骨折のリスクを下げるには、コーヒーを飲む量を減らして、よく歩くこと」

年数を経て、栄養疫学の研究が増えるほど、発見される関連性も積み上がる。それらに矛盾がないこともあるが、コーヒーのように、矛盾がないどころではすまない場合もある。関連性というピンポンで、「体によい」と「体に悪い」を挟んでラリーが続き、健康に関する記事を扱うジャーナリストたちはボールの応酬を逐一追いかけて記事にする。そのため、コーヒーを巡る見出しで先ほど経験したように、皆がむち打ち症になってしまうのだ。

しかし、ずっとこうだったわけではない……

……時代を遡ってみよう……

……はるか昔の……

……二〇一一年へと。

二〇一一年、バージニア大学の四人の医師が診た患者は、右膝の痛みを訴えていた。右膝に少しでも体重をかけると、痛みはさらに強まった。患者は常に疲弊していて、胃痛、嘔吐、下痢、ときおりの発熱といった症状もあった。右の腿にはあざができていた。血液検査では尿酸値が高いことがわかり、また患者の下半身のＭＲＩ画像を見た医師たちは最悪のケースとして白血病を疑った。白血病の確定診断のためには、患者の骨（たいていは腰の骨）に針を刺して骨髄の一部を吸引しなくてはならない（医療処置としては例外的な、説明を受けたとおりの痛みを感じる検査である）。この患者の場合では、腰とすねの骨で骨髄生検が行われた。だが、そこで見つかったのは、がんではなくもっと奇妙な症状だった。患者の骨髄が、ゼリー状になりつつあったのだ。

ここで、重要な情報をお伝えしよう。この患者は、五歳の男の子だった。

若いことそれ自体は、医学的状態として問題ではない。しかし若者は往々にして、生きることの基本となる事柄について、年を重ねた者の知恵や知識を欠くことがある。医師たちがこの男の子に、いつも何を食べているのかなと尋ねたところ、以下のものだけを食べていることが判明した。

- パンケーキ
- チキンナゲット
- タピオカプリン

- フライドポテト
- 動物クラッカー
- バニラプリン
- 小麦のプレッツェル

なんと、三年ものあいだ、これ以外のものを食べていなかった。

これらの七種類の食品のみで、果物や野菜、葉もの野菜、豆類は一切ない。とにかく三年にわたって茶色っぽくない食べものをまったく口にしていなかったのだ。白血病どころではない。男の子がここまで生きられたのが不思議なくらいだ。

この五歳の患者にどんな診断が下りたか、想像がつくだろうか？

ヒントは、「病名を聞いたことがある人は少ないだろう」ということ。

その病名とは、壊血病だ。男の子は壊血病と診断されたのだ。こう思った人もいるだろう。「それって船乗りの病気じゃなかったっけ？」そのとおり。約三五〇年間、壊血病といえば船上の恐怖だった。症状は、倦怠感や関節痛、筋肉の痛みといったかたちで、少しずつ始まる。やがて、もっと恐ろしい症状が現れる。点状の皮下出血。歯肉からの頻繁な出血。とぐろを巻くように螺旋状に生える体毛。最終的にはこの病気で死に至る。ある歴史学者によると、一五〇〇～一八五〇年で二〇〇万人以上の船乗りが壊血病により亡くなったという。

船乗り（というかあらゆる人間）、オオコウモリ、モルモットは、ある化学的性質に関して非常に限定的かつ不幸なグループに所属している。これらの動物は、いずれも、体内でビタミンCをつくれないのだ。ビタミンCには、腸での鉄分の吸収を高めたり、DNAを保護したりといった役割がある。それだけではない。ビタミンCの最も重要な役割の一つに、コラーゲンを生成する一連の化学反応への関与がある。コラーゲンとは、しっかりとした三重らせん構造をとるタンパク質であり、体内の全タンパク質の四分の一から三分の一を占めている。ビタミンCがあれば、コラーゲンは熟していないバナナくらいの硬さをもつ。ところが、ビタミンCなしのコラーゲンはというと……熟したバナナ、それも冷凍と解凍を二六回くらい繰り返した（スムージーをつくろうとしたけれど面倒になってアイスクリームを食べたに違いない）バナナほどの硬さになる。壊血病の典型的な症状の多くは、このせいで生じるのだ。

人類史の大部分において、僕たちにはこういった知識はまったくなかった。ヨーロッパの医師たちは約三五〇年間、壊血病の原因解明に失敗し続けた（*2）。壊血病や医学史をテーマとする本を読んだ人や、医学について少しでも学んだことのある人ならば、これらの医師のうち一人の名前を聞いたことがあるだろう。スコットランド出身の軍医、ジェームズ・リンドだ。リンドが医学界に与えた影響は大きい。一七四七年にイギリス海軍艦船上でリンドが一二人の患者に対してほとんど「無料」で行ったことを、各国の大学、政府、世界最大の製薬会社などが、現在に至るまで何千億ドルもかけて取り組み続けているのだ。

ジェームズ・リンドが行ったのは比較試験である。

イギリス海軍艦船ソールズベリー号で、リンドは壊血病を発症した船員一二人を選び、二人ずつ六グループに分けて、グループごとに異なる治療法を講じた。それぞれが、「約一リットルのリンゴ酒」「硫酸七五滴」「酢二さじ」「約四分の一リットルの海水」「ナツメグほどの大きさの練り薬（*3）」「オレン

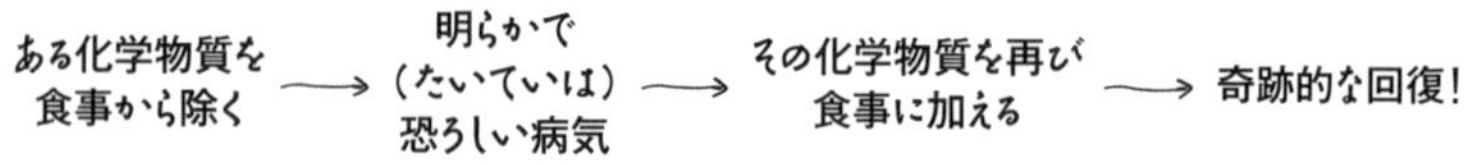

ある化学物質を食事から除く ——→ 明らかで（たいていは）恐ろしい病気 ——→ その化学物質を再び食事に加える ——→ 奇跡的な回復！

ジ二個とレモン一個」を毎日与えられた。リンドが（ある治療法に固執せずに）複数の治療法を比較したことだけでも素晴らしいが、さらに彼は、効果的な比較のためには等しい条件でそれぞれの治療を開始する必要があることも理解していた。リンドはまず、できるだけ症状が似ている病人一二名を選んだ。次に、全員を船内の同じ場所で生活させた。そして、まったく同じ食事を与えるようにした。どういう結果が出たか、もうわかっただろう。オレンジとレモンを与えられた患者たちは六日のうちにほとんど完治した。リンゴ酒を与えられた者たちも少しよくなった。ほかの患者の状態は変わらなかった。一七四七年六月一七日に船はイギリスのプリマスに到着して、この実験も終了した。

かなり長いあいだ、この種の病気は、栄養学によって上の流れで研究されてきた。

壊血病はこの典型例だ。ビタミンCはわずか二〇個の原子でできていて、一日に一〇ミリグラムを摂取すれば、痛みを伴うゆるやかな死を避けることができる（米国科学アカデミーの医学研究所は念のために一日に成人で七五〜九〇ミリグラムの摂取を推奨している）。ビタミンD_3は七二個の原子でできており、その摂取量が大幅に足りていない子どもは、くる病を発症したり、骨が軟化してがに股になったり、成長が止まったりする。ビタミンB_1は三五個の原子でできていて、この摂取量が少ないと脚気（かっけ）になる。脚気は心臓と脳にありとあらゆる問題を引き起こし、患者は死に至ることもある。たった一つの化学物質の摂取不足によって発症する病気は、ほかにも、ペラグラ、貧血、甲状腺腫、悪性貧血、眼球乾燥症など多数ある。（ここで病名をあげたものは、順に、ビタミンB_3、鉄、ヨウ素、ビタミンB_{12}、ビいずれの場合も、病気を予防するための驚くほどに簡単な（後から思えばということだが）方法がある。食事でいくつかの化学物質を十分に摂取すればいいのだ。

ペラグラを予防したい？　レバーを食べなさい（ビタミンB_3、別名ナイアシンの摂取）。

甲状腺腫を予防したい？　タラを食べるのがいいね（ヨウ素の摂取）。

壊血病を予防したい？　オレンジをどんどん食べなさい（ビタミンCの摂取）（＊4）。

つまり、特定の食べものは――とくにそれらの食べものに含まれるビタミンやミネラルは――文字どおりの奇跡的予防法であって、病気によっては治療法にもなる。（製造業者が牛乳にカルシウムやビタミンDを入れたり、パンにビタミンB_3を入れたりするのは、死につながりかねない恐ろしい病気を簡単に予防できるからだ。）こうした奇跡的な治療法かつ予防法は、医学界で最も効果的な、いうなればスーパースター的な処置である、糖尿病に対するインスリン注射や外科手術前の麻酔などと肩を並べるほどのものだ。現在、僕らはその恩恵を当然のように享受しているが、栄養学の影響の大きさを認識したほうがいい。栄養学によって、これまでに戦争で亡くなったアメリカ人の総数よりも多くの人を殺してきた病気が、実質的に終わったのだ。しかもこれは、排便後に手を洗うべき理由を医者が解明するよりも五〇年も前のことである。先進国では、栄養欠乏症は、何百万もの人びとを殺すような病気から、医学的には「おまけ」のような問題へと変わったのだ。

僕はこれを第一級の科学カタルシスと呼んでいる。

この栄養学のカタルシスから、次のような単純な関係があることがわかる。

昔ながらの栄養欠乏症	栄養欠乏症ではない「新しい」病気
壊血病、ペラグラ、脚気	心臓病、がん
すぐに発症（数カ月から数年）	徐々に進行する（数十年）
ビタミンやミネラルが不足した人すべてが発症	発症する人は限られる
年代を問わず発症	人生の後半で発症
恐ろしい、誰が見てもわかる症状	初期症状はわかりづらい
治療は即効性があり劇的に回復	対処可能だが、最終的にはその病気が原因で死ぬ

ビタミンやミネラルの摂取不足＝進行が速く、恐ろしい、死に至りうる病気

この関係は確かに成り立っているし、それはこれからも変わらない。しかし栄養欠乏症は、アメリカやヨーロッパなどの先進国ではめったに見られなくなっている。現在、人びとの健康上の懸念は、壊血病やペラグラとは関係がない。心臓病やがん、糖尿病、アルツハイマー病などの慢性疾患なのだ。こういった「新しい」病気は、壊血病などの「古い」病気とは大きく異なる。違いをまとめると上の表のようになる。

僕のお気に入りの仮説を紹介しよう。正しいという裏づけはとくにないのだが。それは、人間は栄養欠乏症の仕組みを発見したというカタルシスの余韻に浸りながら生きているのではないかという仮説だ。人間のものの見方は簡単には変わらず、現代的な疾患に追いつけていない。そして、次のような、栄養欠乏症の心理的枠組みにとらわれているのだ。

ビタミンやミネラルの摂取不足　＝　進行が速く恐ろしい、死に至りうることの多い病気

そのため、人びとは、この関係式のなかのいくつかのキーワードを書き換えて、こんな式をつくってしまう。

タマネギの摂取不足　＝　がん

あるいは、こんな式。

過剰なコーヒーの摂取　＝　心臓病

あるいはこんな式さえつくるかもしれない。

ヘンププロテインの摂取不足　＝　倦怠感

たった一つの食品によって、恐ろしい栄養欠乏症が奇跡のように治ったがために、僕らは、たった一つの食品で心臓病やがんまでもが奇跡的に回復するといった話を簡単に信じるようになってしまった。残念ながら、「新しい」病気については二つの大きな難問がある。第一に、ほとんどの病気について、

ジェームズ・リンドのような実験はできない。ある食品が、がんを予防するかどうかを確認するために十分に長い比較実験をしようと思えば、途方もない費用がかかるし、被験者にとって拷問にも等しい期間となる（これから死ぬまでバター断ちをするとかね）。どんなに手を尽くしたところで患者がいずれは死ぬような進行の遅い病気よりも、変化が早くて劇的に治癒する病気のほうが、原因や治療法を突き止めるのがずっと簡単だ。日焼け止め剤でも同じことがいえる。皮膚がんを予防するよりも、進行が早くて明らかに病的な状態となる日焼けを防ぐほうが、ずっと簡単なのだ。

二つ目の難問も、これと関係している。要約すると、こうだ。最近になって僕たちが気にするようになったほとんどの健康問題は、決定論的ではなく確率論的である。

どういう意味なのかって？

じっくり見てみよう。

あなたが初めて見た化学反応とは、両親か小学校の先生がやってくれた火山の実験ではないだろうか。細い筒の周りを土で固めて山をつくり、筒を取り出して、そこにできた穴に白い粉を注ぎ入れ、さらにそこへ透明な液体を流し込む。するとすぐに、穴から白い泡が湧き出して、山の斜面へと流れ出す。あなたは化学の喜びに打たれて甲高い叫び声をあげたに違いない。この白い泡は、次のような反応から生じたものだ。

重曹＋酢→泡

地球上の暇な一〇歳児の数を考えれば、この化学反応を使った実験は、何百万回も行われたのではないだろうか。

ここで質問だ。この化学反応がうまくいかなかった例を見たことがあるだろうか？　つまり、この二つの物質を混ぜ合わせて何も起こらなかったのを見たことがあるかということだ。答えは「ノー」のはずだ（＊5）。〈重曹＋酢〉のような化学反応は、朝が来れば太陽が東の空から昇るのと同じくらい、単純で確実だ。これら二つの化学物質を混ぜれば、泡が出る。これが、偉そうな物理学者が言うところの「決定論的」ということだ。つまり、僕があなたに、今何が起きているか（重曹と酢が混ぜられている）を話せば、あなたは僕にこれから何が起きるか（泡が生じる）を言うことができる。

さっきの話に似ていると思っただろうか？　「ビタミンCを十分にとらなければ、この先、壊血病になる」。昔ながらの栄養欠乏症は、摂取した食料に関して、ほとんど決定論的と言えるのだ。

だが、この反応についてはどうだろう。

人間＋チートス→？

チートスなどの超加工食品を食べるとどうなるのか？　この先、体重が増えるのか。がんや心臓病になるのか。チートス依存症になるのか。

反応は単純そうに見えるが、それは僕らが複雑なものに対して単純なラベルを貼り付けているだけのことだ。あなたの体は、わかっているだけでも何千種類という化学反応でできており、その化学反応で何千億という分子が使われ、生成されている。食べものは、超加工食品も含めて、科学的に非常に複雑であり、必ずしも予想できない形で、あなたの体と相互作用する。そしてもちろん、あなたが病気になるかどうかに影響を及ぼす要因は、遺伝子など、食べもの以外にもたくさんあるのだ。

これが、偉そうな物理学者が言うところの「確率論的」だ。僕があなたに、今何が起きているか（ある人がチートスを食べている）を話したとしても、あなたは僕にこの先何が起きるかを言うことはできない。できるのは、せいぜいで、起きるかもしれないことを言うことと、それに対して確率を割り当てることだ（たとえば、「その人の人生のある時点においてがんになる確率が三八％ある」といった具合に）。

道を歩いている人をランダムにつかまえて、「空は青いですか？」といった簡単な質問をするとしよう。「ええ」「日によっては」「うるさい」「青いよ」「紫だ」「キャッッ！」など、答えはあらゆることによって変わる。たとえば、その瞬間の実際の空の色、回答者の気分、質問についてよく考えようとするかどうか、回答者が正気なのかそうでないのか。その他にも、質問をする前にはとうてい想像も予想もできないほど多くの事柄が影響する。「新しい」慢性疾患はこれと似ている。多くの要因に依存しており、その要因は見えるものもあれば見えないものもある。確率論的な疾患は、リスクがすべてだ。タバコを喫うと、肺がんのリスクが劇的に高まるけれど、必ず肺がんになるわけではない。

おそらくいつの日か、人間は、あらゆる個人の体とあらゆる食べものの関係がわかる詳細な化学マップを手に入れることができるかもしれない。そのマップを使えば、重曹と酢を混ぜたら何が起きるのかを予測できるのと同レベルの確からしさで、任意の人に何が起きるのかを予測できるようになるかもしれない。しかし、そんなことができるようになるのは、今この地球上にいる全員が死んでから、ずっと後のことだろう。現時点で何が可能であるかを語るとすれば、残念ながら真実はこうだ。化学物質と人体に関わるほぼすべての大局的な問い、たとえば「超加工食品で、がんになるのか?」「コーヒーを飲めば長生きするのか?」「日焼け止め剤をつければ皮膚がんを防げるのか?」といった問いに対する答えは、「そうかもしれない」と「そうではないかもしれない」のあいだのどこかに存在する。ごくまれに、喫煙に関する研究のように、はっきりした結果に驚かされることがあるかもしれない。しかし、たいていの場合は、日焼け止め剤の場合のように、研究結果は控えめで曖昧なものとなる。

それにより疑問が生じる。「科学者はこの控えめで曖昧な結果をどのように評価するのか?」これと同程度に重要な疑問がこれだ。「そういった結果に基づいて、自分の体内に入れたり体表面につけたりするものを変えるべきなのか?」

第1章では、新聞記事の見出しになりそうないくつかの超加工食品と病気の関連性を取り上げた。超加工食品は、過敏性腸症候群、肥満、がん、そして死亡リスクの高さと関連していた。喫煙と肺がんの関連性に比べれば、超加工食品とそれらの疾患の関連性はそれほど顕著ではない。しかしだからといって、一九六〇年代にタバコに対して行ったのと同じくらい丁寧で精密な調査を、超加工食品に対して行わなくてもいいということにはならない。

よって、当時の科学者たちと同様の問いかけをする必要があるが、ここではそれらの問いをその本質にまで煮詰めることとしよう。二つの事柄の関連性を取り上げた記事を読む際には、常に二つの疑問が頭に浮かぶはずだ。一つ目はこれだ。**この関連性は正当なものなのか？**

二つの事柄のあいだに正当な関連性があるのならば、次に浮かぶ論理的な疑問はこうだ。「一方の事柄が原因で、もう一方の事柄が起きているのか？」つまり、**この関連性とは因果関係なのか？**

たとえば、「超加工食品とがんには正当な関連性があるのか？」

もしあるのならば、「たくさんの超加工食品を食べるのが原因で、がんになるのか？」

これらの疑問に答えるには、多くのことを詳細まで徹底的に調べなくてはならない。そのためには、栄養学の歴史で生じた科学カタルシスの心地よい余韻から抜け出して、現実の世界に戻る必要がある。

僕もそうだったけれど、あなたが科学を学んだとき、科学による成功例ばかりを学んできたと思う。さて、ここで現実的になろう。この数百年で人間が物質的に成しえたことは、そのほとんどが科学によるものだった。そして、今後、この地球を僕たち人間から守る方法を見いだすとすれば、それもほとんどは科学によるものとなるだろう。そして、「何を食べるべきか」「健康に関するどの情報を信じるべきか」といった疑問に答えるには、科学を理解する必要がある。にもかかわらず、皮肉なことに、僕らの多くが科学について学ぶ方法というのは、とにかく非科学的なのだ。高校の化学の授業を覚えているだろうか。たぶん、周期表をぼんやりと暗記したり、運が良ければ、リストにあげられている化学物質を混ぜたり燃やしたりといったありがちな「化学実験」が数回あったくらいだろう。そのような形で化学を学ぶのは、レシピに従って何も考えずに料理するようなものだ。悪いことではない。大切な技術が身につくし、最後には料理にもありつける。しかし、それだけでは料理人にはなれない。そんな授業よりもはるかに面白いのは、そのレシピがどうやってつくられたかを知ることだ。何が試されたのか、何が役立ったのか、どんな失敗をしたのか、なぜそれは失敗したのか。人間は失敗から学んできたのか?

残念ながら、僕らのほとんどは、この時代の重要な科学の多くを――ノーベル賞受賞者の成果や、有名な実験や、世界を変えるような理論を――「ひたすらレシピに従う」方式で学んだ。つまり、僕らは大して考える必要がなかったのだ。そのこと自体は、これもまた悪いことではない。では、悪いのは何かというと、そこで止まってしまうことだ。栄養疫学でもほかの科学分野でも、問題を真に理解するためには、その美しさだけでなく、欠点を理解する方法も学ばねばならない。誤りを見つけ、論理的に分解する方法を学ばねばならない。ほかの説明ができないかを考え、議論の最も弱い部分を見つける嗅覚も必要となる。つまり、他者の素晴らしい点を認めると同時に、相手のあらを探す嫌なやつにならなくてはいけないのだ。

心配ご無用。とても楽しいことだからね。

(＊1)「ブルータス……じゃなかった、デカフェよ、おまえもか」

(＊2) 僕が気に入っている昔の仮説にこんなのがある。「人間の体は食べものを完全に消化してから食べものの粒子を汗として排出しているのだが、壊血病は、これができなくなるために発症する。海の空気はとても湿っぽいので、毛穴が塞がってしまう。そして、汗として排出できない食べものの粒子が不自然にも体内に蓄積された結果、体が内側から腐ってしまうのだ」。なんと中世的な説明だろう! とは言っても、中世的な発想に基づく治療法で、現代に復活したものもある。たとえば、ヒルを使う治療法とかね。

(＊3) この練り薬の材料も中世っぽい。ニンニク、からしの種、大根、ペルーバルサム(香油)、没薬である。

（＊4）　当然ながら、自己判断やウェブの情報に基づいて自己流の治療を行ってはならない。自分になんらかの栄養素が不足していそうだと思ったら、医師の診察を受けることだ。近年では多くの欠乏症が同時に起きていることもあれば、原因が深刻な基礎疾患の場合もある。そんなわけで、自己診断は禁物だ。

（＊5）　重曹と酢を混ぜたけど何も起こらなかったと言う人は、アメリカが五〇州になるよりも前の時代の重曹を使ったとか、いたずらっ子が酢の代わりに水を入れたとか、そんな理由があるはずだ。

第7章

関連性、あるいは数学の逆襲について

エント（指輪物語に登場する木の巨人）、プライベートジジェット、穴ぼこ、オリーブオイル、さそり座の人、サンタクロース、粉々のクッキー

では、特製の「嫌なやつになる帽子」をかぶって、科学あら探しツアーに出かけよう。手始めとして、一つ目の疑問の「二つの事柄の関連性は正当なものなのか？」について掘り下げることにしよう。正直なところ、僕は最近までこの問題を気にしたことなんてなかった。名門大学の立派な肩書がついた科学者による研究ならば、そこで主張される関連性には正当性があるのだろうと、単純に考えていたのだ。

しかし、それは甘かった。どんなに名門校のお墨付きがあっても、その関連性をよくよく調べてみると、正当性がないものだってある。だが、この「正当性がない」とは、厳密にはどういう意味なのだろうか？　残念ながら、単純な定義はない。そこで代わりに、要らないかもしれないけど、たとえで説明してみたい。「正当な関連性を生み出す」とは、そこらじゅうに大きな穴ぼこが空いている道路を（しかもときどき地震が起きるような場所で）、車を壊さないように注意しながら運転するようなものなのだ。それがどれほど大変なことなのかを理解するには、実は道路よりも穴ぼこをじっくり見る方がいい。では拡大鏡を手に取って、これらの穴ぼこをよく観察してみよう。

最初の穴ぼこは、「虚偽」だ。拡大鏡はいらないね。実際に、科学者たちが嘘をでっちあげて発表することがあるんだ。ありがたいことに、めったに起こることじゃないけど。

二つ目の穴ぼこは、「基本的な数学のミス」だ。

信じられないかもしれないが、査読を受けて発表された科学論文に、単純な計算間違いが含まれている。たとえば、"The acute and long-term effects of intracoronary Stem cell Transplantation in 191 patients with chronic heARt failure: the STAR-heart study"（冠動脈内幹細胞移植を実施した慢性的心不全の患者一九一人における急性および長期的影響：ＳＴＡＲ心臓研究）という論文の表2を見ると、次の計算が行われているのがわかるだろう。

1539 － 1546 ＝ －29.3

中学生の頃を思い出そう。整数から整数を引いた場合、この宇宙では、答えに小数点以下の数字が表れることはない。一八頭の馬から八頭を引いた場合、答えに「馬の半分」なんて出てこない。それと同じで、一五三九から一五四六を引いて、答えに〇・三が含まれることはない。単純に、ありえないのだ。

もっと重要なのは、実際にこの引き算を計算すると、答えは「－7」であって、「－29.3」にはならない。

この論文に含まれるほかの間違いは、もっと微妙ではあるけれど、間違っていることに変わりない。次のケースを考えてみよう。患者二〇〇人のうち、ある条件を満たす患者が何％いるかを計算した場合に一八・一％という数字になることは、数学的にありえない。だが、論文の表1に、この数が書かれているのだ。なぜ数学的にありえないのか？　二〇〇人の一八・一％は、三六・二人……つまり、三六と五分の一人なのだ。実際には、このような単純な数の誤りは見つけやすいので、最も質がよい誤りだといえる。ところが複雑な数学になると、誤りの発見が困難になる。

二〇一四年、三人の科学者による信じられないほど素晴らしい研究成果が『世界鍼灸雑誌』で発表された。この研究者たちはランダム化比較試験によって、体重を減らそうとする過体重または肥満の患者を二グループに分けて比較した。片方のグループは経絡マッサージを受けて、もう片方は受けなかった(＊1)。するとどうだろう、マッサージを受けないグループは二カ月で体重が三・四キログラム減り、マッサージを受けたグループは同じ期間でその倍以上の七・一キログラムも減ったのだ（基準となる体重の九％以上の減量である）。二カ月で自分の体重の一〇％近くを減らせるなんて、信じられないほどすごい結果ではないだろうか。肥満を研究する数学者のダイアナ・トーマスからすると、この結果は文字どおり信じられないものだった。ダイアナと共同研究者は『世界鍼灸雑誌』の「エディターへの手紙」にこう記した。「私たちはいくつかの奇妙な点に気づいた」。これは、「著者たちはこの論文を書いているときにハイだったに違いない」と言いたいときの、科学者らしい表現だ。

研究を行ったチームは生データを発表しなかったものの、ダイアナ・トーマスが数学的なファクトチエックを行える程度のデータは、論文のなかにあった。彼女は二つのグループの治療前後の平均身長を推定した。（体重とＢＭＩがわかれば身長は計算できる。）研究の参加者はすべて成人なので、二カ月程度では身長の変化はほとんどないものと予想される。だが、トーマスたちは、両方のグループが試験の終了時に身長が伸びていたことを突き止めた。マッサージを受けないグループは二・九一センチメートル、受けたグループは六・五四センチメートル、背が伸びていたのだ。つまり、マッサージを受けた参加者は体重が一〇％近く減って、身長が六・五四センチメートル伸びたことになる。この結果をどう説明できるだろうか？

1　研究者たちがでっちあげた。
2　参加者数名がこっそり指輪物語の世界に行き、エント（木の姿をした巨人）と友達になって、背が伸びるというエント水をたっぷり飲んで、この世界へと戻ってきた。
3　背の低い人たちが途中で研究から脱落したのだが、科学者たちはその修正を入れなかった。
4　さまざまな数学の間違いが入り込んだ。

これらのうち、どれが実際に起きたかはわからないが、生データを見るまでもなく間違いがあったことはわかる。ニューヨークをぶらついているときに、一頭のダチョウがデパートからクリスマスのエルフを盗もうとしているのを見かけたようなものだ。何が起こっているのかはわからないが、何かが確実におかしいと感じるだろう。本書の執筆時点で、研究論文の著者たちはトーマスらの指摘に回答しておらず、雑誌も問題の論文を取り下げていない。（ちなみに、僕が賭けるとしたら、三つ目の説明かな。）

さて、三番目の穴ぼこだが、これは「手続きにおける間違い」だ。間違った料理レシピを使ったり、砂糖と間違って塩を加えたりすれば、完成したケーキはまずくなる。研究も同じことで、計画や実行のレベルが低ければ研究全体がぶち壊しになる。たとえば、性格特性と政治的姿勢の関連を調べた最近の研究では、研究者が「保守」と「リベラル」の変数を取り違えたために、彼らが発表した関連性は、実際の関連性と完全に正反対のものとなっていた。たとえば、アイゼンクのP因子（意志の強さや権威主義的傾向と関連）が高得点の人は軍事に関して保守的な考え方をするというのが典型的な研究結果なのだが、これを追認するのではなく、「私たちの予想に反して、Pスコアが高いほどリベラルな軍事的姿勢との相関が強かった（後略）」と報告しているのだ。なんというか……やらかしちゃったよね(*2)。

手続きにおける間違いも、ずっと複雑なものになることがある。ＰＲＥＤＩＭＥＤ試験を取り上げよう。これは「PREvención con DIeta MEDiterránea（地中海式食事療法による疾患予防）」の略で、地中海式の食事によって心臓病のリスクが軽減されるのかという問いに明確な答えを出すための取り組みだった。（記憶力がいまひとつなあなたのために。地中海式食事療法とは、ケトジェニック・ダイエットの前に流行した食事法だ。オリーブオイルをたっぷりかけた野菜がメインで、それに魚や赤ワインが加わることもある。）大規模な長期間のランダム化比較試験であり、参加者は約八〇〇〇人で、五年間の追跡調査が行われた。費用はおそらく、プライベートジェット機のガルフストリームＧ６５０（通称「Ｇ６」）よりも高額だろう。だが、それだけの価値があったように思われた。二〇一三年の記事によると、オリーブオイルまたはナッツ類を加えた地中海式の食事によって、おもな心血管系疾患の発症リスクが約三〇%軽減されたというのだ。

ところが、残念なことに、研究センターの一つでかなり大きな間違いが起きていた。参加者をランダム化するかわりに、診療所をランダム化していたのだ。つまり、村の人びとを通常の食事グループと地中海式の食事グループに分けるのではなく、同じ診療所にかかっている人たちをただ同じグループに入れていたのだ。これがなぜ大問題なのかを考えるために、診療所は一つの村にしかサービスを提供しないと仮定して、そんな村の一つに焦点をあてよう。問題の村の真下に、たまたまエイリアンが宇宙船を隠していて、それが原子力で駆動されており、その炉心から放射性廃棄物が漏れていて、村の住人が心臓発作を起こすリスクが異常に高まっていたとする。哀れな村民たちは、次から次へと心臓発作で倒れていく。

さて、ここに善意の研究者グループがやってきて、この心臓発作まみれの村全体を地中海式の食事グループに放り込んだとしよう。すると、どうなるか。このグループの心臓発作を起こすリスクは急上昇し、宇宙船のことに気づかなければ、地中海式の食事が原因で皆に心臓発作が起きているように見えてしまう。あるいは、研究者たちがこの村全体を対照群（通常の食事グループ）に放り込んだとしよう。当然、地中海式の食事グループと比べて心臓発作のリスクが急上昇する。その結果、地中海式の食事がまるで奇跡の食事療法であるかのように見えるだろう。

もちろん、スペインの村の地中に宇宙人が宇宙船を隠しているはずもない（僕にだってそれくらいはわかる）。ポイントは、ご近所同士だと、健康によいものや悪いものの影響を同時に受けている可能性があるということだ。こういった人びとをランダム化しなければ、薬物でも食事でもいいが、試験対象の効果を意図的に大きく見せたり小さく見せたりできてしまう（＊3）。

ＰＲＥＤＩＭＥＤ試験での誤りが発見されたのは、研究結果が最初に発表されてから五年後のことだった。『ニューイングランド・ジャーナル・オブ・メディシン』誌は論文を取り下げたが、論文著者たちが再分析（ランダム化されなかった村を除外）して、研究を再度発表することを許可した。おそらく驚くべきことではないのだが、著者たちはそれまでと実質的に同じ結論に達した。しかしデータは公表されなかったので、僕が話を聞いた疫学者のなかには、この結論に懐疑的な人たちもいる。最終的な結論を信じるかどうかはともかくとして、ある村で人びとを適切にランダム化しなかったのは誤りだったという点については、論文著者を含めてすべての人が同意している。

「科学論文に、簡単な計算の間違いや研究手続きの誤りなどあるはずがない」と考えた僕が、理想主義的で甘かっただけなのかもしれない。科学者も人間なので、驚くほどのことでもないのだろう。いずれにせよ、重要な問題は、文献に誤りがあるかどうかではない。問題は、誤りがどのくらいたくさんあるのか、そしてどのくらい大きな誤りなのか、ということだ。

残念なことに、これを知るのは本当に難しい。基本的に、論文に誤りがあることを僕らが知る唯一の方法は、ほかの科学者がその誤りを公の場で指摘することだ。だがそれは、関係する誰にとっても気分のよいことではない。科学論文誌の誤りを声高に指摘するのは、ミシュランガイドで二つ星を獲得したレストランの厨房に押し入って、ロブスターのブランデー風味クリーム煮にグルテンが入っていないことを確かめるために、自分の（さらにはレストランにいるすべての人の）目の前で料理をつくりなおすようシェフに言うようなものなのだ。言う側にとっても気まずいし、シェフを辱めることだし、片方か両者にとって悲惨な結末を迎えることにしかならない。

しかし、一部の科学者はとくに気にせずそういった指摘をしているようだ。僕が調査する過程で、ほかの論文の間違いを声高に指摘する論文にも出くわしたのだが、その著者陣に、長年肥満を研究しているデイヴィッド・アリソンの名前が入っていることが結構あった。僕は彼に電話して、科学文献にどのくらい誤りが含まれているか、だいたいの数字を教えてくれないかと頼んだ。比喩を交えた彼の回答はこうだった。

あなたが私に「ほとんどの都市の歩道には、ひび割れがたくさんあるのでしょうか？」と尋ねたとしたら、こう答えるでしょうね。「そうですね、正式な調査をしたことはありませんが、これだけは言えます。私はよく散歩するのですが、一〇分も歩けば、歩道に少なくとも一つ、ひび割れが見つかります。ですから、あちこちの歩道には、それはもうたくさんのひび割れがあるのではないでしょうか」。文献についても同じような感じですね。文献のなかを散策するたびに、明らかに、疑問の余地なく、間違っている論文がいくつか見つかります。

ということだそうだ。

さて、三つの穴ぼこは片づいたから、四つ目にいこうか。

正当な関連性への道にある四番目の穴ぼことは、「偶然」である。これを説明するために、何人かのカナダ人のあら探しをしようじゃないか。まず、やや意外な事実から。カナダのオンタリオ州のほぼすべての居住者は、登録者データベース（RPDB）というそっけない名称の巨大データベースに登録されている。このデータベースには、一千万人を超えるオンタリオ州民の基本情報（名前や誕生日など）が登録されているが、このデータベースの真の威力とは、全員に、ほかの人とは重複しないID番号が振られていることだ。オンタリオ州民が病院で受診すると、その人物が受けた治療が一つ残らず、その人物のID番号を使って別のデータベースに記録されるのだ。

これらのデータは公開されていないが、研究者は、元の人物が特定できないように匿名化されたデータへのアクセスを申請できる。これを用いれば、「人びとは年をとるにつれてより多くの公的医療サービスを受けるのか」といった重要な疑問への答えを得られる。それだけではない。「ふたご座の人はアルコール依存症になりやすいか」や「おとめ座の人は妊娠中により激しいつわりを経験するのか」といった、それほど重要ではない疑問への答えも得られる。これらの疑問を注意深く眺めると、お馴染みの「関連性」が形を変えて潜んでいることがわかるだろう。たとえば、「ふたご座の人はアルコール依存症になりやすいか」と尋ねるのは、「ふたご座であることはアルコール依存症のリスクが高いことと関連性があるか」と尋ねるのと同じなのだから。こういった疑問を答えがないまま放置するのは科学への罪にあたるからして、二〇〇〇年代の初めにある研究者グループがこれらの疑問に答えるべく行動を開始した。ピーター・オースティン率いるこの研究チームは、データベースにアクセスして、次ページのような感じの比較をつくり出した。

	ふたご座	ほかのすべての星座
2000年の誕生日から1年のあいだに、アルコール依存症のために入院した人の割合	0.61%	0.47%

その意味するところとは、あなたがふたご座で二〇〇〇年にオンタリオに住んでいたとすると、アルコール依存症で入院するリスクは〇・六一%あったということだ。ふたご座以外であれば〇・四七%である。つまり、ほかのすべての星座の平均と比べて、ふたご座はアルコール依存症で入院するリスクが三〇%高かったことになる（0.61/0.47 = 130%）（＊4）。「関連性」の観点からすると、ふたご座であることとアルコール依存症で入院するリスクが三〇%高いことのあいだの関連性を、オースティンは発見したのだ。だが、この関連性には正当性があるのだろうか？

確認のため、僕らが見てきた穴ぼこに、この研究がはまっていないかを見てみよう。

まず、オースティンの研究グループが虚偽をなさず、基本的な数学のミスもなかったとしよう。

☑ 穴ぼこ、その1とその2は回避された。

次に、研究の手続きもしっかりしていたとしよう。たとえば、ふたご座がおとめ座と間違われることも、ふたご座だけ医師の誤診が多くもなければ少なくもなかったとする。

☑ 穴ぼこ、その3は回避された。

つまり、入院者の数が、虚偽や、数学の間違い、手続き上の間違いによって事実と違うものになっていないわけだ。ならば、ふたご座とアルコール依存症の関連性は正当だということになる。そうだろう?

そうかもしれない。

だが、ふたご座であることとアルコール依存症との関連性の原因となりそうなものは、ほかにもある。「偶然」だ。この表現ではどうも腑に落ちないという読者もいるだろう。偶然というのは、原因として、明瞭に定義されてはいないからだ。ここでいう偶然とは、なんというか……そうだな、たとえばチョコチップクッキーを一枚手に取って、それを握りつぶして、一メートル下の床に落とすことを想像してみよう。少し移動して、もう一枚を手に取って、同じことをやる。それを何度も繰り返すとしよう。一〇〇万回繰り返したとしても、クッキーの欠片が床の上にまったく同じパターンを描くことはないはずだ。あなたの手やクッキーは物理法則に則っているのだが、クッキーがまったく同じ砕け方をすることはない。「偶然」とはつまり、クッキーの砕け方なのだ。

そして、心理学者のブライアン・ノセックが指摘するように、「偶然によって、本物らしきものが生み出されることがある」。つまり、クッキーの欠片がイエス・キリストのように見える場合もある。今回の場合で言えば、偶然によって、星座とアルコール依存症に関連性があるように見えたのかもしれない。

ここで現れる疑問はこうだ。「ある関連性が偶然によって生じたかどうか、どうすればわかるのか」。そもそも、知ることは可能なのか?

ここから話は本当に難しくなる。数学（ルシファーが堕天したときに生み出された学問にちがいない）の一分野に「推計統計学」がある。この分野にはさまざまなツールがあるが、これまでで最も人気が高いのが「p値」と呼ばれる値の計算だ。このp値はゼロから一のあいだの数字である。では、お馴染みのふたご座を例にとって、この値の意味を説明しよう。オースティンたちがこの「ふたご座VSふたご座以外の星座」の差についてp値を計算したところ、それは〇・〇一五だった。

これは何を意味するのだろうか。正確な定義は次のとおりだ。

ここでのp値とは、ランダムに選んだふたご座のグループと、ランダムに選んだふたご座以外の星座グループを比較する場合、二つのグループ間のアルコール依存症のパーセンテージの差が、下の三つの条件を満たしたうえで、オースティンが発見した数字（〇・一四％ポイント）以上となる確率のことだ。三つの条件は以下のとおり。（1）全宇宙で見れば、ふたご座とふたご座以外でアルコール依存症の差がまったくないこと。（2）オースティンの統計的・数学的モデルの構築で使用されたすべての仮定が適正であること。（3）オースティンの研究には、そのすべてのステップにおいて、虚偽、数学の間違い、手続き上の間違い、僕らがまだ議論していないその他の穴ぼこ、あるいは虚言やごまかし、ナンセンスや戯言などの問題が含まれていないこと。

この定義はかなりごちゃごちゃしている。そのため、ほとんどの科学者やジャーナリスト、政策立案者、その他、専門の統計学者を除くほとんどすべての人がこれを無視して、代わりにp値の定義であるかのようなふりをして用いることにしたのが次だ。

p値とは、ふたご座とアルコール依存症のあいだに見られた関連性が、偶然によって生じる確率のこと。

二番目の（多くがそのふりをしている）定義に従って、p値が〇・〇一五と聞いたあなたは次のように結論づけるかもしれない。

1　ふたご座とアルコール依存症のあいだに見られた関連性が偶然によって生じる確率はわずか一・五％である。
2　ゆえに、偶然によってこの関連性が生じない確率は、一〇〇から一・五を引いて、九八・五％である。
3　ゆえに、この関連性が正当である確率は九八・五％もある。

長きにわたり、多くの科学者がこの心理的枠組みを用いていた。そして、次のことに同意した。「p値が〇・〇五（五％）より小さければ、関連性は〈統計的に有意〉だという裏付けを得て、正当性があるとみなされる。しかしp値が〇・〇五を超えれば、〈統計的に有意ではない〉とされて、正当性はないとみなされる」。そして、統計的に有意かどうかの違いは、単なる学問上の差ではなかった。プロの科学者の仕事とは、「統計的に有意な論文」を発表することだったのだから。それができれば学術機関で定職についたが、できなければもう一つの夢だったパン屋を始めた。p値によって、彼らの運命が決まったのだ。

だが、残念ながら、何かに正当性があるかどうかを判断するためにp値を使うのは、ボルシチにブリーチーズをのせるよりも間違っている。

p値の正確な定義を見直せば、ほぼあらゆる理由によって（2）と（3）の条件が崩されうるということに気づくだろう。オースティンのp値が〇・〇一五になったのは、反カナダのハッカーがデータベースの数字を悪意から変更したからかもしれないし、オースティンが掛け算と間違って割り算したためかもしれない。医師たちがふたご座をアルコール依存症だと多めに診断したのかもしれないし、ほかにも理由はいくらでもありえる。

おそらく、p値をどうとらえるかを示す最もシンプルな方法とは、レジーナ・ヌッツォが言うように「驚きの尺度」として見ることだろう。こう考えてみよう。クリスマスの日の午前二時のこと、あなたは階下の居間から聞こえてくるガサゴソという音で目が覚めた。「なんてこった！」とあなたは思う。「サンタクロースだ！」

確かに、サンタクロースの存在を否定するような物理法則はないのだ。だが、階下の物音は、サンタクロースの可能性はある。サンタを一目見ようとあなたの子どもがうろついているのかもしれないし、あなたの三六歳になる弟が、サンタのために用意したクッキーを盗み食いしているのかもしれない。あるいは忍び込んだ泥棒かもしれない。小さなp値というのは、夜中の物音のようなものだ。想像していなかった何かが起きていることはわかっても、物音からその何かの正体はわからないのだ。その物音の大きさから、階下で何かが起きていることを九九％確信したからといって、煙突から入ってきたサンタクロースが暖炉の火かき棒に刺さっていることを九九％確信できるわけではない。

それでは振り返ろう。偶然という、正当な関連性への道にある四番目の穴ぼこは、これまでで最も複雑なものだ。先の三つの穴ぼことは違って、人為的な誤りとは無縁だ。偶然はまさに宇宙の仕組みである。実際にはクッキーの欠片がランダムなものであっても、ときには関連性があるように見えることがある。ほかの穴ぼことは違って、偶然は修正しようがない。僕らが努力して理解しなくてはならないものなのだ。ところが、残念なことに、僕らは何十年にもわたってp値を完全に誤解してきた。p値自体は穴ぼこではないが、それがきっかけで、これまでで最大の穴ぼこができてしまった。このことを、アルコール依存症のふたご座に戻って確認しよう。

さて、ここまで、僕には隠してきたことがある。ピーター・オースティンの研究チームが発見したのは、ふたご座の人がアルコール依存症で入院する確率が高いことだけではなかった。彼らは星座と病気の関連性をほかにもたくさん見つけている。その結果、次ページのような、いわば科学的占星術ができあがった。

著者たちは、次表で示したように、「特定の星座であること」と「ある疾患で入院する可能性がほかのすべての星座よりも統計的に有意に高いこと」との関連性を、全部で七二個発見したのだ。これらの関連性のp値はすべて〇・〇五未満であって、言い換えれば「統計的に有意」だと言える。つまり、オースティンたちは、これら七二個の関連性には、すべて正当性があると結論づけた。僕のお仲間である

科学的占星術★あなたは何座？

おひつじ座  ほかの生物による腸の感染症で入院する確率が41%高い

おうし座  腸にできた憩室が原因で入院する確率が27%高い

ふたご座  アルコール依存症で入院する確率が30%高い

かに座  腸閉塞で入院する確率が12%高い

しし座  不特定の処置により入院する確率が17%高い

おとめ座  妊娠中の激しいつわりで入院する確率が40%高い

てんびん座  骨盤を骨折して入院する確率が37%高い

さそり座  痔および直腸領域の膿瘍(のうよう)で入院する確率が57%高い

いて座  上腕の骨折で入院する確率が28%高い

やぎ座  そのほかの原因不明の症状で入院する確率が29%高い

みずがめ座  胸の痛みで入院する確率が23%高い

うお座  心不全で入院する確率が13%高い

さそり座の諸君、この占星術は本物だってさ。痔になるのをお楽しみに！

というのは。

冗談だけど。

ここまで、この結果を本物の科学であるかのように説明してきた。そして、表面的には、本物の科学なのだ。オースティンたちは、自分たちがやったと言ったとおりのことをすべて実行している。この大規模データベースを調べ、計算を正しく行い、先ほど一覧にしたような（そしてさらに多くの）関連性を発見した。この意味において、これは本物の科学なのだ。しかし、ピーター・オースティンは占星術師でも、シャーマンでも、医師でもない。彼は統計学者である。ここで彼が行った実験とは「誤った心理的枠組みに盲目的に従うことで、何が生じるかを示す」ことにあった。生じたのはたくさんのサンタクロースだ。要するに、この実験は、いわば統計における衝突試験用のダミー人形であって、その目的は、五番目の穴ぼこである「p値ハッキング」の危険性を示すことにあった。p値ハッキングとは、自分が求める結果を「発見する」まで、データをいじくりまわすことだ。

ではこの衝突試験をスローモーションで確認しよう。ここには重大な誤りが二つある。

まず、オースティンはp値が〇・〇五未満であれば関連性は正当であるという慣例を採用している。しかし、これは完全な誤りなのだ。p値がどんな数値でも、関連性が正当だという保証にはならない。p値はヒントにはなるが、最も重要なヒントになることはまれであり、「根源的真実の偉大なる啓示」などでは決してない。p値は真夜中の物音にすぎず、サンタクロースが存在することの決定的証拠などではないのだ。

おとめ座 ♍ は結核で入院する可能性が非常に高いか？
梅毒はどうか？
痛風はどうか？
虫垂炎はどうか？
〇〇〇はどうか？（延々と続く）

てんびん座 ♎ は結核で入院する可能性が非常に高いか？
梅毒はどうか？
痛風はどうか？
虫垂炎はどうか？
〇〇〇はどうか？（延々と続く）

二つ目の重大な誤りとは、オースティンたちの実験では、情報を得るための網を驚くほど広範囲に仕掛けていたということだ。彼らは、一つの星座や疾病について一つの仮説を立てたわけではない。彼らが構築して試験した仮説の数は、なんと一万四七一八件にのぼるのだ！　検証に必要なのは、大規模データベースと、ちょっとしたプログラムのみ。このプログラムを使って、非常に似た質問を何度も何度も繰り返しながら、一万回以上の比較を行った（上の質問の羅列を見てほしい）。**この質問の一つひとつが、独自の実験である。**つまり、オースティンは、実験を一件だけではなく、約一万四〇〇〇件も行っていたのだ（＊5）。

この方法の何がそんなに悪いのだろうか？　オースティンの研究チームは、情報を得るための罠を驚くほど広範囲に仕掛けて、たまたま出た大きな結果だけを選んだわけだが、いったいどういうことなのか。これは、たとえば五人の子どもをつくって、三〇年間待って、子どもたちのなかで最も成功したのは誰かを確認してから（$p < 0.05$ の結果を選ぶ）、それ以外の四人を捨てて（$p > 0.05$ の結果を捨てる）、自分は史上最高の親だと宣言する（$p < 0.05$ の実験だけを発表する）ようなものだ。オースティンには、この大規模データベースを使って、一万四〇〇〇以上の検証を行い、ふたご座の人がほかの星座の人よりもアルコール依存症で入院する割合が三〇％高いことを「発見」して、その結果だけを発表することが可能だったのだ。

子どもの数が多いほど、そのうち少なくとも一人は成功する可能性が高くなる。そのことに、あなたがよい親かどうかは関係ない。同様に、検証する仮説の数が多いほど、そのうちの少なくとも一つが単なる偶然によって「統計的に有意」だと示される可能性が高くなる。

いま説明したのは、何千何万という仮説を検証して、p値が〇・〇五未満の仮説のみを発表するという、最も単刀直入なかたちのp値ハッキングだ。だが、p値ハッキングにはもっと巧妙な方法がある。プロの科学者でもハッキングとは見破れないような方法だ。簡単な思考実験をしてみよう。オースティンは、一万四〇〇〇件の実験をする代わりに、たった一つの実験をする。彼は、さそり座がアルコール依存症である可能性が高いという理論を構築していたので、データベースを使ってそこだけを調べることにした。すると、さそり座がアルコール依存症になる割合が三七％大きいことがわかったのだ！　だが悲しいかな、このときのp値は〇・七六だった。〇・〇五よりもずっと大きいので、論文発表はできない。では、彼はそこで諦めて、ほかの研究に移るだろうか？

そんなわけがない。

彼は科学者だ。「役に立たないもの」から「役に立つもの」をつくることに生涯を捧げ、それなりに成功し、失敗に屈することはない。このまま何もせず諦めるなどありえない。もってのほかだ。そこで彼はこう考えるかもしれない。「このデータは二〇〇〇年のものしかない。ならば、一九九九年のデータも合わせてもう一度試せば、別の結果が出るかもしれないぞ」。

それを実行すると、p値が〇・四三となった。

よし、よくなってきたようだ。今度は一九九九年のデータのみを使って計算しよう。

$p = 0.12$

おお、かなりいい感じになった！

そして、彼はあることに気づく。子供がアルコール依存症になるわけがない（そう思いたい）。そこで、今度は一八歳以上のデータのみを使って計算してみる。

$p = 0.071$

もう少しだ！

よくよく考えれば、一八歳で切ったのが間違っていたのかもしれない。水星の影響が最も強い年齢は三〇歳代らしいから、今度は三〇〜四〇歳のデータのみ使うことにしよう。

$p = 0.98$

増えちゃったよ！

そうするうちに、別の考えが浮かんでくる。「大学生でアルコール依存症になる事もあまりなさそうだな」。そこで、今度は二二歳以上のデータのみを使って計算する。

$p = 0.043$

大当たりだ！　論文が書けるぞ！

ここでオースティンが行ったのは（僕らの思考実験においてだけど）、より巧妙な手口のp値ハッキングだ。実験を何万と行うのではなく、一つだけ実験してから、自分の期待する結果が得られるまで、条件を微調整し続けるのだ。この例では、彼が操作した変数は二つで、人びとの年齢と、入院した時の西暦だけだ。だが、ほかにも、たとえばさまざまな都市の人びとのデータを追加したり、性別によってデータを分けたり、関連性を計算するために使用しているアルゴリズムをいじったり、何百ものデータそのものを直接操作することだって考えられる。

p値ハッキングは無意識のうちに行われることがある。なぜかというと、研究者がなかなか思うようにならないデータ相手に粘り強く取り組み続け、ついに「真実」を見いだすという感じになるので、すごく……気分がいいからだ。最近のレビュー論文で、三人の心理学者がこのように書いている。p値ハッキングは「悪意ある研究者が狂気じみた笑みを浮かべながら行うことではない。善意の研究者たちが欠点のある結果をなんとか理解しようと努めるうちに行うことなのだ」

だが、結果を理解しようと努める姿勢のみが理由なのではないという人もいる。僕が話を聞いた研究者の多くは、「統計的に有意な」結果を発表しなければならないという強力なプレッシャーにその責任があると考えていた。レジーナ・ヌッツォはこの構造をうまく表現している。

「私たちは、統計的有意性を達成すべしという報酬系を、構築してしまったわけ。達成すればオーガズムだか何だかを得られるから、って感じで。そんな風にしか見えないよね。『クライマックスに達するまでやり続けるんだ！』、みたいな」

超加工食品を４倍食べる	過体重または肥満になるリスクが26%高い
超加工食品を2.5倍食べる	高血圧を発症するリスクが21%高い
超加工食品を４倍食べる	がんの発症リスクが23%高い
超加工食品を２倍食べる	過敏性腸症候群の発症リスクが25%高い
超加工食品を10%多く食べる	死亡リスクが14%高い

彼女は続けてこう言った。「こんなの、あるべき姿じゃないのに。セックスでも、科学でもね。大切なのはプロセスだから」

さて、正当な関連性への道にある穴ぼこを簡単にまとめよう。

穴ぼこ1…虚偽
穴ぼこ2…基本的な数学の間違い
穴ぼこ3…手続きにおける問題
穴ぼこ4…偶然
穴ぼこ5…p値ハッキングなどの統計的不正

ここで、第1章の恐るべき数字をいくつか見直そう。上の関連性は、いずれも二つの大規模なコホート研究から得られた結果だ。一つはスペインで実施されたSUN（Seguimiento University de Navarra）コホート研究で、もう一つはフランスで行われたニュートリネット・サンテ（NutriNet-Santé）研究である。

では、これらの研究の穴ぼこについて議論しよう。

穴ぼこ1…虚偽

ないと仮定しよう。

穴ぼこ2…基本的な数学の間違い

単純な計算ミスもまた、これらの研究には存在しないと仮定しよう。甘すぎる仮定だとは思うのだが、生データを入手できないので仕方ない。論文に「リスクが二一％増加する」と書かれていれば、私たちはその数字を額面どおりに受け取ることにして、論文の著者が「リスクが一二％増加する」と書くつもりが数字をミスタイプしたなどという可能性は考えないことにする。

穴ぼこ3…手続きにおける問題

次に、このデータが厳密にどのようなものであるかを確認しよう。これらの大規模コホート研究は、いずれも、基本的に現在進行形の壮大な調査である。データ収集のおもな方法とは、印刷した調査用紙を参加者に送付するか、インターネット上で調査項目に回答してもらうかだ。つまり、自分が何を食べたか、妊娠しているかどうか、体重、身長、コレステロール値、ほかにも何百という項目について、人びとがありとあらゆることを正確に記憶している（そして正直に話す）ことに、これらの研究は頼っている。SUNコホート研究では、参加者は研究に加わった時点で五五四の質問に、それ以降は二年ごとに約二〇〇の質問に回答している。僕にわかる限りでは、これらの研究におけるほぼすべての測定値が自己申告のようだ。つまり、大半の参加者に関しては、看護師や医師、科学者などが実際に会って、採血したり、身長や体重を測ったり、つっついたり突き刺したりといったことをしていないのだ。自己申告した数値と比較するために実際の計測が行われたのは、ごく限られた参加者だけであり、ほとんどの参加者は自分で調査票を埋めただけだった。

誰も嘘をついていなくて、一〇〇％正確な記憶力をもっていたとしても、これらの研究で行われた食品調査からは、ほんのわずかな期間のことしかわからない。超加工食品の消費と死亡リスクの関連性が導き出されたのは、フランスの研究データからだ。このデータは、二年間にわたり、平均で六回の食品アンケート調査（それぞれが二四時間以内のことについて尋ねたもの）に回答した参加者から得られた。ある参加者が、たまたま一歳児のお誕生会に行った直後にアンケートに答えたとしたら、その人が普段食べている超加工食品の量をかなり多く見積もることになるだろう。また別の参加者が、たまたま野菜と果物を絞ってつくったジュースのみを一定期間摂取するというダイエットの最中だったとしたら、その人が普段食べている超加工食品の量を大幅に少なく見積もることになるだろう。この種の誤差によって、過大評価あるいは過小評価の危険性に落ち込むことになる。つまり、間違ったタイミングで鳴り出す警報、あるいは鳴り止むべきタイミングで鳴り止まない警報になりかねない。

また、こういったタイプの食品調査が原因で、科学界でも最も激しい議論が巻き起こっているのだが、これについては後の章で取り上げることとしよう。

穴ぼこ4…偶然

偶然は、結果をもたらす要因となりうる。しかし、これまで見てきたように、p値を見るだけでは偶然によって生じた結果なのかどうかがわからない。しかし、ほかにもできることはある。たとえば、くつろいで、リラックスして、のんびり過ごすこと。そう、「待つ」ことだ。なぜって？ ほかの科学者たちがその結果を追試したり、あるいは異議を唱えたりするかどうかを確認できるからだ。本書を書いているあいだにも、超加工食品と健康状態悪化の関連を取り上げた研究が発表されている（片方は死との関連性を扱うものだ）。しかし、研究はまだ初期段階だ。

穴ぼこ5…p値ハッキングなどの統計的不正

栄養に関する大規模な前向きコホート研究では、一般的に、何百という変数を測定する（身長、体重、血液型、教育レベル、一日に魚をどのくらい食べるか、一日にチートスを何袋食べるか、などなど、際限なく続く）。そして、そのデータを分析するまでに、研究者は何百という選択を行う（誰を含めて誰を除外するか、追跡調査の期間、使用する数学モデルなど）。つまり、研究の構築方法について、科学者にはとても多くの選択肢がある。それが意味するのは、p値ハッキングが（意識的に行うかどうかにかかわらず）非常に容易であることだ。残念ながら、p値ハッキングが行われたかどうかを、論文を読んだだけで判断できるかというと、ほぼ不可能だ。たとえば、研究の責任者である教授が長いブログを書いて、大学院生にp値ハッキングさせたことを知らず知らずのうちに認めるなんてことが起きないかぎり。（ご明察のとおり、実際に起きたことだ。ブライアン・ワンシンクという名前をググってみよう。）

とはいうものの、何かヒントになるものはないだろうか。

これらの大規模な前向きコホート研究から得られた結果を見るときには、次のような状況を思い浮かべよう。あなたは七月四日の独立記念日に、ご近所さんが開いたバーベキューパーティーに招かれた。ハンバーガーやホットドッグが用意され、近所の家族が一〇代の子どもたちを連れてきている。パーティーを開いた家族から娘を紹介された。成績はオールAで、今は夏のインターンシップに参加して法律事務所で働いていると聞かされて、あなたはこう思う。「すごいな、このご両親は素晴らしい人たちに違いない！」だが、重要なことがある。彼らの子どもたち全員が姿を現しているという保証はない。実はほかに息子がおり、毎年催される七月四日のパーティーにうんざりして、自室に潜んでペンキのにおいを嗅いでは教師たちに地獄のような絵を送りつけているかもしれない。つまり、「成功した」関連性が導かれるような、変数と分析結果をセットにしたものだけを見せられているのかもしれないのだ。

この「ペンキのにおいを嗅ぐ子ども」というたとえをブライアン・ノセックに言ってみたら、彼は本当にうろたえていた。彼の名誉のために言っておくと、だからといって電話を急に切ったりはせず、同じくらい有効であるけれど、そんなに異様ではない、次のような基準を提案してくれた。「物事が起きる前に、『こう予想している』とか『次にこれが起きると思う』と聞いていてそれが本当に起きたのなら、感心するよね。だけど、物事が起きた後でそんな言葉を聞いても、大して感心しないよね」。これが何を意味するか、具体例を見てみよう。

ニュートリネット・サンテ研究によって確認されたのは、超加工食品とがんに関する六種類の発症リスク（前立腺がん、大腸がん、乳がん、閉経前乳がん、閉経後乳がん、ほかすべてのがん）との関連性である。

だが……調べたのは本当に六種類だけだったのか？

がんは一〇〇種類以上ある。

超加工食品と胃がんには関連性はあるのか？　著者たちがこの仮説を検証した結果、p値が〇・三五だとわかったとしよう。

食道がんは？

p ＝ 0.78

脳腫瘍は？

p ＝ 0.09

閉経後乳がんは？

p ＝ 0.02

見つけたぞ！

ここで何を伝えたいか、見えてきたことと思う。しかも、「がんの種類」は、変数の一個にすぎないのだ。研究者がいじくりまわすことができる変数はほかにも何百とある（明らかに変数とわかるものもあれば、一見そうはみえないものもある）。一〇〇種類のがんを六種類にまで減らしたり、ほかの変数を選んだりするのは、本質的に間違ったことではない。科学者としては、試験対象を選ぶ**必要がある**。しかし僕が思うに、研究をした者は、研究内容を理解しようとする者に対して、「データの分析を始め**る前**にこれらの変数が選ばれていたこと」を保証するか、そうでなければ、少なくともその保証はないという断りを明示すべきではないだろうか。

科学者が、この種の保証をする仕組みがある。それは、「事前登録」だ。

事前登録とは、調査への参加者登録すら行わないうちから、今後どの変数を検証するつもりなのか、そしてそのデータをどのように分析するのかを、正確に公表することである。アメリカ国立衛生研究所の事前登録データベース（ClinicalTrials.gov）でSUN研究とニュートリネット・サンテ研究を検索すると、両方ともデータベースに入っていることがわかるはずだ。

ということは……統計的不正は行われていないということなのか？

そうとは言い切れない。

いずれの研究も、「事前登録」されたのは、開始してから何年も経った後のことだった。これでは、事前登録の目的に適っていない。公平を期して言えば、これらの研究の開始当時には事前登録の重要性はまだ認知されていなかった。だが、超加工食品に焦点をあてた論文が発表され始める頃には、認知されてから十分時間が経っていた。つまり、理想をいえば、著者たちはデータの分析計画を事前登録して、こう宣言すべきだったのだ。「自分たちのデータセットを分析して、超加工食品が過体重や肥満と関連しているかどうか（SUN研究）、あるいは六種類のがんと関連しているかどうか（ニュートリネット・サンテ研究）を確認します。そのために、厳密にこれこれこういった計算を行う予定です」と。しかし、僕の知るかぎりでは、誰もそういったことはしていない。実はいずれの研究でも、事前登録の資料には、超加工食品に関する言及がまったくないのだ。

さて……僕らはどんな状況にあるのだろうか？

ここまで見てきた、正当な関連性への道にある穴ぼこのなかでは、基本的な数学の間違いや手続きミスが一番楽しかった。なぜなら、これらは疑うまでもなく、完全に、間違っているとわかるから。だからこそ、PREDIMED（地中海式食事療法による疾患予防）試験で見つかった問題が、新聞の大見出しとなって世界中で話題になったのだ。だけど、僕の頭を最もイライラさせるのは、第1章で提示した恐ろしい数字の数々の信憑性を疑わせる、p値ハッキングである。論文を読んだだけでは、その結果が正当な関連性を示しているのか、創造的なp値ハッキングが行われたのかの判断がつかないのだから。しかし、ここが踏ん張りどころだ。結論を下すのはまだ早い。まだ取り上げていない穴ぼこはほかにもある。

（＊1）経絡マッサージとは、「人体の経絡を手で刺激する伝統的な方法であり、経絡とは鍼治療で使われる生体エネルギーの流れ（ネットワーク）のこと」だ。

（＊2）ただし、元の研究は、保守とリベラルの性格特性の違いを羅列するようなものではなかったことを指摘したい。実際には、性格特性によって政治的姿勢が決まるのか（あるいはその逆で政治的姿勢によって性格特性が決まるのか）を解明しようとした研究だ。

（＊3）困ったことに、すべての村の人びとを完全にランダム化することで生じる問題もある。たとえば、その食事療法を受けている人が、ご近所さんで食事療法を受けないことになっている人と食卓をともにしたり、お裾分けしたりするかもしれない。そうなると、食事療法の効果が過小評価されることになる。

（＊4）残念ながら、原論文にはすべての星座から得た実際のパーセンテージは記載されていなかったので、アメリカでのアルコール依存症の統計情報から得られた、少なくともまあまあ妥当な数字を使っている。二つの数の比である一三〇％という数字は正確で、原論文にも記載されている。

（＊5）賢明な読者諸君は、統計的に有意な関連性が、なぜ七二個しかないのだろうと疑問に思ったかもしれないね。実際にオースティンが行った実験は約一万四〇〇〇件であり、関連性が有意であるかどうかを決めるp値の閾値は〇・〇五なので、一万四〇〇〇かける〇・〇五、すなわち七〇〇件が統計的に有意な関連性として得られそうなのにと。理由はわからないが、オースティンが論文に書いたのは七二個の関連性だけだった。確実に、ほかの関連性もあったはずだけど、残念ながら、彼は完全なリストは提供しなかった。とはいえ、星座と医療「診断」の関連性なんて、七二個もあればもう十分だろう。

第8章

公共プールのにおいは何でできているのか？

コーヒー（再び）、塩素、公共プール、赤い下着、ケサディーヤ

これまで確認してきたのは、正当な関連性への道に潜む穴ぼこだった。だが、少しのあいだ、ある関連性があって、それが一〇〇％確実で、疑いようがなく、正当のうえにも正当だと仮定してみよう。なぜそんなに確信がもてるのか？　それは神様からこんなお告げが下されたからだ。「ショットガンを所有することは、性的パートナーとなる女性の数が多いことと、非常に強い関連性がある」。議論をわかりやすくするために、神様はp値ハッキングも基本的な数学の間違いも犯していないと仮定しよう。こうして、この関連性は正当だとわかった。第6章から、ここで発するべき質問とは、「この関連性とは・・・・・・因果関係なのか？」である。

つまり、女性はショットガンゆえに、ショットガンの所有者と寝ることを好むのか？

ここでの要点とは、明らかにそこから続く次の問いに答えることだ。

もし僕がショットガンを買えば、女性たちが突然、僕とともにベッドに飛び込み始めるのか？

そんなことはないよね。

実は、ここにはまだ書いてないんだけど、「ショットガンを所有すること」と「性的パートナーとなる女性の数が多いこと」の両方を引き起こす要因が、他にあるんだ。

それが何かを考えてから、読みすすめてほしい。

・・・

答えは、「調査票の性別の欄で、『男性』に丸印をつけること」。当たったかな？

時間をかけてよく考えれば、驚くことでもないだろう。あなたが自分を男性として自認していれば、あなたがショットガンを購入する可能性は統計的に高く、女性とセックスする可能性も統計的に高い。関連性という用語を使うならば、ショットガンを所有することと、性的パートナーとなる女性の数が多いことのあいだには、確かに関連性がある。そしてその関連性に、正当性はあるのだが、因果関係はない。なので、いまよりもっと多くの女性と寝たいという明確な目的をもってショットガンを購入しようと考えたのなら……申し訳ないが、おそらく効果はない。あなたの性自認がどうであれ。

何かしらの見えない要因によって生じる、正当性はあるが因果関係のない関連性のことを、「交絡関係」という。残念ながら、交絡関係を見つけることは、先ほど示したかなり不自然な（しかし事実に即した）例と比べると、通常ははるかに困難だ。

自然界で見られる交絡関係を見ることにしよう。

長年にわたる複数の研究の結果、コーヒーと高い肺がんリスクとの関連性が発見されている。ある研究によると、コーヒー愛飲者はコーヒーを飲まない人と比べて二八％多く肺がんになりやすいことがわかった。これは肺がんの症例一一〇〇〇件以上を報告している八つの研究に基づくものであり、全体のp値は〇・〇〇四である。

これは少々奇妙なことでもある。肺に直接触れることのない飲料が、肺がんの原因になるというのだから。だが、NNKを覚えているだろうか？　タバコに含まれる、発がん性がありそうな化学物質であり、どのような形でラットに与えようとも、ラットは肺がんになっていた。もしかすると、このNNKが、コーヒーにも含まれているのではないか……？

明らかになったのは、コーヒーにNNKは含まれていなかったものの、アクリルアミドという化学物質が含まれていることだった。この物質はタバコにも含まれているし、ほかにも、ポテトチップスのような、でんぷん質を多く含む食材を揚げたものなどにも含まれる。国際がん研究機関やアメリカ合衆国国家毒性プログラム、アメリカ合衆国環境保護庁はいずれも、アクリルアミドには、ラットやマウスで甲状腺がんを引き起こす作用があることから、人間に対しても発がん性があるだろうと指摘している。

ということは、コーヒーに含まれるアクリルアミドが肺がんの原因ってことで、一件落着かな？

そうはいかない。

一つには、実験動物ががんを発症したアクリルアミドの投与量は、人間がコーヒーから摂取する量の一〇〇〇倍から一〇〇〇〇倍だった。また、コーヒーには発がん性があると疑われる化学物質が少なくとも一種類含まれているけれど、がん予防に効果があると期待される化学物質も何種類か含まれているのだ。そして、これらの二つの理由よりも、もっと重要な要因が潜んでいる。それは、喫煙だ。

第4章でわかったように、喫煙によって肺がんリスクは大幅に増加する。そして、喫煙はコーヒーを飲むことと強い関連性がある。

僕らの当初のイメージは右上の図のような感じだった。

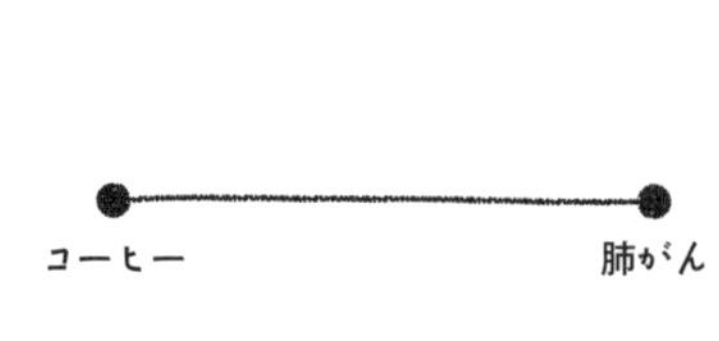

それが、いまはもう少し複雑なイメージに変わって左下の図のようになっている。

では、コーヒーと喫煙のどちらが、肺がんの促進因子なのか？　この疑問に答えるのには、簡単な方法と、難しい方法と、難易度が中くらいの方法の三つがある。簡単な方法とは、コーヒー（あるいはほかの何か）と肺がんに関連性がある理由として最も可能性が高いのは、「喫煙と肺がんのあいだにはとてつもなく強力な因果関係があるから」だと単純に決めつけてしまうことだ。常軌を逸した考えではないにしろ、それだけだと説得力はない。そして、難しい方法とは、おそらくはご想像のとおり、ランダム化比較試験だ。数万人をかき集

喫煙
コーヒー
肺がん

めて、その人たちをランダムに二つのグループに分けて、片方のグループにはコーヒーを飲んでもらい、もう片方にはコーヒー断ちをしてもらう。そして、最終的に誰が肺がんになるかを確認するのだ。だが、この方法は手間がかかるうえに、倫理的に怪しいところがあり、費用がかさみ、答えが出るまでに少なくとも一〇年は必要だろう。

最後の、難易度が中くらいの方法だが、実は最も巧妙だ。どんな方法か、想像がつくだろうか？　しばらく考えてから、この先を読み進めてほしい。第4章で触れたように、地球上のほとんどの人は喫煙しない。そこで、これまでまったく喫煙したことがない人のみを対象として、コーヒーと肺がんの関連性を調べる調査をやり直せないだろうか。

できそうだ。

実際に、科学者たちはその調査を行った。

喫煙をしたことのない人を調べたところ、実際に「コーヒーを飲むこと」と「肺がんリスクがわずかに少ないこと」とのあいだに関連性が見られたものの、この結果は統計的に有意ではなかった。こうして、肺がんの促進因子とは喫煙であって、コーヒーは単なる無実の通りすがりだとわかったのだ。

そしてこれが、六番目の穴ぼこの「交絡関係」である。

栄養疫学の研究でも、交絡関係はあるのだろうか？

ニュートリネット・サンテ研究を細かく見ながら確かめてみよう。超加工食品とがんの関連性を見出した研究だ。

著者たちは、研究の最終段階で、超加工食品を食べた量に応じて、参加者をほぼ同じ大きさの四つのグループに分けた。グループ1の人びとの、超加工食品の摂取量は最も少なく、食事の約八・五%である。この人たちを「キヌア愛好者」と呼ぶことにしよう。一方、グループ4の人びとは超加工食品の摂取量が最も多く、超加工食品が食事の三二・三%を占めている。キャンディやケーキ、炭酸飲料、オレオ(＊1)などを「キヌア愛好家」の約四倍食べているわけだ。この人たちを「化学者」と呼ぼう。

ここで重要なのは、ある一つの変数(この場合は超加工食品の摂取量)に応じて人びとをグループ分けした場合、たくさんのほかの変数によってもグループ分けしているということだ。これを避ける方法はなく、どうしてもそうなる。この場合には、「化学者」は「キヌア愛好者」とさまざまな点で異なる。とくに、「化学者」は次の可能性が高い。

- より若い
- 喫煙する
- 背がより高い(＊2)
- 身体的活動が少ない
- 食べる量が多い
- 飲酒量が少ない
- 避妊している

・子どもが少ない

つまり、「化学者」と「キヌア愛好者」を比べているということは、「超加工食品をより多く食べた人」と「超加工食品をより少なく食べた人」を比べているだけではない。

より若く、より背が高く、身体的活動がより少なく、避妊法を用いている喫煙者で飲酒せずにたくさんの超加工食品を食べる人（＝化学者）

と

より年をとり、より背が低く、身体的活動がより多く、避妊法を用いない非喫煙者で飲酒して超加工食品をほとんど食べない人（＝キヌア愛好家）

を比較しているのだ。

まるで交絡関係の天国じゃないかって？　あなたの直感はまったくもって正しい。

一つだけ例をあげよう。この研究の要点とは、超加工食品をより多く食べる人ほどがんになりやすいかを確認することだ。そしてこの研究の最大の結果は、「化学者」は「キヌア愛好者」と比べてがん発症のリスクが二三％高いというものだった。しかし、これらのグループにおける、がん症例数の生データを実際に見れば、びっくりするに違いない。「化学者」におけるがん症例数は三六八件、一方で「キヌア愛好者」では……七一二件だったのだ。超加工食品を四倍も食べるグループのほうが、がんの症例数は半分だって？　どういうことなんだ？　超加工食品はがんを予防するのか？

そんなことはない。

実のところ、交絡関係をもたらしていた変数は、年齢だった。「キヌア愛好者」は「化学者」グループよりも平均年齢が一〇歳高かったのだ。これらの差異を物理的に解消する方法はない。一つの変数に基づいて被験者の大規模なグループを分類すると、ほかの変数についても分類されることになる。そして、そういった変数のなかには、年齢のように、あなたが気にかけている結果（たとえばがんなど）に多大な影響を及ぼしているものがあるかもしれないのだ。

つまり、先ほどの問い、「栄養疫学の研究でも交絡関係はあるのか？」に対する答えはイエスだ。観察研究を行い、ある一つの変数に基づいて数字のうえで人びとを複数のグループに分けたとしたら、たくさんのほかの変数についても分かれることになり、一つ以上の交絡関係がほぼ確実に生じるのだ。

理論上、こういった交絡関係を生む可能性があるすべての変数を「調整」できる。それはつまり、「たくさんの数学的処理を施して、気になる変数の効果だけを抜き出す」ことを意味する。この場合は、「超加工食品の効果」だ。こうして、論文著者たちは生データ（「化学者」は「キヌア愛好者」よりもがんが四八％少ない）から、最終結果（「化学者」は「キヌア愛好者」よりもがんが二三％多い）を導き出したのだ。残念ながら、ここには問題が二つある。第一に、いろいろなものを調整するためにはそれらを測定できていなければならないのだが、問題となる変数を一つ残らず確実に測定するのは、ほとんど不可能だということ。第二の、そしてより重要な問題とは、変数の調整は一筋縄ではいかず、適切に調整したという確信は、まずもてないということ。これらの問題によって、いずれの方向にも誤りが生じる可能性がある。真のリスクを過大評価することもあるし、過小評価することもあるのだ。

穴ぼこ6の「交絡関係」は、正当な関連性と因果関係のある関連性とのあいだの障害物となる。上のケースで言うと、超加工食品とがんの関連性には正当性があるかもしれないが、必ずしも因果関係があるとは限らない。この関連性は、研究者たちが測定しなかった、交絡関係を生じさせるような変数（たとえば礼拝への参加や性格特性など）によって生じたのかもしれないし、測定はしたけれども調整が適切でなかった変数（たとえば年齢や喫煙）によって生じた可能性もある。

本書で取り上げる最後の穴ぼこ、つまり穴ぼこ7は、もしかすると最も微妙なものかもしれない（微妙な穴ぼこがあるとして）。ともかく、コーヒーへと戻ることにしよう。超加工食品の研究よりも、コーヒーの研究のほうがたくさん行われているからね。

二〇一七年、ある研究者グループがコーヒーに関する研究をまとめた大規模研究を発表した。実際には、研究をまとめた研究をまとめた研究である。彼らは、コーヒー研究から得られた結果をこれまでにまとめたレビュー論文のレビュー論文を発表したのだ。いわば、コーヒー研究の『インセプション』である。

かいつまんで言うと、著者たちは何百万人が対象となった何百というコーヒー研究の結果を数学的につなぎ合わせたのだ。

途方もない量のデータである。

僕が見たところ、最も重要なデータ点はこれじゃないかな。「一日あたり三杯のコーヒーを飲む人は、コーヒーをまったく飲まない人と比べて、あらゆる原因による死亡リスクが約一七％低い」。三杯というのが効果が最大となる数字で、ドラマ『ギルモア・ガールズ』のローレライばりに一日にどうにかして七杯飲んでいる人は、まったく飲まない人と比べると、あらゆる原因による死亡リスクが一〇％低い。どちらの場合も、これらの比較は統計的オーガズム……じゃなかった統計的な有意性があり、p値は非常に小さい。

さて、この関連性を、神のお告げによるものとしよう。つまり、コーヒーを飲むことと全体的な死亡リスクが低いこととのあいだに正当な関連性があると仮定しよう。しかしもちろん、コーヒーを飲むことと死亡リスクが低いことに関連性があるだけで、コーヒーが原因で死亡リスクが下がるとはいえない。

どうして正当な関連性と因果関係は違うのか、そしてどのくらい違うのかを理解するためには、読者自身のにおいの記憶を探ってもらう必要がある。どんなにおいかって？　夏を象徴する、あのプールのにおいだ。公共の屋内プールで時間を過ごしたことがある人ならばすぐわかるだろう。鼻にツンとくる強いにおいで、掃除用消毒剤っぽいにおいが混ざっている。

あれはいったい、何から出たにおいなんだろう？

考えてみよう。例のプールのにおいというのは、ふつうのにおいではない。シャワーを浴びても、お湯を沸かしても、雨が降るときも、湖で泳いでも、あんなにおいはしない。あれは、公共のプールに特

	塩素消毒されているか？	例のプールのにおいはするか？
湖	されていない	しない
川	されていない	しない
雨	されていない	しない
家の水道水	されている	しない
屋外の公共プール	されている	するが、それほど強くない
屋内の公共プール	されている	する、しかも強烈

有のにおいだ。そして、屋外プールよりは屋内プールのほうがずっと強いにおいがする。公共プールは塩素で消毒されていることは知っているよね？　湖や川、雨は塩素消毒されていないことも知っているだろう。さて、あなたが塩素とプールのにおいについて知っているこれらの内容をまとめると、次の表になる。

　これは本質的に観察研究だ。研究者が人間のサンプルを大量に収集し、コーヒーと低い死亡リスクの関連性を観察したのと同じように、水のサンプルを（あなたの鼻のなかに）たくさん収集して、塩素が存在するほぼすべての場合に、プールのにおいも存在することを観察したのだ。つまり、コーヒーと低い死亡リスクに関連性があるのと同じように、塩素とプールのにおいには関連性がある。ただし、ほぼ確実に塩素で消毒されている水道水からはプールのにおいがしないことを思えば、この関連性は完全ではない。しかし、かなりいい線までいっている。塩素とプールのにおいには**強い**関連性があると言ってよさそうだ。

　ある事柄が別の事柄と関連性があると聞くと、あなたの心は直感的な結論に飛びついてしまう。これは**あなた**だけではなく、ほとんどの人にとってあてはまる。あまりに頻繁に、あまりに自然に行っているので、自分では意識しづらい。あなたは上の表のデータを見て、ごく自然に、二つの事柄のうち一方がもう片方を引き起こしているのに違いないと結論づける。自分でも気づかないうちに、プールのにおいは塩素によって引き起こされるという結論へと穏やかに到達するのだ。しかも、この結論は直感的に整合性がありそうに思える。実際のところ、プールのにおいを塩素のにおいだと思っている人は多いだろう。

しかし、この結論は正しいのだろうか？

それを調べるために、僕はある簡単な実験をしてみた（＊3）。

二つの空のビーカーに濾過（ろか）水を一〇〇ミリリットルずつ入れて、それぞれのにおいを嗅ぐ。なんのにおいもしない。当然だ。水は無臭であるべきなのだ。次に、片方のビーカーに、次亜塩素酸カルシウムを〇・〇二五グラム入れた。一般的に用いられる塩素系のプール消毒剤だ。数分かきまぜて、すべて溶けたことを確認してから、においを嗅いだ。塩素によってあのプールのにおいが生じるのであれば、こちらのビーカーからは強烈なプールのにおいがするはずだ。

だが、そんなにおいはしなかった。

ふむ。おそらく、反応が進むのにしばらく時間がかかるのだろう。そこで、両方のビーカーに覆いをかけて、室温で一晩置くことにした。

しかし、翌日にもにおいはしなかった。

これは変だ。プールにほかに入っているものといえば何があったかな。

待てよ。

まさかね。

もしかすると……

おしっこ？

まさか、おしっこなのか？

なんだかそんな気がしてきたぞ……

確認する方法は一つしかない。

僕は実験をやり直すことにした。今回用意するビーカーは四つ。一つはただの水、一つは水と次亜塩素酸カルシウム、一つは水と次亜塩素酸と出したてほやほやのおしっこを一滴、一つには水とおしっこを入れた。それからビーカーに覆いをして、一晩置いた。

翌朝、嗅いでみた。

うわ……

嫌だ、嫌だ
嫌だ嫌だ嫌だ嫌だ嫌だ嫌だ嫌だ
嫌だあああああああああああああ！！！

明らかになったのは、どちらか片方ではなくて、両方が原因だということだった。

これって、僕がこれまで入っていたプールは、おしっこがたっぷり入ってたということなのか？

右肩の天使「お待ちなさい。結論に飛びついてはいけませんよ」

左肩の悪魔「飛びつ・い・て・は・いないだろ。自分でやった実験の結果なんだからさ！」
右肩の天使「そうですけどね。でも、おしっこ以外にも人体から出るものはあるでしょう。たとえば……日焼け止めはいかがです？」
左肩の悪魔「ありえるかもな。ツバなんかも体から出るし」
右肩の天使「その調子ですよ！　そっちのほうがまだ不快感は少ないですね」
左肩の悪魔「鼻水だって出るしな」
右肩の天使「うっ……あなた、本気で言ってます？」
左肩の悪魔「うんこも出るよな」
右肩の天使「いいかげんにしなさい」

さて、天使と悪魔によって、日焼け止め、唾液、鼻水、大便という四つの興味深い候補が加わった。僕はそのうち二つを試してみた。鼻水を入れたビーカーからは、半分くらいマイルドになったプールのにおいがした。唾液を入れたビーカーからは、僕が嗅いでみた感想だけど、標準的なプールのにおいがした。ジムの屋内プールへ足を踏み入れた瞬間に感じる、あのにおいだ。

これにより、先ほど唱えた「塩素はプールのにおいと関連性がある」という見解を、わずかに変更できる。次のような表現が適切かもしれない。「塩素は、人間のおしっこや鼻水や唾液と混ざった場合に、公共の屋内プールのにおいと驚くほどよく似たにおいを発する」。科学の世界でよくあることだが、実験を行うと、そこから得られる答えよりももっと多くの疑問が生じることがある。プールのにおいのどの程度がおしっこにより生じて、どの程度が鼻水や唾液により生じるのか。僕の小規模な実験で発生したにおいは、公共プールのにおいと化学的に同一なのか。どのプールでも、例のプールのにおいがするということは、人びとはそんなにしょっちゅう公共プールでおしっこをしているのか。（この疑問については みんな答えを知っているんじゃないかと思うけどね。）研究人生のすべてをかけて、公共プールの化学だけに取り組むことだってできそうだ（＊4）。

プールとおしっこは、七番目の穴ぼこである「研究デザイン」の核心だ。つまり、実施する研究の種類によって、因果関係があるかどうかの結論に制限が生じることがある。公共プールを嗅いでまわるのは観察研究だ。それによって、塩素とプールのにおいに関連性があるとわかるけれど、塩素が原因でプールのにおいが生じているかどうかはわからない。二つあるバケツの片方だけにおしっこをして、両方を嗅ぎ比べるのは対照試験である。それによって、おしっこと塩素の両方によってプールのにおいが生じるのだとわかる。しかし、この試験にも、この試験ならではの制限がある。（数ページ先で詳しく説明しよう。）そして、塩素とおしっこ（あるいはほかの体液）がどう反応してプールのにおいを形成するのかを化学的に説得力をもって解明することもまた、エビデンスを構成する層の一つとなる。喫煙が肺がんを引き起こす化学的仕組みを解明することが、「真実の架け橋」を構成するレンガの一つとなるのとまったく同じだ。

これから先、「ブルーベリーと低い死亡リスクに関連あり」などといった見出しを目にしたら、正当で因果関係のある関連性への道に存在する穴ぼこをすべて思い出してほしい。

穴ぼこ1：虚偽
穴ぼこ2：基本的な数学の間違い
穴ぼこ3：手続きにおける問題
穴ぼこ4：偶然
穴ぼこ5：p値ハッキングなどの統計的不正
穴ぼこ6：交絡関係
穴ぼこ7：研究デザイン（観察研究VSランダム化比較試験）

穴ぼこはほかにもあるが、覚えておくべき主要なものはこの七つで……

ちょっと待てよ。

こんなことをなぜ僕たち**みんな**が覚えなければならないんだ？　これを覚えるべき人はほかにいるんじゃないのか？　こんなふうに研究内容をばらばらにするのは――穴ぼこを全部確認して、最終的な結論に影響しているかどうかを見極めるのは――本当に大変な作業なのだ。もしも、どこかの研究グループが研究を評価する体系的な手法を開発してくれて、僕らがチートスを食べてもいいのか、やめるべきなのかを決めやすくしてくれれば、素晴らしいにちがいない。

そして、幸いにも、そんな研究グループが存在する。

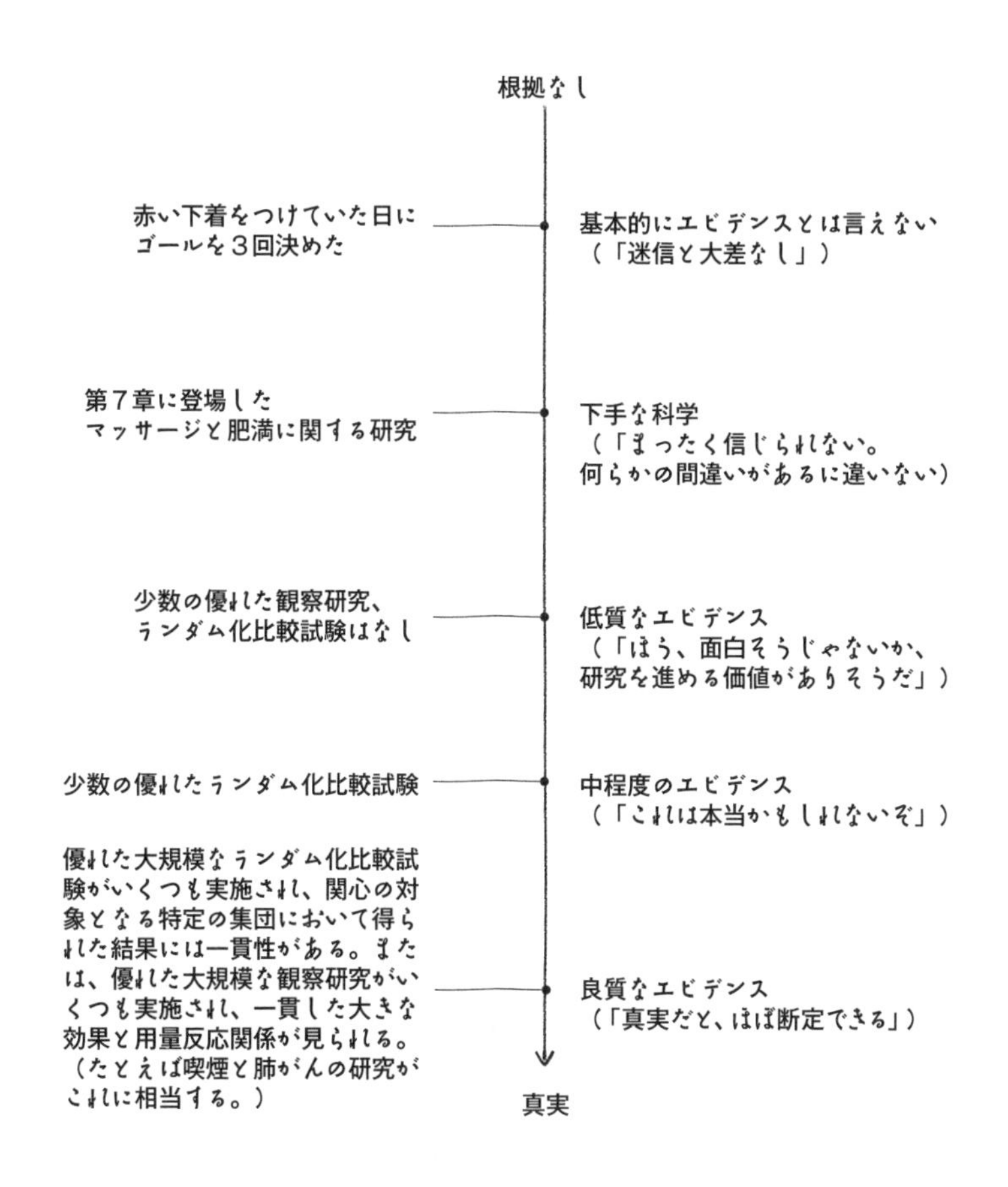

かなり最近のことだが、ある科学者チームが、たくさんのエビデンスを見てそれがどのくらい良いか（あるいは悪いか）を判断するための体系的手法を開発した。こうして誕生したのがＧＲＡＤＥシステムだ。ＧＲＡＤＥシステムにおける評価レベル（学校でもらう成績のようなもの）は、このような感じだ。

本書の執筆時点では、超加工食品に不利なエビデンスのほとんどは、観察研究から得られたものであり、観察されたリスクもそれほど大きくないので、「低質なエビデンス」にあたるだろう。低質なエビデンスとは、それを見た人が、「ほう、面白そうじゃないか。この関連性が正当で因果関係があるのかを調べるために、ランダム化比較研究をするべきかもしれないね」と思うような研究だ。決して、「この関連性が正当で因果関係があると、一〇〇%の確信をもって結論づけられた。メディア発表の準備を！」などという種類のものではない。念のためだが、ここで僕が言っているのは、超加工食品に関するエビデンスには十分に気をつけねばならないということだ。間違っても、超加工食品を食べるのは体にいいなんて言っていないからね。

超加工食品が、肥満や糖尿病の主要な原因だと明らかになる可能性はある。しかし、死亡に向けたアクセルをちょっと踏むだけで大きな駆動力にはつながらないような、脇役レベルの因子にすぎないことが明らかになる可能性もある。まだわかっていないのだ。引き続き、超加工食品の研究に予算があてられそうなので、いずれはもっと良いエビデンスが得られるだろう。いつの日か、袋詰めのチートスを収監するのに十分なほどのエビデンスが得られる可能性だってある。しかし、そういったことがわかるまでには、長い年月がかかるだろう。

この文章をタイプした約四二秒後に、ケビン・ホールからメールが届いた。彼はアメリカ国立衛生研究所（ＮＩＨ）に務める、代謝を専門とする研究者で、減量の成功を競い合うテレビ番組『The Biggest Loser（最大のルーザー／最も体重を落とした者）』の参加者たちと研究したこともある。実は僕のほうから数週間前に、加工食品、肥満、代謝について一般的な質問をいくつかしていたのだ。ホールからの返事はこうだった。「加工食品の論文は現在査読中なので、この研究についてはまだ議論ができないのです（後略）」

どういうことだ？

何も知らなかったのだが、実はちょうど、彼の研究チームが、NOVA分類システムを初めて適用したランダム化比較試験の結果を発表しようとしているところだったのだ（本書の第1章でとりあげた、あの食品分類システムだ）。

ジャーナリストの本能などではない。必要なのは、ちょっとした偶然である。

ホールの研究は、超加工食品と未加工食品のどちらを食べた場合に、より多くのカロリーを摂取して、より体重が増えるかを調べた初のランダム化比較試験である。これだけは言わせてほしい。この手の研究は困難で費用もかさむ。なぜって？ 本書の冒頭で取り上げた、大人数を二つのグループに分けて、それぞれを別の無人島に閉じ込めて、内容の異なる食事を与えて、数十年後にどうなるかを確認する試みのことを覚えているよね。ホールたちのチームが行ったのは大枠においてまさにこの実験だった。違いといえば、実施期間が数十年ではなく二八日間であったことと、場所が二つの無人島ではなくて、メリーランド州のベセスダにあるNIHの病院だったことだ。このような違いは抜きにしても、実験にはまだまだ難関があった。以下のことを喜んで引き受けてくれる人を見つけねばならなかったのだから。

・病院で一カ月暮らし、そのあいだ、一度も病院から出てはならない

- 食事は与えられた物のみ、六〇分以内に食べて、誰かがすぐお盆を下げて食べ残した量を計測する
- 毎朝六時に体重測定を行い、看護師が記録する
- 週に一度、X線撮影を受ける
- 二週間に一度、MRI検査を受ける
- 毎日、カップにおしっこをする
- 週に一度、エネルギー消費量の測定のため、気密室に約二四時間閉じ込められる
- 四週間に三度、採血される
- 身体活動を測定するため、常時、加速度計を身につける
- 一日に三回、サイクリングマシンを二〇分間漕ぐ

ホールの研究のために、健康なボランティア二〇名に登録してもらって実験を完了させるというのは、奇跡に近いことだった。真面目な話、科学のためにその身を捧げた彼らには、心から敬意を表したい。

では、この実験が実際にどのように行われたのかというと、きわめて単純だ。二〇名のボランティアをランダムに一〇人ずつの二グループに分けて、片方には超加工食品を、もう片方には未加工食品を与える。いずれの食事も、カロリー、タンパク質、炭水化物、脂肪の量はほぼ同じ。大きな違いといえば、そのカロリーが、超加工食品によるものか、未加工食品によるものかというくらいのものだ。（ほかにも違いがあるのだが、それについては後述する。）二週間経ったら、全員の食事を交換する。超加工食品を食べていた者は未加工食品を食べて、未加工食品を食べていた者は超加工食品を食べる。いずれの

場合も、被験者の食事は体重維持に必要なカロリーの二倍に相当する量が用意された。なぜ二倍なのか？　ホールたちは、被験者が超加工食品の食事をより多く食べるかを確認したいと考え、食事の量を実質的に無制限にして、被験者が好きなだけ食べられるようにしたのだ。

断言できるが、この二種類の食事のメニューを見た時ほど、『ハリー・ポッター』と『ハリー・ポッチャリ』の違いを痛感させられたことはない。たとえば未加工食品のグループで五日目に出された夕飯は、柔らかく仕上げた牛肉のロースト、オリーブオイルとニンニクで味付けしたオオムギ、蒸したブロッコリー、ビネグレットソースであえたグリーンサラダ、そして薄切りにしたリンゴだった。超加工食品グループで七日目に出された夕飯は、白い食パンにピーナッツバターとジェリーを挟んだサンドイッチ、チートス（焼いたもの）、グラハムクラッカー、チョコレートプリン、乳脂肪分二％の牛乳だった。日によっては、超加工食品グループの食事もそれほどひどいものではない。たとえば初日の朝食は、ハニーナッツ味のシリアル、ブルーベリー・マフィン、マーガリン、牛乳だった。しかし全体としては、いかにも『ハリー・ポッチャリ』な食事が多い。

どのような結果になったか、想像がつくことだろう。超加工食品を食べているあいだ、被験者のカロリー摂取量は増加し（約五〇〇キロカロリー）、体重は約〇・九キログラム増えた。そして、未加工食品を食べているあいだに、約〇・九キログラム痩せていたのだ。憶えておいてほしいのは、これは観察研究ではなくて、ランダム化比較試験だったということだ。

かなり強固な結果に見えるのではないだろうか？

そのとおり。だが、もちろん、この世に完璧な実験など存在しない。そこで、「嫌なやつになる帽子」

をもう一度かぶることにしよう。

超加工食品が原因で人の食事量と体重が増えるかどうかを試験するには、科学者が言うように、「注目している変数を分離する」必要がある。つまり、二種類の食生活の違いが、超加工食品を食べるかどうかの一点だけになるようにしなければならない。なぜかって？　おしっこが、例のプールのにおいの原因なのかどうかを解明するために行った実験で、僕が二つのビーカーに入れたのが次のものだったとしてみよう。

ビーカーその1…蒸留水＋塩素

ビーカーその2…庭のホースの水＋塩素＋おしっこ

もちろん、ビーカーその2からはプールのにおいがすることだろう。しかしこれだけでは、おしっこが原因だと断定できない。なぜかというと、庭のホースの水に含まれる何かが原因で、あるいはその何かと塩素が反応することで、プールのにおいが生じたのかもしれないからだ。

これくらい単純な実験であれば、注目している変数を分離するのは比較的簡単だ。しかし、食生活全体に関わるような研究だと、それがずいぶんと難しくなる。ホールの研究チームがあらゆる変数を可能な限り同じものにするために最善の努力を尽くしたとしても、いくつかの変数、たとえば「一グラムあたりのカロリー」などは、どうしても一致しない。「一グラムあたりのカロリー」はエネルギー密度とも呼ばれるもので、食品によってこの変数の値はとんでもなく変わってくる。たとえば、チーズケーキファクトリーというレストランで提供されるペパーミント・バーク・チーズケーキは、一ピースで驚きの一五〇〇キロカロリーもあるのだが、同じ重さの牛乳は約一三〇キロカロリーしかない。第1章で見たように、超加工食品は非常にエネルギー密度が高い。そして、食品加工の問題とは無関係に、エネルギー密度が高い食品を人はより多く食べてしまうことがあるとわかっている。たとえば、バーベキューやハンバーガーなどガッツリ系の肉料理で知られる名物シェフのガイ・フィエリが、あなたに料理をつくってくれるとしよう。

こんな想像をさせるなんて（飯テロもいいところだろうから）申し訳ないけどね。

彼の「料理」はエネルギー密度が極度に高いけれど、完全に未加工食品でつくられている。次に、セレブシェフのジャーダ・デ・ラウレンティスが野菜中心のコース料理をつくってくれるとしよう。これもまた、未加工食品でつくられているけれど、エネルギー密度はずっと低い。さて、あなたはどっちの料理を多く食べる？

そうだ、ガイの料理だよね。食べているあいだずっと罪悪感があるけれど。

ケビン・ホールの研究でも同じことがいえる。超加工食品ははるかにエネルギー密度が高かった（＊5）。つまり、体重の増加は、加工の違いだけではなく、少なくとも部分的にはエネルギー密度の違いによって生じた可能性がある。

「まともな人間だったらガイ・フィエリのバーベキューよりもジャーダの豆料理を選ぶに決まってい る！」と叫んだ人がいるとしたら、それは、ここで触れられていない変数がまだあるからだ。その変数とは、「味」だ。

もしかすると、ある人がツイートで指摘したように、「この研究によって、人間は味気ないサラダを食べるよりもおいしいケサディーヤを食べたがるということが判明した」だけのことなのかもしれない。

つまり、人は『ハリー・ポッター』よりも『ハリー・ポッチャリ』を好むのかもしれない。アートよりもポルノが好きだから。これは暴論というわけでもないが、この実験では、二〇人の被験者はこれら二種類の食事について「好ましさ」の点でほぼ同じだと評価している。これをもとに、この研究で味は影響を及ぼしていないとの主張も可能だが、『アメリカ臨床栄養学会誌』の元編集長のデニス・ビアーはこれに同意しない。彼の考えでは、人びとが超加工食品を五〇〇キロカロリー多く食べた事実こそ、超加工食品を使った食事のほうが美味しいことを裏づけているというのだ（＊6）。

この研究によって、超加工食品だけが体重増加に影響する様子を調査するつもりだったのならば、エネルギー密度や、ここでは議論しなかったほかのいくつかの変数についても、ほとんど一致するように食事を調整すべきだったのだ。そして、この研究結果に確信がもてない理由はほかにもある。

この研究の規模は小さく（被験者二〇人）、とくに生涯にわたる食事と比べるつもりならば、実験期間がかなり短かった（二八日間）。また、食べている食事の内容が被験者にわからないようにもできなかった。そんなことは不可能だとは思うが。研究の一部については、被験者にわからないような工夫はされていた。たとえば、これは減量の研究ではないと被検者に伝えていたし、体重測定の際には、測定結果がわからないようにされていた。それでも、被験者は、加工食品が体に悪いかどうかを調べるために設計された実験だと勘づいたに違いない。また、超加工食品に対して被験者がすでに抱いていたなんらかの考えが、結果に影響した可能性もある。

さらに言えば、この実験の環境は、実生活とはかけ離れたものだった。被験者は病院内で生活し、あらゆるもの（大便以外）が計測され、「今の空腹感はどの程度ですか」「今、どのくらいの量を食べたいと感じていますか」などと定期的に質問されるのだ。食事についての評価を求められ、ときには本当に食べている最中に聞かれることもある。この環境の、いったい何が問題なのだろうか。二つのグループの差異に影響するかといえば、さほどではない。しかし、この特別な設定以外の場所で同様の実験をした場合に同じ効果が得られるかという点では、影響がある可能性は大きい。たとえば、自宅に戻ってから未加工食品グループでの食事を再現したとしても、実験全体の再現はできないのだ。病院という環境で生活しているわけではないし、しょっちゅうつつかれたり採血されたり体重を測られたりするわけでもない。食事のこともそれほど考えなくなるだろう。こういったすべてのことによってあなたの行動は影響を受け、それによってあなたの食べる量や体重の増減が影響されるだろう。しかし、この点に関してホールにできたことはほとんどないはずだ。被験者の生活が大きく変わることになるとはいえ、彼らが食べた物を確実に把握するには、病院に閉じ込めるよりほかに、有効な方法はないのだから。

もう一つ問題となりそうなのは、被験者自身だ。ＢＭＩの平均値が二七と、世界保健機関の基準では「過体重」とされる数字だ。また、平均年齢三一歳と、かなり若かった。そして、自ら希望して、一カ月にわたる複雑な臨床試験に参加した人びとでもある。これもまた、二つのグループの差異には大して影響しないだろう。しかし、研究結果があなたにあてはまらない可能性はある。たとえばあなたが七五歳でＢＭＩは二二、科学者の研究対象になろうとは思わないタイプであれば、あなたの体は被験者たちの体とはかなり違っているので、研究結果を単純にあなたに適用できないだろう。

これらのどの問題も、すべてのランダム化比較試験で生じる一般的なものであって、ホールが間違ったことをしたわけではない。実際、ランダム化比較試験に対して最も頻繁に投げかけられる批判とは、実験環境や被験者を含めて、実験の設定が一般の人の状況に正確に当てはまることがまずないという点にある。実験結果を、自分が気にしている人びとの状況へと必ずしも一般化できないのだ。

さて、ここで「嫌なやつになる帽子」を脱いで、ホールの研究について、称賛すべきところはしっかりと称賛しよう。

まず、この研究はよく練られたものであり、完全な形で事前登録されていた。ホールは自分の狙いをはっきりと宣言したうえで、自分が測定するつもりだと言ったものを正確に測定した。また、得られた生データを誰でも利用できるようにした。つまり、許可の必要なしに、誰でも彼らの分析をやり直して細かい計算の検算をしたり、新しい分析を行ったりできるのだ。この二つの方針からして、これがp値ハッキング満載の研究などではないだろうと、僕なら信頼できる。また、二種類の食事は、いくつかの変数には差異があるものの、ほとんどの変数は非常に近い値をとっている。たとえば、炭水化物、タンパク質、脂肪に由来するカロリーの割合はほぼ完全に一致するくらいなのだ。したがって、原因となる可能性をもつ変数の一覧から、いくつかの変数を除外できる。これは非常に有用だ。

では、この研究によって、超加工食品に不利なエビデンスに対する僕の見方は変化しただろうか？

確かに、少し変化した。

研究の結果、超加工食品が、過体重の若者の体重増加を引き起こしたことが示された。しかし、わかりづらい表現になるけれど、超加工食品が体重増加を引き起こした原因が「加工」にあると結論づけることはできない。

一見、意味をなさない文章だと思うかもしれない。超加工食品が何かを引き起こしていることはわかっているのに、加工がその原因かどうかはわからないなんて、おかしいじゃないかと。なぜそんなことになるかというと、「超加工食品」というのが、たくさんの変数が結びついたものに一つのわかりやすい名称がつけられたものだからだ。この変数には、たとえば、エネルギー密度（高い）、体積（小さい）、味（おいしい）、製造場所（工場）、塩分レベル（高い）などがある。ホールの研究では、こういった変数で一致させられなかったものがいくつもあるので、そのなかから体重増加の原因となる変数を取り出すのが不可能なのだ。加工が原因なのか？ そうかもしれない。だけど、そうじゃないかもしれない。エネルギー密度の可能性がある。食物繊維の種類なのかもしれない。味かもしれない。このように、いくらでも続くのだ。

　これを、超加工食品が体重増加を引き起こすことを**知る**ことと、それが体重増加を引き起こす**理由**を**理解**することとの違いだと捉えることもできるだろう。いつだって僕らは**理由**を**理解**したいと思っているけれど、まずは**知る**ことから始めなくてはならない。ホールの研究は、必要にして重要な最初の一歩なのだ。さらに多くの研究がこれに続くだろう。

　また、この実験は小規模で期間が短く、特定の集団に対して、非常に組織化された環境内で行われたということも忘れてはならない。そのため、この実験で得られた結果は、僕らが直感的に思うほどには一般化できない可能性がある。

　全体として、この研究は、超加工食品に対して建設が始まったばかりの「真実の架け橋」の、最初に積まれるレンガにふさわしいものだと思う。しかし同時に、「最終的な答え」と確実に言えるものに到達するためには、もっとたくさんのレンガとたくさんのモルタルが必要だと思うのだ。

（＊1）オレオ（Oreo）って、フランスではいかにもOréoって書かれそうなんだけど、実はOreoのままなんだよね。豆知識だけど。#partyfacts
（＊2）おもしろ情報。背の高い人たちは（非常にわずかではあるが）がんになる可能性が高い。#partyfacts
（＊3）僕よりも先に、ほかにも多くの人がこの実験をしている。科学的精神に基づいて、僕はその結果を再現して、なおかつ比較対象にできるものをいくつか追加した。過去の素晴らしい実験の一例を見たければ、次の動画をどうぞ。
https://www.youtube.com/watch?v=S32y9aYEzzo
（＊4）そしてもちろん、そうしてきた先人たちがいる。
（＊5）飲みものを除くと、実験で提供された超加工食品の料理は、未加工食品の料理と比べてエネルギー密度がほぼ二倍だった。差を埋めるために、ホールたちは大量の食物繊維を溶かしたダイエット・レモネードを超加工食品グループの食事に追加している。だが、両方の食事の固形部分について、条件を揃えたことにはならない。
（＊6）被験者自身が二種類の食事を同程度だと評価しているのに、なぜこんなことが言えるのか？　被験者は、未加工食品は「体に良くて」「自然だ」と感じられるために、その味をわざと高く評価したのかもしれないし、自分たちが観察されていることがわかっているので、わざと高く評価した可能性も考えられるからだ。

第9章

ウサギ穴のその先の、不思議の国の栄養疫学戦争

記憶、ウサギ穴、疣(いぼ)、死

ここまで、「正当で因果関係のある関連性」に至る道にある七つの穴ぼこを見てきた。ついに僕らは、論争の的となっている領域に足を踏み入れようとしている。栄養疫学はこれらの穴ぼこの影響を受けているのか？　その答えを得るため、僕は生物統計学者のベッツィ・オグバーンに電話した。すると彼女は、僕が間違った考え方をしていると言った。「栄養疫学者に〈ご自身の研究の弱点について説明してください〉と尋ねたら、多くの人はあなたがあげられたすべての項目を並べるでしょうね」。つまり、みんなが穴ぼこの存在を認めているのだ。

だが、彼女は続けてこうも言った。

「ただ、それらの項目のいずれかによって、非常に強固なエビデンスのようにみえるものが土台から崩されかねないわけです。その事実を本当の意味で認められるかといえば、それはとても難しいことだと思います。心血を注いだ研究なら、なおさらですよね」

オグバーンの言うとおり、僕が取材した栄養疫学者たちは、穴ぼこの存在を認めた。誰もが、科学の道を、穴にはまらないようにただ祈りながら猛スピードで突っ走るようなことはすべきじゃないと同意した。しかし、彼らの意見が大きく食い違った点が二つあった。一つ目は「栄養疫学という車が穴ぼこにはまったか」という問題で、二つ目は「その車は今でも運転可能なのか」という問題だ。

変な話だよね。科学者二人が、道の起点に立っていて、目の前にいくつもの穴ぼこがはっきりと見えていて、あそこに穴ぼこがあって危険だねと同意しながら車に乗り込んで、その道を走り抜けてから、どこかの穴ぼこにはまったか、その車に問題がないかという点では、意見が激しくぶつかり合っているというのだから。

この問題がなぜそれほど熱心に議論されているのかを理解するために、一九九〇年代後半～二〇〇〇年代初めへと時代をさかのぼろう。二〇〇五年にギリシャ人疫学者のジョン・ヨアニディスが、そのタイトルからして挑発的としか言いようのない論文、「なぜ発表された研究結果のほとんどが誤りなのか（Why Most Published Research Findings Are False）」を発表した。当時、科学界のニュースをよく見ていた人なら、この論文を取り上げた記事を読んだことがあるだろう。タイトルに同意する人も否定する人もいるだろうが、この論文が科学界に一石を投じたことは間違いない。その影響もあって、心理学や、がんの基礎研究分野で、再現性を確認するプロジェクトが複数立ち上げられた（発表された実験を、ほかの科学者たちが再現して、同じ結果が得られるかを確認するのだ）。スタンフォード大学に移ったヨアニディスは、栄養疫学へと目を向けた。ヨアニディスは栄養疫学について、「ゴミ箱行きにすべき状態」だとカナダの記者に述べ、ニュース解説メディア「ヴォックス」には「古びて死んでしまった分野であり、いずれこれを埋葬して先へと進まねばならない」と話した。

完全にけんかを売っている。

栄養疫学者たちも反撃したのだが、ヨアニディスに備わっているドラマチックな演出能力には欠けていた。たとえばハーバード大学の栄養疫学者のウォルター・ウィレットはこう応じた。「栄養疫学がどのように行われているかについて、あなたは本当に誤ったことを伝えていますよ」。言ってみれば、「あんた方の研究基盤は腐った糞便の山だ」と言われて、「その件について、私たちの見解は異なるものです」と答えるような感じだ。このヨアニディスとウィレットのあいだに広がる巨大な隔たりを、以降は「栄養疫学戦争」と呼ぶことにするが、この隔たりは、僕が本書のためにこれまで調べたなかでも最も大きくて最も深い、なかなか出てこれなくなるようなウサギ穴だ。もしあなたが、途方もなくややこしい統計や、ハーバードとスタンフォードのライバル意識（＊1）、自らの正気を疑うことなどが楽しくてたまらないというのなら、このウサギ穴をおおいに気に入るに違いない。しかし、僕はこういったことをさほど楽しいとは思えないので、あなたを連れてこの穴に飛び込んだりせずに、穴の周辺を心穏やかに案内するにとどめたい。前かがみになって、大口を開けた真っ暗な深淵をのぞき込んで、なかにいる人に質問することがあっても、境界は絶対に越えないようにする。

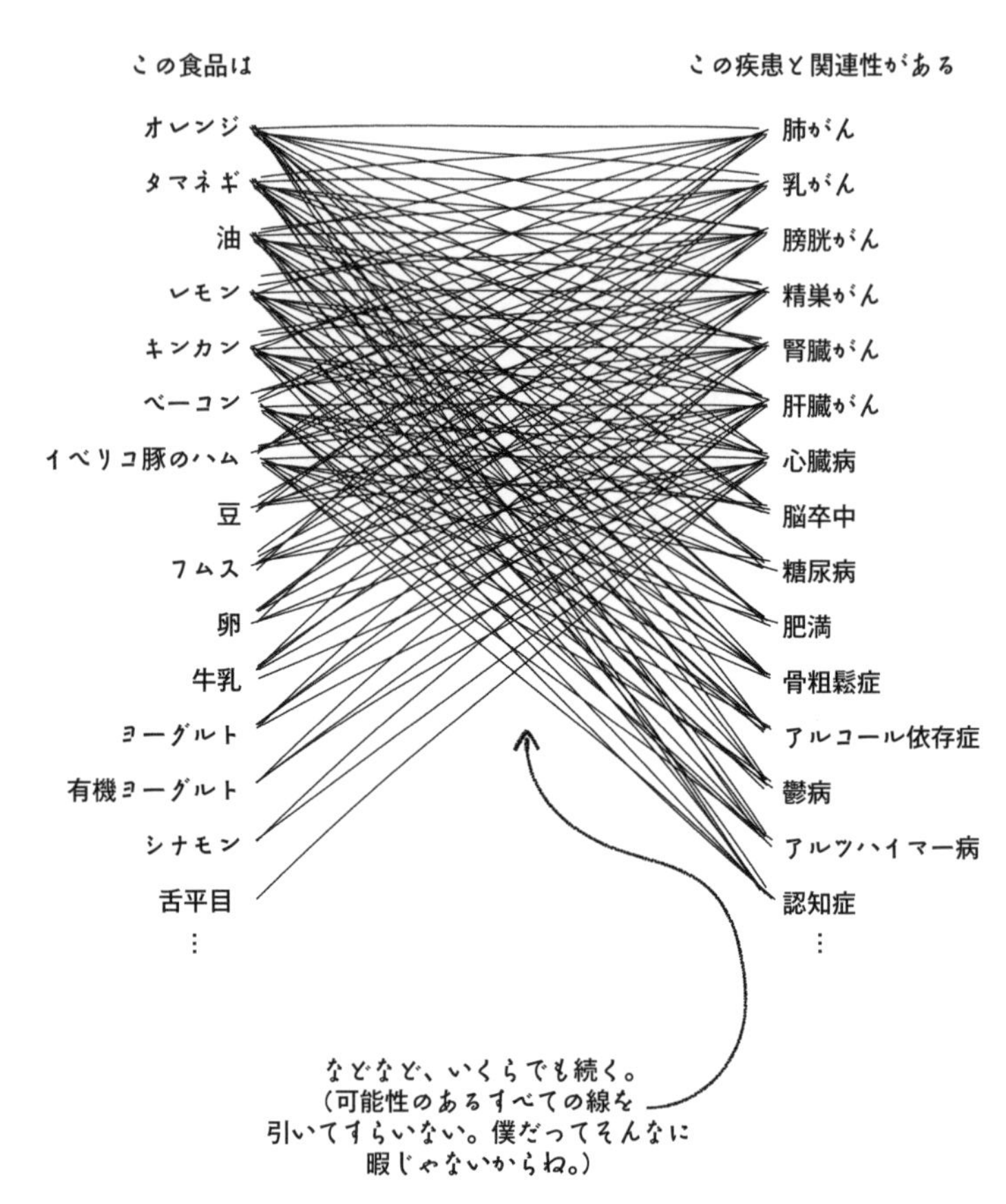

栄養疫学に対してヨアニディスが提起した問題の一つは、第7章ですでに説明している。検証する仮説が多いほど、そのうちの一つくらいは、偶然によって「統計的に有意」であると判明する可能性が大きくなる、という問題だ。ヨアニディスは、とくにこの問題が生じやすい分野が、食品と疾患だと指摘する。検証すべき仮説が無限といえるほどたくさんあるからだ。

上図の線のそれぞれが、実験の可能性を表している。たとえば三〇〇種類の食品と八〇〇種類の疾患があるとすれば、二四万とおりの実験が可能となる。偶然によって統計的に有意な関連性が生じるのは、そのうちたった五％だとしても、一万二〇〇〇もの実験（＊2）で関連性が見られることになる（たとえばキンカンと痔との関連性とかね）。さらにヨアニディスが問題視しているのは（僕も同意するが）、食品と疾患に関連性があることを示す研究結果は、関連性がないことを示した結果と比べて、ずっと発表されやすく、またメディアが広めやすいことだ。つまり、「舌平目は精巣がんのリスクが二三％高いことと関連性あり」なんて感じの見出しの記事のほうが、「ローリエの葉はどの疾患ともとくに関連性はない」なんて記事よりも、読まれる可能性がずっと高い（＊3）。

ウィレット側の反論はこんな感じだ。「われわれはあらゆる仮説をやみくもに試験しているわけではない。しらみつぶしに試験するロボットではないのだから。生化学や動物実験、代謝実験に関する自分たちの知識を活用して、仮説のリストを絞り込み、最も適切な仮説を選択している。さらに最近では、試験の対象が、個別の食品から食生活のパターン（地中海式の食事など）へと変わってきている。これによって、考えられる仮説の総数が減り、人びとの実生活での食生活をより密接に反映した研究になっているのだ」

ヨアニディスは、ほかの問題点も指摘している。栄養疫学が、ランダム化比較試験よりも観察研究に基づいているというのだ。観察研究では被験者の行動を変えようとはしないことを思い出してほしい。よく設計された研究では、多くの被験者を募集して、長年にわたる追跡調査を行い、被験者の一部が、がんや心臓病などの注目している疾患を発症するまで待ってから、がん（あるいは心臓病）になった人びととならなかった人びとを比較する。タバコを多く吸っていたのか、運動が少なかったのか、メクラネズミをあまり食べなかったのか、といった具合に。

観察研究に対してヨアニディスが提起した問題点については後ほど説明することとして、まずはウィレット側の見解を聞いてみよう。ウィレットが主張するのは（僕も同意するが）、観察研究によってある程度の成功を収めていることだ。最もよく知られている、最も良い例が喫煙だ。喫煙に害があるとする初期のエビデンスのほとんどは観察によるものだった。覚えているだろうか、一九六四年の報告書で公衆衛生総監が証拠としてあげたランダム化比較試験の数は……ゼロだった。まあ確かに、これは厳密には栄養疫学の例とはいえない。タバコは食べものではないからね。しかし、栄養疫学にも見せ場となるような観察研究が存在する。ウィレットはいくつかの例をあげているが、最近のものだとトランス脂肪酸がある。また、ウィレットたちは、観察研究のみに頼っているわけではなくランダム化比較試験も使用していると言う。ただし、彼ら自身が的確に指摘しているように、観察研究のほうが低コストであり、研究対象によってはランダム化比較試験では倫理的かつ実際的な試験ができない場合がある。

では、観察研究に対するヨアニディスの不満を見てみよう。最初の不満とは、それが観察だということだ。カップにおしっこをして実験せずに、公共プールをただ嗅いでまわるのと同じことだ。そのため、食品と疾患のあいだに正当な関連性があることを明らかにできたとしても、その食品が原因で疾患が引き起こされているかどうかを明らかにはできない。

そして、二番目の不満とは、「記憶」である。この話は長くなるから、そのつもりで。

インディアナ州で起きた事件について考えてみよう。始まりは、こんな風に何気ないものだった。「先週インディアナ州マリオン郡保安官事務所に勤めている男性がインディアナポリスのモリス通り西三八二八番地のマクドナルドでマックチキン・サンドイッチを一つ買った」。さて、この男性はサンドイッチを冷蔵庫に入れてから、仕事に取り掛かった。七時間後、戻ってきた男性は、なんと、自分のサンドイッチが一口かじられていることに気づくのだ！

男性はすぐに、「自分が警察組織に属していることが理由で、マクドナルドの店員が食べものにいたずらをした」という結論に飛びついた。そこで、彼はマクドナルドに戻って苦情を言った。これを報じた『ワシントン・ポスト』紙によると、マクドナルドとマリオン郡保安官事務所の両方が、この「かじられたサンドイッチ事件」の徹底調査に乗り出した。

この謎の答えやいかに？

「彼はマリオン郡刑務所でのシフトに入る前に、サンドイッチを一口かじってから休憩室の冷蔵庫に入れた。約七時間後に戻ったときには、自分がサンドイッチをかじったことをすっかり忘れてしまっていた」

信じがたいだろうが、本当に起きたことだ。この文章は、マリオン郡保安官事務所がこの件を説明した声明から引用している。

この話で何を言いたいのかというと、人は、自分が何を食べたか、あまり上手に思い出せないということだ。

忘れてはならないのは、栄養疫学の核心とは、食べものによって病気が引き起こされるかどうかを解明することだ。つまり、あなたが何を食べたかを確実に把握できなければ、栄養疫学者は、食品や食事法と疾患を確実に関連付けられるはずがない。単純に不可能なのだ。このため、栄養疫学のかなりの部分が（そしてそれに対する批判が）、あなたの記憶力がどの程度信用できるか（あるいはできないか）という根本的な問題に焦点を置いている。さて、ウィレットならば、この「かじられたサンドイッチ事件」によって何も証明されはしないと言うだろう。確かに、ウィレットの言うとおりだ。あれはこぼれ話であって科学ではない。よって、次は科学について語ろう。

できれば、食べものに関する人びとの記憶力の良し悪しを解明するための、単純で簡単で安価で正確な方法があってくれたらうれしい。だが、残念ながらそんなものはない。実際のところ、何に関する記憶力であろうと、その評価は難しいのだ。記憶を問うことは「人の話はどの程度信用できるのか」という、より大きな疑問の一部に過ぎない。たとえば、誰かにジムに行く頻度を尋ねるとする。「週に三回」との答えが返ってきたとして、それを鵜呑みにできるだろうか？

この疑問を探るための方法がいくつかある。まずは、全国健康栄養調査（ＮＨＡＮＥＳ）。この調査を実施するのはアメリカ疾病予防管理センター（ＣＤＣ）であり、毎年、次のことが行われている。

1　アメリカ人のなかから代表となる参加者五〇〇〇人を選ぶ

2　彼らにとって、かつてないほど、そして今後もないほど徹底した検査を行う自身の病歴、家族の病歴、身体検査、歯科検診、血液検査、聴力検査、身体活動のモニタリング、妊娠検査、食生活に関する質問など。そして、稼ぎや、肌の色、喫煙、運動、性交の有無と頻度（たとえば性交については、避妊をするか、コンドームやデンタルダムを使用するかなど）、薬物の使用について。ほかにも、尋ねても家から追い出されないレベルのほぼすべての質問がなされるのだ。質問はほぼ丸一日、あるいは参加者が疲れ死にするまで続けられる。

それは冗談として。実際のところ、NHANESは参加者にとっても実施者にとっても非常に骨の折れる試みである。一億ドル以上をかけて、たった五〇〇〇人のデータを収集する。得られる情報は途方もなく膨大だ。想像してほしい。医者の診察室に入ってから一二分後に追い払われるのではなく、丸一日かけて質問を投げかけられて、プライバシーを徹底的に暴かれ、診断検査の大手企業であるLabCorpとQuest Diagnosticsが提供するすべての検査を一つ残らず受けさせられるのだ。

また、NHANESでは、二つの単純にして巧妙なことも行われる。

1　参加者の身長と体重を測定する
2　参加者に身長と体重を尋ねる

これにより、参加者が答えた身長や体重と、参加者の実際の身長や体重とを比較できる。誰かが自身の身長と体重について話す内容を信用できるかどうかをテストするための簡単な方法であり、二〇〇九年に二人の科学者がまさにこれを実行した。二人はNHANESの三回分のデータをダウンロードして、約一万六八〇〇人のデータを使い、人びとの申告値と実際の測定値を比較したのだ。

その結果は？

平均すると、男性は、身長を実際よりも一センチほど高く、体重を〇・一五キログラムほど重く答えており、女性の場合は、身長を実際よりも〇・五センチほど高く、体重を一・五キログラムほど軽く答えていたのだ。

マッチングアプリを使った人なら、この結果がいかにもありそうなことだと思うだろう。実際に、少なくとも僕にとっては、この結果は笑えるくらい正しい。マッチングアプリで一度だけ身長を訊かれたんだけど、一センチ高く伝えてしまったからね。

この調査では、どのグループも（若者、高齢者、富裕層、貧困層、低体重、過体重など）、身長を実際よりも低くは言わなかった。誰もが自分のことを実際よりも背が高いと思っているのだ。しかし、これが体重になると、話はもう少し面白くなる。男性はほとんどのグループで体重を実際よりも重く言っていた。例外は、ＣＤＣによって肥満（ＢＭＩが三〇以上）と定義された男性のみで、平均で一・五キログラムほど軽めに答えていた。女性はほとんどのグループで実際よりも軽い体重を答えていた（例外は低体重の女性で、重く答えていた）。

体重の見積もりが最も下手なのはどのグループだろうか？

おそらく、あなたの想像とは違っているだろう。

答えは、低体重の男性だ。とくに、ＣＤＣが低体重だと定義する男性グループは、実際より三・五キログラム以上も重く答えていたのだ。この二〇〇九年の研究の結果は例外的なものではない。多くの研究によって、人びとの申告する数字と、実際に測定した数字に、大きな差がある可能性が示されている。身長と体重に関しては、さほどの重要性はないように感じられる。「一センチとか一キロなんて、大きな違いではない」と思う人もいるだろう。ある程度までは僕もそれに同意する。だが、身長と体重なんてただの数字なのだから、認識と実測値のずれがもっと小さくてもよさそうなものじゃないか？ それに、人びとが自分の身長や体重でさえ思い違いをするのなら、食生活について自己申告した内容はどのくらい信用できるのだろうか。

ヨアニディスやウィレットを含めて、僕が取材したすべての科学者が同意しているのは、食品が複雑であること――体重などよりずっと複雑であることだ。あなたが一年間で食べる食品は、おそらく何百種類、もしかすると一〇〇〇種類にも達するだろうし、それぞれの量がすさまじく違っている。季節が変わるごとに食べるものも変化する。自宅で調理することもあれば、外食することもある。おやつも食べるだろうし、絶食をすることもあれば、どか食いすることもあるだろう。年を経るにつれて、食習慣が大きく変わることもある。

こと食べものに関しては、ほかにも間違っていることがたくさんある。

だがその問題に触れる前に、そもそも食品がどのように測定されるかについて話すことにしよう。ほとんどの場合、ケビン・ホールによるランダム化比較試験とは違って、食べものは「記憶に基づく方法」によって測定される。これは名称そのままで、自分が食べた物を誰かに申告するという方法だ。だが、記憶に基づく方法といってもさまざまである。たとえば、多くの研究で用いられるのは「二四時間思い出し法」であって、これもまた名称そのままで、過去二四時間で食べた物を誰かに申告するのだ。

NHANESでは二四時間思い出し法を二度行い、しかもそれぞれが五段階に分けて行われる。五段階というのは、二四時間以内に食べた物を五回申告するということだ。なぜ五段階あるかといえば、段階を追うごとによく思い出されるからだ。そういえばお昼のデザートにアイスクリームを食べたんだっけと、五段階目で初めて思い出すこともある。

ほかにも、食物摂取頻度調査法が使われることもある。どの研究グループも、それぞれに独自の特色をもつ食物摂取頻度のアンケートを用意しているが、最も詳細なアンケートではだいたい次のようなことを訊かれる。

どのくらいの頻度で
平均して
ある特定の量の
あるカテゴリーの食品を
この一年間で食べたのか。

たとえば、こんな質問となる。「どのくらいの頻度で、平均して、一七〇グラムの（あるいは一人前の）、フライドポテトを、この一年間で食べましたか」

- 一度も食べない
- 一カ月に一度未満
- 一カ月に一～三回

- 週に一回
- 週に二〜四回
- 週に五〜六回
- 一日に一回以上

ここで、記憶以前の、もっと基本的な問題がある。それは、質問を理解できるかということだ。「週に五〜六回」と「一日に一回以上」の違いがよくわからなくて、手帳が必要だと感じる人もいるだろう。食べる量で言えば、「一七〇グラムの（あるいは一人前の）」と訊くのはどうなのか。「一七〇グラム」と「一人前」が同じ量になるとすれば……それは、「一七〇グラム＝一人前」と設定されている場合だけだ。つまり、同じ量でない場合も多いのだ。たとえばアメリカでは、マクドナルドのフライドポテトの重さは、どのサイズも一七〇グラムではない。ラージでも一五〇グラムしかない。

そういえば、これって、マクドナルドのフライドポテトなのだろうか。おしゃれな店で出てくるフライドポテトや、自家製のフライドポテトも一緒にしていいのだろうか。第1章によると、化学者ならばそれらはどれも同じだと言うに違いないが、カルロス・モンテイロはおそらく区別するように頼んでくるだろう。さらに、「平均」という表現があって、たとえばこのように使用される。「ある季節だけに食べる食品は、摂取回数を一年間で平均してください。たとえば三カ月間、旬のマスクメロンを週に四回食べたとすれば、一年で平均した摂取回数は週に一回となります」

僕と同じくこの文章に困惑したあなたのために、簡単に算数の説明をしよう。

$$4\ \frac{\text{回}}{\text{週}} \times 4.33\ \frac{\text{週}}{\text{月}} \times 3\text{月} = 52\text{回}$$（夏のあいだにメロン4分の1切れを食べた回数）

つまり……$$\frac{\text{夏のあいだに}52\text{回}}{1\text{年は}52\text{週}} = \text{週に}1\text{回}$$（平均で）　やれやれ！

食品の分類方法が意味をなさないように見える場合もある。たとえば、「トルティーヤ、すなわちトウモロコシまたは小麦粉……」に関する質問があるかと思えば、その真下には「ポテトチップスまたはコーン（トルティーヤ）チップス……」に関する質問があったりする。トルティーヤとトルティーヤチップスを分けたい気持ちはわかるけれど、トルティーヤチップスとポテトチップスを一緒くたにしていいものなのか？　素材の植物はまったく違うというのに。

質問のなかには、言葉どおりに解釈されると、大きく間違った回答を生じさせるものもある。たとえば、「過去一年間に、二切れのピザを、平均してどのくらいの頻度で食べましたか」なんて質問がそれだ。

僕は、二切れきっかりのピザを、どのくらいの頻度で食べたっけ？

生涯において、ピザ二切れだけを食べたことってないんだけど（＊4）。

疫学者のキャサリン・フリーガルは言う。「要するに、ああいった質問は、答えるのが非常に難しいんです。馴染みのない形での質問ですからね。人びとの自然な認識の仕方や考え方から、かけ離れているんです」

さらに、記憶の問題がある。フリーガルはこう続けた。

誰もが、自分が絶対に食べない食品をわかっています。これは問題ありません。「私はケールが苦手だから絶対に食べません」。以上。そして、毎日欠かさず食べる食品についてもわかっています。「毎日、朝食で必ずこれを食べているんです」。これも問題なし。わからないのは、その中間の食品についてであって、つまりはほとんどの食品ということです。

そして、最後になったが、一番大切なことがある。自分が食べた物について、驚いたことに、嘘をつく人がいるのだ。

こうなると、栄養疫学のかなりの部分がこの種の食事調査に基づくなんて、どうかしてるんじゃないかとも思えてくる。しかし、これに対する反論にしばし耳を傾けてみよう。簡単にまとめると、このようなものがある。

1 誰も、記憶に基づく方法が一〇〇%完璧だとは思わない。
2 完璧である必要はなくて、十分であればよい(*5)。
3 食事に関する測定誤差は「非差異的」である。

三番目の意味するところについては、気に病まなくていい。ポイントは、記憶に基づく方法は、相対リスクを過小評価する傾向があるということだ。たとえば、超加工食品と、死亡リスクが一四%高いことに関連性があると発見した研究を覚えているだろうか？　もしも、誤差が食事に関する測定誤差だけだったとすると、実際のリスクはおそらく一四%より高いだろう。どの程度高くなるかは、測定誤差の大きさと、研究者がどの程度、巧みに数学的な調整を行ったかによる。

では、これらすべてをどう考えればよいのだろうか。

直感的には、記憶に基づく方法は……お粗末なもののように見える。だが、この方法を支持する人たちは、食品と疾患の関連性を検出するには十分だと言う。さらに、記憶に基づく方法以外にないだろうとも言う。確かにそのとおりだ。現時点では、そして僕の知る限りでは、何十年という期間にわたって、人が何を食べたかをコストをかけずに推定する方法はほかにない。とはいえ、繰り返しになるが、記憶に基づく方法に対する批判も的を射ている。「ある方法が十分でないのなら、たとえそれ以外に方法がなくとも、その方法を使用すべきではない」のだ。

栄養疫学において、おそらく最も議論されているのは、これらのアンケート調査の回答をどのくらい信頼できるのかという点だ。ウィレットのグループは、回答は十分に信頼できるので、「観察研究や動物実験、中間エンドポイントの比較試験などによって入手可能なすべてのエビデンスを検討した結果、ベーコンにより痔が生じると合理的な結論を下すことができる」など公衆衛生上の発表を行うことができると言う。しかし、ヨアニディスのグループは、それらのエビデンスはそもそもからして無価値だと言う。つまり……この問題について、両陣営の見解がかけ離れているのは明らかだ。

栄養疫学に対するヨアニディスの三つ目の不満は、なんだか地味なのだが、「栄養に関するほとんどの変数は、互いに密接に関連している」ことだ。

これは何を意味していて、それほど重要なことなのだろうか。

具体例をあげると、リンゴを一日一個食べる人は、ソニックで売っているミルクセーキを毎日飲む可能性が低い、ということだ。あるいは、年収八万ドルを稼ぐ人は、トーストにアボカドを載せて食べたり、ホットヨガのクラスの合間に豆乳ラテを飲んだりする可能性が高くなる。定期的に運動する人ならば、Tボーンステーキよりも鶏肉を多く食べる可能性が高い。要するに、栄養や生活習慣に関する変数、たとえば食物摂取量や身体活動、年収、喫煙の習慣、寿命などは、ほかの科学分野で取り扱う変数に比べると、相互の関連性が強いのだ。これ自体は、驚嘆すべき深淵なる洞察などではない。もちろん、リンゴの消費量は、たとえばニンジンの消費量と密接に関連している。健康的な生活を送ろうとしている人は、リンゴとニンジンの両方を食べる可能性が高いのだから。つまり、関連性によって説明できる（可能性がある）。ヨアニディスが問題視しているのは、これほど多くの変数が互いに関連しているということは、栄養疫学の取り組み全体が、根本から無意味なのではないかという点だ。

なぜか？

ヨアニディスの見解によると、栄養疫学の変数で統計的に有意な関連性を見つけることは、自分のツイッターがテイ・ディグスにフォローされていることに気づくようなものなのだ。最初は嬉しい。しか

リンゴ ●―――● 死亡リスクが22%小さい

し、テイ・ディグスがツイッターをやっている人ならほとんど誰でもフォローしていることに気づくと、まったくの無意味に思える。

一つ、思考実験をしてみよう。観察研究の結果、リンゴを一日に一個食べることと、死亡リスクが二二%小さいことのあいだに関連性があることがわかったとする。つまり、上の関係はきわめて明白なようだ。

だが、観察を続けるうちに、一日一個のリンゴを食べることは、フルーツケーキやニンジンを食べること、ジンジャーティーを飲むこと、運動することなどとも関連性があることにも気づくだろう。「リンゴを食べること」と、「死亡リスクが小さいことと」のあいだに関連性があるため、こういったほかの事柄もまた、リンゴとの関連性を通して、死亡リスクが小さいことと関連性がある。こうなると、僕らの（架空の）関係図はもう少し複雑になって、左ページの図のようになる。

ちなみに、これはまだ小学校三年生レベルの図だ。ページをめくって、さらに次の図を見れば、実際の「関連性の球体」の雰囲気がわかるだろう。ただし、使われているのは栄養学に関する一般的な計測値の一九種類だけである。たとえば、僕らが摂取する脂質、タンパク質、炭水化物、食物繊維、アルコール、野菜の量、そして血液検査でわかるビタミンやミネラル、コレステロール値などだ。この球体は、僕の描いた簡易版なんかと違って、実際のデータに基づいている。

すべての項目が、ほかのすべての項目と関連しているように見えるのなら、それは……関連しているからだ。よって、立てるべき問いはこうなる。「どの変数が結果（がんや心臓病、死など

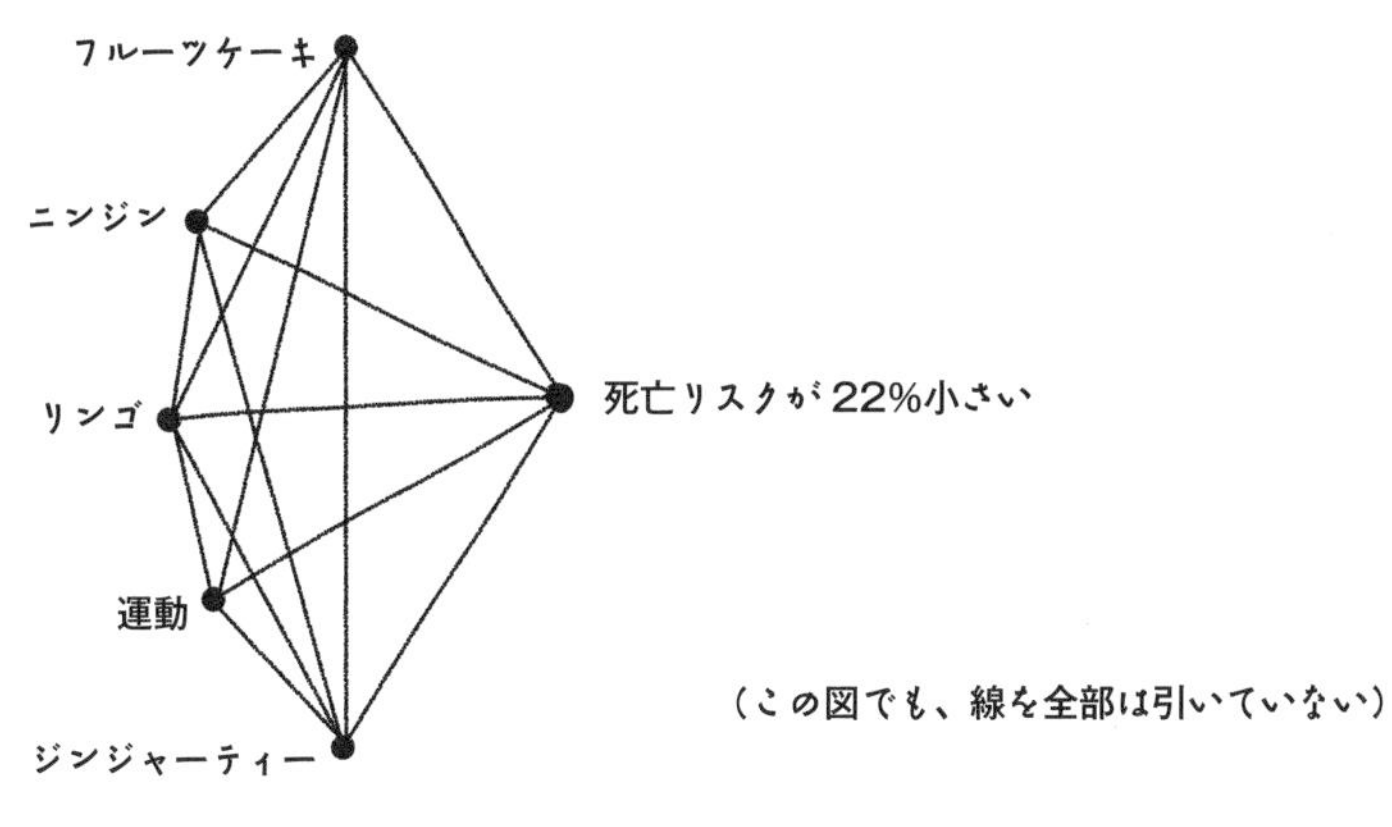

研究対象としているもの）に至る駆動力となっているのか、そして、どの変数が単に乗っかっているだけなのか」。より現実的には、アクセルを目いっぱい踏む変数もあれば、軽く踏むだけの変数もあるだろうし、ブレーキを軽く踏む変数もあれば、後部座席に陣取って何もしないくせに文句ばかり言って、メールしてるだけの奴もいる（**お前のことだよエヴァン、スマホから手を放せ**）。

これは、ウィレットとヨアニディスの争点の一つでもある。ウィレットならこう言うだろう。これらすべての変数を調整する、数学的手法は確かなものであって、相応の研究者がその手法を巧みに使えば、誰もが信頼するに足る結果を生み出せるのだと。一方、ヨアニディスはこう言うに違いない。喫煙のように一〇〇〇％もリスクが上昇するような大規模なリスクについては確かにそうかもしれないが、たとえば死亡リスクが一四％高いことと超加工食品の関連性といった、もっと小規模なリスクについては、まったく当てはまらない話だと。この点については、僕はヨアニディスの意見に同意する。

ヨアニディスは、運転席にどの変数が座っているのか把握したければ、ランダム化比較試験をしないとまず無理だと主張する。

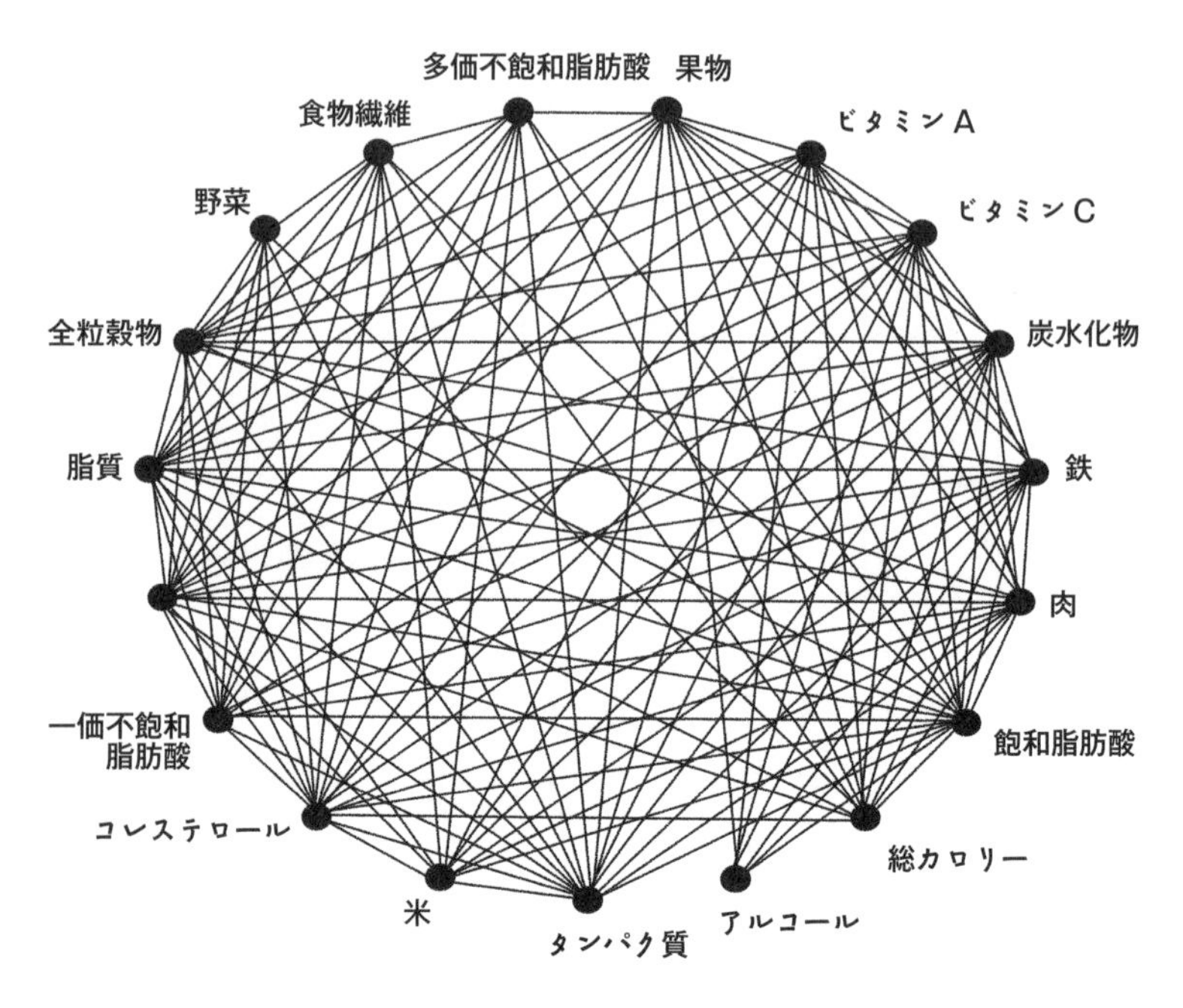

ところがウィレットは、質の高い観察研究を行えば、公衆衛生に関する提言を行うのに十分な程度まで、交絡関係をもたらす変数を調整できると主張する。

さてここで、栄養疫学戦争を巡る僕らのツアーは終わりだ。どうしても、議論と登場人物を単純化せざるをえなかった。紹介できなかったが、ヨアニディスとウィレットの背後にはほかにもさまざまな人たちがいるし、それぞれの主張の背後にはさらなる反論がある。そして、その反論の背後にはさらに多くの反論がある。ウサギ穴は、入り込めば入り込むだけ深さを増す。しかしその奥底にあるのは、プライドと恐れだけなのかもしれない。

第7章で最初にかぶった「嫌なやつになる帽子」のことを覚えているだろうか。あれをかぶるのは確かに楽しいのだが、ある時点からは、あの帽子の代わりに安全帽をかぶって、問題点をただ指摘するだけではなく、自分で修正すべく頑張る必要が出てくる。科学者とは修理上手な人たちなので、解決策になりそうな方法はたくさん用意されている。

では、どんなものがあるか見て行こう（すごく簡単にだけれど）。

最も大掛かりで、熱心に議論されている解決策とは、観察研究の数を減らして、大規模なランダム化比較試験に予算をつぎ込むことだ。誰がこの取り組みの先頭に立っていて、誰が猛反対しているのか、想像がつくだろう。皮肉になるかもしれないが、この対立が解決するのはどちらかが引退したときではないかという気がする。あるいは、ＮＩＨの予算を決める権限をどちらが握るかにかかっているのかもね。

では、p値ハッキングには解決策があるのだろうか。

解決策の一つは、みんながケビン・ホールと同じようにすること。自分の狙いを前もって宣言するのだ。研究を、とくにデータ分析の計画を事前登録する。ほかにも解決策がある。自分の研究を公開するのだ。「これが手短にまとめた要点です」ではなく、すべてのステップを一つ残らず公開する。ブライアン・ノセックから話を聞いたとき、彼はこの点を繰り返し指摘していた。こんな言い方をして、事前登録よりも強調していたくらいだ。

私が望むのは、彼らがその主張にどのようにして到達したのかを、見せてもらうことだけです。完全に探索的なデータ解析だろうが、完全に徹底した事前登録研究だろうが、ありとあらゆる手法で分析するマルチバース分析だろうが、どんな方法であっても同じことです。アイデアの始まりから結論を導きだすまでに行った作業を、単に見せてほしいのです。

自分が行った作業を詳細に至るまで見せるためには、生データ（もちろん匿名化されたもの）と、それを分析するのに使ったプログラムを公開する必要がある。これを忌み嫌う研究者もいれば、受け入れる研究者もいる。たとえば、ケビン・ホールが行った加工食品に関する研究のすべての生データをダウンロードして、再分析しようと思えばできるのだ（＊6）。ウォルター・ウィレットがホールの研究のあら探しをしようと思えば、生データをダウンロードできる。そして、ジョン・ヨアニディスが、ウィレットが行ったあら探しのあら探しをしようと思えば、生データをダウンロードしてそれができる。さらに、第三者が、見つかったあらを修正してからほかのあらを見つけたければ、ほかの人たちがすでに得ているのと完全に同じデータを使って、それをできる。こういった取り組みはすでに行われていて、素晴らしいことだと思う。僕は、オープンな全データの共有に一〇〇％賛成しているのだ。

p値ハッキングのもう一つの解決策とは、「仕様曲線」という手法を試すことだ。この仕組みを理解するために、まず、チョコレートチップクッキーのレシピを考えてみよう。材料のリストは決まっていて変えられないとしても、それらの材料をどういった手順で組み合わせてクッキーをつくるかという点では、まだかなりの自由度がある。レシピに正確に従いながらも、さまざまな点で変化をつけることができるのだ。たとえば、オーブンの温度を一五度上げてみる、バターをクリーム状に混ぜる前に室温に戻すのか、オーブンで焼く前に生地を冷蔵庫で二〇分間休ませるのか、ひとつまみの塩を生地の段階で加えるのか、型抜き後に上から振るのか。可能性は無限大だ。研究についても同じことがいえる。個々のデータ（材料）は同じでも、それを分析するための方法がたくさんある。それらの方法の違いによって、結果（クッキー）に大きな違いが出るのだ。この部分が、p値ハッキングが可能となる理由の一つである。

ほとんどの場合、研究者は自分が最適だと思うデータ分析の方法をただ選んで、それを実行する。問題は、どの方法が最適かという点で、見解の相違があることだ。ここで登場するのが「仕様曲線」である。その方法とは、**すべてのレシピ**を実行することだ。つまり、クッキーを一焼き分だけつくるのではなく、あらゆる変数を少しずつ体系的に変えながら、何百回もクッキーを焼いて、味にどのような影響が出るかを観察するのだ。科学でも同じやり方が使える。コンピューターにありとあらゆる方法でデータ処理をさせて、結果にどう影響が出るかを確認する。どのように計算しても結果がほぼ同じであれば、その結果が信頼できそうだと思える。しかし、データ処理を少し変えただけで、まったく違う結果が生じるようであれば、思っていたよりも信頼できなさそうな結果だということになる。

解決法のなかには、科学とはほとんどなんの関係もなくて、むしろ、常識に関わるようなものもある。

ウィレットとヨアニディスの対立を見て「桁外れに賢い人たちが、こんな……数学の問題みたいな事柄について、なぜこれほど激しく対立できるのか」と思った人もいるだろう。あなただけではない、僕もそう思ったし、今でもそう思っている。結局のところ、論点は、モラルや感情や政治ではなくて、数値的・理性的なものだ。真実の性質について議論しているのだ。だから、データに基づいて、どちらかの陣営が振り上げた拳をおろして（比喩的な意味でね）、もう一方の陣営の主張に同意するだろうと思っていた。

明らかに、甘い考えだったわけだが。

僕はかなりの数の疫学者に取材して話を聞いたのだが、当然ながら疲れ果ててしまった。そのうちの一人が、両陣営がいかに自分の考えに凝り固まっているのかを見事に凝縮した言葉を発している。「私がウォルターと知り合ったのは三五年前のことでね。三五年間、ずっと意見が合わないままなんだ」

しかし、その後、ある考え方に出会って、僕の見方は完全に変わった。それは「敵対的協力関係」といって、単純に、「意見が激しく異なる人びとが協力する」という意味だ。これは民主党と共和党がときに協力するのとは違う。民主党と共和党は、特定の問題（税金など）についての意見の相違を棚上げしておいて、より対立の少ない問題（道路建設など）で協力することがある。科学における敵対的協力関係は、それとは違って、科学者たちが激しく対立しているまさにそのテーマにおいて協力することなのだ。つまり、ウィレットとヨアニディスは栄養と健康というテーマで協力しうるということだ。こんなふうに思う人もいるかもしれないね。「それってカトリック教会が無神論者と協力するようなものじゃないの？」

そんなことはないし、その理由もあげられる。

確かに、ヨアニディスとウィレットは多くの点で異なる意見をもっている。しかし、栄養や、もっと一般的には生活様式が重要であり、研究する価値があり、僕たちの健康に影響を及ぼすという点で、彼らの意見は一致しているのだ。敵対的協力関係のためには、十分な共通基盤となりえる。

だが、当然ながら、彼らを説得するのは難しい。科学界における争いというのはこじれやすいし、誠意をもって協力するためには、双方がプライドを捨てなくてはならない。しかし、不可能ではないし、僕が思うに双方にとって大きな利点がいくつもある。第一に、それによって自分が実際に何かを学べるだろう。第二に、相手側に何かを教えられるだろう。第三に、対立する相手が同じ論文の共著者になれば、論文が発表されたときに批判されることもないだろう。

協力関係によって生み出されるものが、「どの点で意見の相違があって、双方の立場はどのようなもので、どんな実験をすればその相違が解消されうるか」をまとめた内容の論文にしかならない可能性も十分にある。だが、それだけでも、途方もない価値があるのだ。なぜかって？　そうだなあ、まず、科学的な議論は突き詰めると次のようになることが多い。

「あなたはXと言いましたね」

「いいえ、私が言ったのはYです」

「あなたの論文にXと書かれているのを読んだことをはっきりと覚えていますが」

「あの論文を本当に読んだんですか？　はっきりYと書いていますよ」

「もったいぶった表現よりも、構文を明晰に書くことに時間をかけてくれれば、あなたの文章を暗号機のエニグマなしで解読できるんですけどね」

もちろん、これは「エディターへの手紙」欄で、何年にもわたる公開決闘として行われる。本書の執筆中にも、ウィレットやヨアニディスをはじめとする多くの科学者が、一二粒のヘーゼルナッツに関する一文の意味について、まさにこの争いを繰り広げている。だからこそ、単純に両陣営が直接話し合って、どこに意見の相違があるかについて同意できれば、一歩前進したことになるだろう。

僕はヨアニディスともウィレットとも電話したことがあるのだが、それぞれに向かって、もう一人と一緒に仕事をしたいかと尋ねてみた。すると二人とも「イエス」と答えたのだ！　一方は、僕が尋ねる前からその意思を示してきたし、もう一方は「可能性はある」と言った。お役所の言葉なんかと比べれば、相思相愛と言っていいくらいだ。彼らが一緒に仕事をする機会が見つかることを願っている。僕ら全員にとって、よいことだと思うから。

この本を書いたのがマルコム・グラッドウェルだったら、皆さんは今頃、科学界全体に対する痛烈な批判の文章を読んでいただろう。彼ならば、スパゲッティ・ソース販売で食品業界に意識改革を起こした人物の話を使って、どんな科学者の話も信頼できないと主張するだろうから。読む人は、それももっともだと思うかもしれない。結局のところ、僕がここまで行ってきたのは、科学論文という神聖視されがちなものに潜んでいる、どうやら途方もない数がありそうなケアレスミスや統計的な不正行為などを、つまびらかにすることだった。確かに、これらすべてが科学というものに傷をつける疵（欠点）であることは間違いない。だが、見えている疵は、見えない疵よりましなのだ。自分たちが実践する分野の、根本的な欠点かもしれないことについて、公の場で堂々と議論するという業界はなかなかない。つまり、いま現在、栄養疫学の見直しが進んでいるただ一つの理由とは、科学者たち自身が見直そうと決めたか

らなのだ。

栄養疫学が危機的状況にあると誰もが認めているわけではない。従来の栄養疫学を支持する人びとは、ヨアニディスの猛攻を受けて立ち、今後も戦い続けることだろう。ほかの科学者たちは双方の意見を検討し、どちらに付くかを決めるだろう。そして、いずれはこの闘いにも決着がつき、勝者と敗者が明らかとなる。勝った陣営は『サイエンス』誌や『ネイチャー』誌で論文が掲載され続け、「確立した科学」という称号を得るだろう。喫煙によって肺がんが生じると発言した疫学者たちのように。もう一方の陣営は消えていくが、決して考えを変えず消えもしない人もいる。いずれは勝者の陣営も、次の新たな発想の転換点や押し寄せるデータの波に打ち負かされ、姿を消すだろう。似たようなことは常に起きており、戦いとはこうしたものなのだ。違いといえば、この疫学戦争がたった今、僕らの周りで公然と行われていて、この混乱した戦場のどこにでもアクセスできるという点である。だからこそ、僕は科学を信頼しているのだ。科学が完璧だからではない。誰でも、科学の不完全な部分を発見できて、自分自身の判断を下せるからだ。

では、専門家ではない僕らが、科学的な情報をニュースから得るにはどうすればいいかを考えよう。

ネット記事の見出しを考える人というのは、次の二種類に分かれるように思われる。グループAが、一〇〇%の確信をもって、読者の健康をあらゆる点で最大限まで高められると考える人たち。グループBは、そんなグループAを利用して金もうけをしようとする人たちだ。

なので、「卵は心臓病のリスクが二七％高いことと関連性あり」などといった見出しを見るたびに、僕の頭にこんな文章が浮かぶ。「ここをクリックすれば死を避ける簡単な方法がわかります。小型のキッチン用品もお買い得」

食と健康に関する記事を読むのは、タイタニック号の舳先に立つようなものだ。傍にケイト・ウィンスレットはいないけど。真下の海面には、氷の欠片のようなものが浮かんでいる。あの欠片の下に何百メートルもの氷山があるのなら、自分は命の危機にさらされている。それともトースターを売りつけようとする、ただの氷の欠片なんだろうか。想像してみよう。前方には何百、何千という氷の欠片が浮かんでいる。あなたは二六人に取り囲まれていて、それぞれが別々の欠片を指し示しながら、「あの氷にあたらないよう舵を切れ、あれは間違いなく氷山だ！」と大声であなたに訴えてくる。この二六人は、無差別に栄養補助食品を売りつけようとするブロガーであったり、クリック数を稼ぐために結果を誇張するジャーナリストであったりする。科学者の所属機関が、主要メディアで記事を出してもらうために、プレスリリースを誇張したり話を膨らませる場合もある。ときには科学者自身が、終身在職権を得るために、あるいは経歴を華やかに見せるために、はたまた単に自分の研究結果に疑いを抱いていないために、そうすることもある。そしてもちろん、本当の氷山だってある。喫煙が、死をもたらす巨大な氷山だったように。

医師や科学者も、このような状況と無関係ではいられない。国立がん研究所の前所長であるリチャード・クラウスナーは二〇〇一年に自分が船の舳先に立っていることに気づいた。彼は『ニューヨーカー』誌のジェローム・グループマンにこう語った。「私はこの業界で何が起きているか、かなり詳しいつもりです。ニュースで『がん研究で大発見！』なんて言ってるのが聞こえてきますよね。『なんだって？　最近大きな発見があったなんて聞いてないのに』と思って耳を傾けていると、聞いたことのない大発見が語られるわけです。それきりになってしまうんですけどね」

食と健康に関する記事のほとんどは、とくに害を及ぼすこともなく、そこらじゅうを飛び跳ねながらただ暗闇のなかへと消えていく。ここで、本書では初めての、食に関するアドバイスを送ろう。「ＣＤＣやＦＤＡが発する、食の安全に関する警告には注意を払うこと」。それ以外で、食と健康に関する文章をネット上のどこかで読んだ場合には——たとえばケールや卵といった個別の食品について書かれた文章はとくにそうなのだが、その内容を子猫のように扱うことだ。つまり、その情報と楽しく戯れるのはいいけれど、それによって自分の人生を変えさせないこと。「嫌なやつになる帽子」をかぶって、その情報の穴ぼこをいくつか見つけてはつついてから、先へと進むようにしよう。

なぜかって？　記事の疑わしい点に目をつぶって、科学論文を完全かつ忠実に報道していると仮定しても、雑誌に掲載された一つの論文だけでは、必ずしも根本的な真理の証拠にはならないのだ。エビデンスが蓄積されるには長い年月が必要であり、コンセンサスが形成されるにはそれよりもさらに長くかかる。要するに、「レンガ一個で橋はできない」のだ。

だが、こう思う人もいるだろう。「だからこそ、真実の架け橋が完成したときに備えて、自分たちも記事の見出しに目を光らせるべきではないのか」と。それに対する僕の答えはこうだ。「そんなことはありません。なぜなら、一般の人は科学者が科学を読むように記事を読むわけではありませんから」。科学者は専門分野の文献に精通している。大学院生の頃から読み続けているのだ。重要な研究者をすべて知っているし、使用されている手法の落とし穴について（たいていは）理解している。つまり、事情や背景を正確に知っているのだ。だが、僕やあなたのような一般人は、そうではない。第一に、僕らは記事の元になった論文を読まない。僕らが読むのは、通常、広報担当者と記者それぞれ少なくとも一人以上を介した記事である。だが、さらに重要なのは、僕らが一つのテーマを執拗に追いかけたりしないということだ。これまでに栄養疫学によって生み出されたすべての関連性に目を通してきたわけではない。気になるツイートを見かけたり親が記事を転送してきたりしたときに、大量の記事のごく一部をちょっと見てみるだけなのだ。二〇〇〇年以前に次から次へと現れた、コーヒーを巡る見出しの数々を覚えているだろうか？　それらの記事のうち三つだけをランダムに読んだとしよう。コーヒーによって股関節骨折のリスクは下がり、肺がんのリスクが上がり、心臓発作のリスクも上がると考えるようになるかもしれない。しかし、過去二五年間のコーヒーに関する文献をしっかりと読み込んでいれば、結果はころころと変わることがわかるので、一つひとつの記事をさほど深刻にとらえることはなくなるだろう。さらに、長年にわたる何百という研究結果をまとめた二〇一七年の論文も読んでいたことだろう。このレビュー論文のレビュー論文で明らかとなったのは、あのような恐ろし気な見出しで報告された関連性の多くは……ただ消え失せてしまったことである。

栄養疫学に対して人びとの取りうる姿勢は、次のスペクトルのどこかに位置するだろう。

栄養疫学とは、無益で不毛な荒れ地である。 ⟷ 栄養疫学はまともな学問だ。なぜこんなに大騒ぎするのか？

あなたの立ち位置はどこだろう。中央よりも少し上寄り？ それとも、大きく下に寄っているだろうか。栄養疫学がとびきり素晴らしいと思うのならば、それはそれで構わない。僕はあなたの意見を尊重する。だけど、最後にもう一章だけ、お付き合い願いたい。これまで取り上げなかった重要なテーマがあるからね。

それは、あなたはいつか死ぬ、ということだ。

（＊1） 二〇一〇年、ハーバード大学は、ヨアニディスを疫学の非常勤教授にした。つまり、戦いの両陣営を取り込んだわけだ。さすがハーバード。

（＊2） 実際には、より複雑な話となる。変数のなかには独立してないものもあるため、実際の数はもっと小さくなるのだ。しかし、基本的な考え方は同じだ。

（＊3） 念のため言っておくと、どちらの見出しも僕がでっち上げたものだからね。

（＊4） もちろん冗談であって、質問の意図は理解しているよ。それでも、変な質問だと思うんだよなぁ。

（＊5） 反論2の亜種として、「記憶に基づく方法が正当であることは立証されている」という主張があるのだが、ここでは取り扱わないことにする。食物摂取頻度調査法をはじめとする記憶に基づく調査方法の正当性が本当に立証されているのかという問題は、厄介な泥沼であり、足を踏み入れたくはない。思うに、この議論は「何をもって十分とみなすか」に尽きるのではないだろうか。

（＊6） ケビン・ホールの研究の生データは、次のサイトで取得できる。https://osf.io/rx6vm/.

結局、僕らはどうすればいいの？

人生をどう生きるべきかだけど……あまり深刻にならないようにね。

あなたがアメリカで暮らす女性で、たまたま今日が三三歳の誕生日だとしよう。誕生日おめでとう！　お祝いをしなくてはいけないね、なんといっても、あなたが次の誕生日を迎える前に亡くなる確率は約〇・〇八八四％、つまり約一一三一分の一なのだから。あなたが男性でほかが同じ条件だとすれば、確率は〇・一七五％、つまり約五七一分の一となる。なぜこんなことがわかるのかって？　ちゃんとしたデータがあれば、簡単に計算できることだ。

二〇一七年に亡くなったアメリカ人は二八一万三五〇三人。二〇一六年には二七四万四二四八人で、二〇一五年には二七一万二六三〇人だった。アメリカにおけるほぼすべての死亡者の分類と集計を行っ

あなたの年齢	この年齢で死亡するリスクの概算（男女を合わせた平均値）	あなたの年齢	この年齢で死亡するリスクの概算（男女を合わせた平均値）	あなたの年齢	この年齢で死亡するリスクの概算（男女を合わせた平均値）	あなたの年齢	この年齢で死亡するリスクの概算（男女を合わせた平均値）
0-1	0.5894 %	25-26	0.1004 %	50-51	0.4098 %	75-76	2.9614 %
1-2	0.0403 %	26-27	0.1028 %	51-52	0.4481 %	76-77	3.2507 %
2-3	0.0252 %	27-28	0.1056 %	52-53	0.4885 %	77-78	3.5786 %
3-4	0.0193 %	28-29	0.1094 %	53-54	0.5319 %	78-79	3.9616 %
4-5	0.0145 %	29-30	0.1138 %	54-55	0.5781 %	79-80	4.4017 %
5-6	0.0143 %	30-31	0.1185 %	55-56	0.6271 %	80-81	4.8899 %
6-7	0.0128 %	31-32	0.1232 %	56-57	0.6775 %	81-82	5.4283 %
7-8	0.0116 %	32-33	0.1277 %	57-58	0.7291 %	82-83	6.0367 %
8-9	0.0104 %	33-34	0.1318 %	58-59	0.7824 %	83-84	6.6954 %
9-10	0.0095 %	34-35	0.1359 %	59-60	0.8383 %	84-85	7.4533 %
10-11	0.0091 %	35-36	0.1408 %	60-61	0.8991 %	85-86	8.2695 %
11-12	0.0098 %	36-37	0.1468 %	61-62	0.9652 %	86-87	9.2575 %
12-13	0.0125 %	37-38	0.1535 %	62-63	1.0353 %	87-88	10.3427 %
13-14	0.0174 %	38-39	0.1608 %	63-64	1.1081 %	88-89	11.5296 %
14-15	0.0241 %	39-40	0.1690 %	64-65	1.1838 %	89-90	12.8216 %
15-16	0.0314 %	40-41	0.1790 %	65-66	1.2634 %	90-91	14.2211 %
16-17	0.0388 %	41-42	0.1909 %	66-67	1.3510 %	91-92	15.7287 %
17-18	0.0473 %	42-43	0.2043 %	67-68	1.4504 %	92-93	17.3433 %
18-19	0.0566 %	43-44	0.2191 %	68-69	1.5664 %	93-94	19.0616 %
19-20	0.0660 %	44-45	0.2360 %	69-70	1.7059 %	94-95	20.8781 %
20-21	0.0757 %	45-46	0.2541 %	70-71	1.8766 %	95-96	22.7849 %
21-22	0.0846 %	46-47	0.2752 %	71-72	2.0689 %	96-97	24.7715 %
22-23	0.0914 %	47-48	0.3018 %	72-73	2.2709 %	97-98	26.8255 %
23-24	0.0958 %	48-49	0.3346 %	73-74	2.4795 %	98-99	28.9322 %
24-25	0.0984 %	49-50	0.3717 %	74-75	2.7078 %	99-100	31.0753 %
						100歳以上	100.0000 %

ているのはアメリカ疾病予防管理センター（CDC）である。ここでは、政府の科学者が何年もかけて分析した、途方もない量のデータが生み出されている。このデータにちょっとした統計学と微積分の知識を加えれば、平均的なアメリカ人男性と女性のおおよその死亡リスクを見積もることができるのだ。毎年、CDCはこのような推定リスクをまとめて「生命表」として公開している。この生命表の心臓部が、上のような二列の数字だ（＊1）。

生命表の心臓部が死亡リスクだというのは、なんだか皮肉めいているけれど、それはさておき、実はこの地味な数字の列からとても多くのことがわかる。まず、こういった表を見てすぐわかるのが、自分が楽天的か悲観的かということだ。たとえば、三三歳の誕生日を迎えた女性であるあなたは、三三歳のうちに死亡するリスクが小さいけれどゼロではない（〇・〇八八四％存在する）ことを気にするのか、あるいは三四歳まで生きられることを九九・九一一六％も（いわば）保証されていることに注目するのか。（訳注　この箇所の説明で使われている数字は、前ページの男女合わせた生命表ではなく、女性のみの生命表が参照されている。ほかにも、本章の生命表に関する数字は、ＣＤＣの二〇一五年の生命表で確認できる。ファイルには男女別のデータも掲載されている。https://www.cdc.gov/nchs/data/nvsr/nvsr67/nvsr67_07-508.pdf）

もう一つ興味深いのが死亡リスクの変化だ。二〇代半ばまでは大幅な変動があるが、それ以降はゆるやかな増減があるもののおおよそで年に八％ずつ増えている。つまり、去年の年齢の死亡リスクを一・〇八倍すれば、今年の年齢でのだいたいの値が得られる。たいしたことのない変化だと思うかもしれない。だが、ここでちょっと一九八六年にまで戻ってみよう。定期預金の金利が八％前後もあった時代だ。（唐突だと思うかもしれないがお付き合い願いたい。）一九八六年に、ある銀行が預入期間五〇年で金利八％の定期預金を提供していたとしよう。その口座に一万ドルを預けた場合、満期時までに儲けた金額はいくらになるだろうか。「一万ドルの八％を五〇年間ということは、全部を掛け合わせて、四万ドルの利子がつくんじゃないの？」そう思ったあなた、残念ながら間違いだ。五〇年間の儲けは約四六万ドルである。だからこそ、あなたの両親や経済番組の名物キャスターが、貯金しろとしつこく言うのだ。複利の力、別名「時間の力」を利用するのだ。五〇年間でどのくらい稼ぐかよりももっと素晴らしいのは、稼いでいるのはいつなのかだ。最初の一年間の利息は八〇〇ドルだが、五〇年目の利息は一年間で約三万五〇〇〇ドルにもなる。つまり、時間が経つほど稼ぎやすいわけだ。

最後の一文にある「稼ぐ」を「死ぬ」に置き換えてできる文章は、まさに真実を表している。「時間が経つほど死にやすい」。時間は、金銭については僕らにとって有利に働いてくれるのに、死については不利に働く。実は、この二つのケースにおける計算は同じである。いわゆる「指数関数的」に増加するのだ。つまり、あなたの死亡リスクは年を重ねるほど急速に上昇する（＊2）。僕に生命表の解読方法を教えてくれた人口統計学者のアリソン・ファン・ラールテは、この陰鬱な話を楽しげに伝えてきた。「私たちの死亡率が年齢とともにどれほど急激に増加するのか、気づいている人ってほとんどいないんですよ」

僕はまったく気づいていなかった。CDCが提供する生命表の数字をつついていると、だんだん恐怖がこみあげてくる。たとえば、八五歳の人が八五歳のうちに亡くなるリスクは、一〇歳の子どもが一〇歳のうちに亡くなるリスクの九一〇倍である。九一〇〇〇％に相当するのだ！　八五歳と五〇歳の比較でも、十分に衝撃的な数字となる。八五歳の人が八五歳のうちに亡くなるリスクは、五〇歳の人が五〇歳のうちに亡くなるリスクより二〇〇〇％も高いのだ！

悲観的な人たちは、「そら見ろ！　なにもかもがクソだ！」とやけになるかもしれないね。しかし、もうちょっと待ってほしい。話はまだ続くから。最も驚くべきこととは、どの年齢をとっても、その年齢での死亡リスクが低いことだ。あなたが想像するよりも、きっと低いだろう。たとえば、四〇歳のアメリカ人男性が四〇歳のあいだに死亡するリスクはたったの〇・二二四％だし、五〇歳のアメリカ人女性が五〇歳のあいだに死亡するリスクは〇・三二〇％しかない。自分の死因となりそうなものをあれこれ考えていると、これらの数字がますます小さく感じられる。（ちなみに、オーストラリアの印象といえば「生物でも無生物でもあらゆるものが人を死に至らしめようと共謀している国」であるが、四〇歳のオーストラリア人が四〇歳のあいだに死亡するリスクは〇・一四二%と、四〇歳アメリカ人のリスクよりも小さい。）

さて、ここで問題。「アメリカ人にとって、一年以内の死亡リスクが初めて一〇%を超えるのは何歳のときだと思いますか」。言い換えると、人生のどの段階で、自分と同年齢の人の一〇人に一人が一年以内に亡くなるようになるのだろうか。

六〇歳？

七〇歳？

八〇歳？

どれも間違い。正解は八七歳である。

八五歳の死亡リスクが一〇歳の死亡リスクの九一〇〇〇%にのぼることは前に述べた。このご老体が八六歳の誕生日を生きて迎えられるかどうかは、オッズにして一一対一。その一年間の死亡リスクは「たったの」八・二七%なのだから。CDCの生命表で一年ごとの確率が示されているのは一〇〇歳までだ。一〇〇歳になってから一年間の死亡リスクは三四・五%。つまり、もし一〇〇歳の誕生日を迎えられたら、一〇一歳になるまで生きられる可能性はだいたい三分の二ということだ。まったくの悲観主義者の僕でさえ、かなり楽観的に感じられる！

しかし、これで楽観主義者が勝ったわけではない。一年ごとではなく一〇年単位で考えると、物事は再び陰鬱な様相を見せる。例として四〇歳のアメリカ人男性を考えてみよう。四〇歳で亡くなる確率は〇・二二四%しかない。だが、四〇歳になってから一〇年間で亡くなる確率は、三・二%なのだ。五〇歳になると一〇年のうちに亡くなる確率は七・四％に跳ね上がり、六〇歳では一五％となる。七〇歳で三一％、そして七五歳では四五％となる。つまり、七五歳になると、八五歳まで生きられるかどうかは半々くらいの確率となるわけだ。

これを見て憂鬱になる人もいれば、喜ばしい結果だと思う人もいるだろう。だが僕はそのどちらでもない。だって僕は……割り算するのに忙しいからね。

最近のアメリカ人の生命表で顕著な特徴とは、男女ともに、最も死ににくい年齢が一〇歳だということだ。一〇歳の子どもが一一歳の誕生日までに死亡するリスクは〇・〇〇九一％であり、残りの九九・九九〇九％は生き延びて、カーダシアン家の人びとが次に何をするかを見届けられる。一〇歳の子どもの（一〇歳のあいだの）死亡リスクはすごく小さいので、この数字でほかの年齢の死亡リスクを割ると、ほとんどすべてがとても大きい数に見えてしまう。たとえば、二〇歳のあいだの死亡リスクを一〇歳のあいだの死亡リスクで割ると八という数字が得られる。つまり、二〇歳の死亡リスクは一〇歳の死亡リスクの八倍（あるいは八〇〇％）である。こうなると、楽観主義者と悲観主義者の境界線があいまいになってくる。事実として、二〇歳の死亡リスクは非常に小さい。ところが、一〇歳の死亡リスクに比べればずっと大きいというのも、また事実なのだ。

複利や死亡リスクといった指数関数は、扱いが厄介なことで知られている。関数全体のスケール感を頭のなかで維持するのが難しいのだ。関数の前半（三〇代前半の死亡リスクや最初の数年の利子の伸び）を理解できたとしても、関数の後半でどれほど大きくなるかの感覚はつかみづらい（巨額の富や……死亡だ）。確かに、誰しも直感的には理解している。一〇歳の子どもが亡くなるのは意外でショックを受けるが、これは数学的にも感情的にも当然の反応だ。そして、九九歳の老人が亡くなるのは悲しいことではあるが、決して予想外の出来事ではない。だが、この直感的な理解と数字による理解にはかなりの隔たりがある。パーセンテージでみた死亡リスクの最小値（一〇歳のとき）と最大値（九九歳のとき）の違いは僕らが思うよりもはるかに大きくて、なんと三四万パーセントもあるのだ！（＊3）

ここで疑問が生じる。超加工食品を摂取することで、どのくらい死にやすくなるのか？

この問いに答えるために、超加工食品と死亡リスクの上昇を関連づけた研究を振り返ろう。著者たちが発見したのは、被験者の食事に含まれる超加工食品の重量比が一〇％増えると、年間の死亡リスクが一四％上昇することだった。この結果を導き出したのはフランスのニュートリネット・サンテ研究のデータを使って超加工食品とがんとの関連づけを行ったのと同じ研究者たちだ。この数字を疑ってかかるべきだとする理由はいくつかあるし、第7章と第8章で具体的にあげている。「この数字なんだけど、実際は……」などと続けたいところだが、ちょっとそれはやめておこう。ここでは、超加工食品を食べることで、本当に参加者の年間の死亡リスクが一四％上昇すると仮定しよう。つまり、正当で因果関係のある関連性だとわかっていると仮定するのだ。

ひどい考えだって？　もし僕が見出しをつくる担当だったら、ちょっとしたセンス（そして不正確さ）で味つけして、こんな見出しにするかもしれない。「神はチートスを食べる人を憎み、彼らの人生を一四％短縮させることが、研究により明らかに」

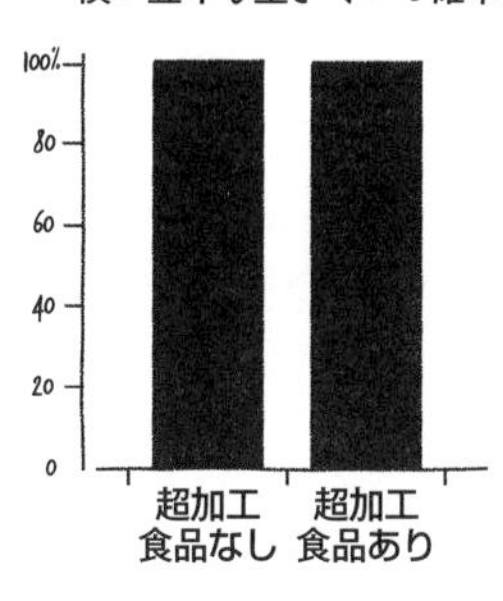

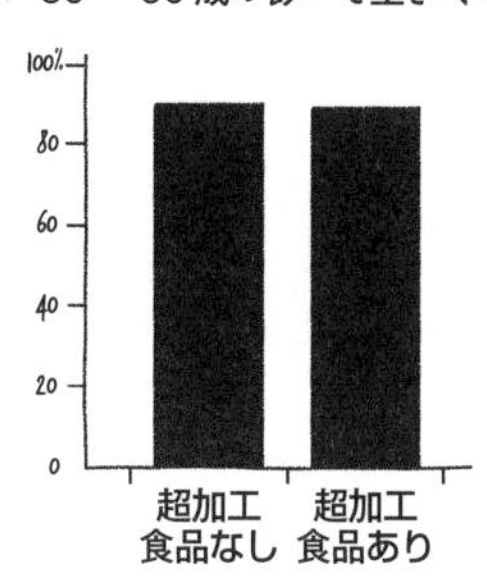

もしも、死亡リスクが一四％高まることと全寿命が一四％縮まることが同じだとすれば、それはとんでもない話だ（＊4）。アメリカ人の平均寿命の一四％とは約一一年なので、これは大変な損失だ。一方で、「死亡リスクの増加」と「平均余命の減少」は数学的には同じではない（平均余命とはある年齢の人がそれ以降生存しうる平均年数のこと）。大雑把にではあるが簡単な計算でこれを確認しよう。僕の来年の死亡リスクは約〇・一八％だ。このリスクを一四％増加させたとすると、僕の来年の新たな死亡リスクは約〇・二一％（＝0.18×1.14）となる。視点を変えて生存リスクをグラフにすると、右上のようになる。

見ても差がわからないだろう。（僕もエクセルで描いたグラフを拡大しなければわからなかった。差はちゃんとあったよ。）次に、自分が今後一〇年間にわたって超加工食品を一〇％多く食べるだろうと非常に悲観的な仮定をして、五〇～六〇歳の一〇年間の生存リスクを比較した。だが、結果は左のグラフのようになり、差がほとんどないことに変わりなかった。

この論文の著者たちが一四％のリスク増加を平均余命の変化へと換算したかったのであれば、「加速寿命モデル」のような手の込んだ数学的手法を使うこともできたはずなのだが、そうしていない。生データも公開されていないので、僕ら自身でそういった手法を使うこともできない。しかし、平均余命の変化を次のような簡単な数式を使って概算できることがわかった（＊5）。

平均余命の変化≈－10×ln(相対リスク)

数式のなかの「ln」は自然対数（natural log）の略語で、ほとんどの電卓にこの機能がついている。この例では、「超加工食品を食べると死亡リスクが一四％増加する」のだと僕らは心底信じ切っているという体（てい）でいるわけで、この場合の平均余命の変化はだいたい次のようになる。

－10×ln（100％＋14％）＝－10×ln（114％）＝－10×ln（1.14）＝－1.3
……つまり、約1・3年短くなる

どういうことだ？　これほど大きく感じられる死亡リスクの変化（一四％増加）によって、たったこれだけの変化（アメリカ人の平均寿命の約二％）しか生じないって？　このような結果になる原因は、すっかりお馴染みになった指数関数にある。とくに一〇歳から七〇歳のあいだは、何歳であろうとも、一年以内の死亡リスクがそもそも小さいのだ。

つまり僕に言わせてもらえば、死のリスクについては、超加工食品との関連性によって一四％増加したとしても（それが事実だと仮定してのことだが）大した問題ではない。大変な数字のように思えたのは、パーセントでの表示を、一〇〇％が上限だと考えることに慣れてしまっているからだ。だが、僕らが日常的に直面している死亡の相対リスクと照らし合わせると、実は一四%というのは大した数字ではない。実際、ただ単に一九歳から二〇歳になるだけで、リスクはちょうど一四%増加するのだ。喫煙について覚えているだろうか。約三万五〇〇〇人のイギリス人医師を対象としたある研究によって、ヘビースモーカーは非喫煙者と比べると、年間で二三四%も死にやすい（死因は問わない）ことが明らかとなっている。これはかなり強烈な数字であって、平均余命に換算したときの減少量もずっと大きく、平均余命が約一〇歳短くなるのだ。

実は、喫煙以外にも非常に大きなリスクが存在する。

その一つが、「男性である」ことだ。事実、先進国では、どの年齢でも男性の死亡リスクが女性の死亡リスクを上回る。なんと、死亡リスクの比が最大で二・八五倍と、女性よりも男性のほうが二八五%も死にやすい年齢がある。（それは、納得の二二歳。人口統計学者はこのピークのことを「事故の山（Accident Hump）」と呼ぶが、僕はちがう。「若い男は無茶なことをしがちだが、それは彼らのせいじゃない。テストステロンや社会環境に駆り立てられて向こう見ずな行為に及んだ結果の山」と呼びたい。）収入もリスク要因の一つだ。アメリカにいる四〇〜七六歳の人のうち、収入の上位一%（社会保障局調べ）に入る人は、下位一%の人よりも一〇〜一五年長生きする。また、住んでいる場所もリスク要因である。ニューヨーク市で暮らす最貧困層の人びとは、インディアナ州のゲーリーで暮らす最貧困層の人びとよりも、平均で四年長く生きる。ご想像のとおり、人種もまたリスク要因だ。たとえば一歳以下の黒人の赤ちゃんは白人の赤ちゃんに比べて**二倍以上**（二三一%）死亡する確率が高い。

僕らは年齢を変えられないし、人種も変えられない。そして、収入や暮らす場所を変えるのは難しい。

しかし、超加工食品を食べる量を減らすのは簡単だ。「スーパーフード」を食べる量を増やしたり、地中海式の食事へと切り替えたりするのも簡単だ。食べものを変えるのは収入を変えるよりもはるかにたやすい。それにつけこむのが、食生活の変化を誘うような嘘だ。簡単にできそうだし、一四％なんていう数字を見せられて、自分の死亡リスクを大幅に減らしているように思いこまされてしまう。本当はそんなこと、できてないのに。

しかしなんだか、みんながどうでもいいと思うようなことを取り上げて、数学的で冷徹な議論をしているような気もしてきた。

この最終章を書いているときに、ウォルター・ウィレットのグループが最近発表した論文を見つけた。この論文は五種類の健康行動（「生活習慣の選択」とも）と死との関連性に注目したもので……五種類の昔ながらの栄養疫学研究を一つにまとめたような内容だった。優れた点とは、たとえば「死亡リスクが二七％上昇」といった恐ろし気な表現を使わずに、人生が何年延びるか、あるいは縮まるかという、誰もが明確に理解できる形式を使用したことだ。また、五種類の異なる健康行動を同じ計算手法で解析した数少ない論文でもある。

僕がすごく気になったのは、栄養疫学の観点から僕らは何をすべきかということだった（結果を信頼した場合の話だけど）。

ウィレットたちが具体的に何をどうしたのかというと、従来の手法を使ってさまざまな死亡リスクを

（相対リスクとして）計算してから、それらのリスクが五〇歳の人びとの平均余命にどのような影響を与えるかを計算している。つまり、たとえば、ヘビースモーカー（一日あたりの喫煙本数二五本以上）の死亡リスクは、非喫煙者の死亡リスクの二八七％に相当する。そしてその数字を、まるでレタスに塩を振るように、五〇歳以上のアメリカ人の生命表に振りかけて、生命表から命が吸い取られていく様子を観察したわけだ。基本的に彼らが計算したのは、五〇歳でまったくタバコを吸わない人と比べると、五〇歳で毎日二・五箱吸う人がどれだけ早く亡くなりそうかということだ。その答えは、男性であれば一二年、女性であれば九年、亡くなる時期が早まるという結果だった。

ほかの生活習慣についても、被験者を数学的にグループ分けして、複数の交絡変数を補正したうえで、各グループの平均余命の比較が行われている。

運動については何がわかったのだろう。

「中程度または激しい運動」を週に三・五時間以上行っている人びとは、まったく運動しない人と比べると約八年長生きするのだが、週に〇・一～〇・九時間程度の運動でも五年間長く生きられそうだ。

肥満についてはどうだろう。

肥満のクラス2またはクラス3（BMIが三五以上）の人は、BMIが二三～二五の人と比べると寿命が四～六年短くなる。BMIが二五～三〇の人は、BMI二三～二五の人と比べても、一年しか短くならない。

飲酒についてはどうだろうか。

まったく飲まない人と、一日に三〇グラムのアルコールを摂取する人は、ほぼ同じ寿命だった。ただし、一日に五～一五グラムのアルコールを摂取する人と比べると、両者は寿命が約二年短かった。

そして最後に、食生活。

「最も健康的」な食事をしている人は、「最も健康的でない」食事をしている人に比べると、平均余命が四～五年長い。この表現にはたくさんの疑問が浮かんだことだろうが、心配ご無用、後で触れることにするが、まずはいくつかの点を指摘したい。

第一に、これらの数字はすべて観察研究のデータに基づいており（ランダム化比較試験は行われていない）、すべての平均余命の計算は、「平均余命の変化は生活習慣の選択と関連性があるだけでなく生活習慣の選択により引き起こされる」ことを前提としている。つまり、関連性が正当な因果関係だと仮定しているのだ。

第二に、この分析によると、平均余命の延びが……すごく大きいのだ！　すべての生活習慣の選択で悪い方を選んでいる人のグループと、すべての選択でよい方を選んでいる人のグループを比べると、平均余命の差は約二〇年にもなる。しかも、これは五〇歳時点での話なのだ。つまり、寿命が九四歳か七四歳かの違いになる。

これを初めて見たとき、さまざまな感情がわき起こったものだ。最初に頭に浮かんだのは、「これはピニャータにピクルスを入れるよりも間違っていそうだぞ」ということだった。

しかし、こんなふうに考えてみた。

この二〇年という差は、「すべての健康特性を可能な限り完璧な状態にもっていった人」と「すべての健康特性を可能な限り最悪な状態にもっていった人」とを比べたものなのだ。つまり、決して喫煙せず、飲酒はほどほどで、しっかりと運動して、「最も健康的」な食生活をしている健康的な体重の人物と、ひっきりなしにタバコを吸い、「最も健康的でない」食生活をして、一週間の運動量は六分未満、アルコール依存症をもつ病的な肥満体の人物とを比べているのだ。

そう考えると、感想も変わってくる。「そんなふうに表現したなら、寿命に二〇年の差が出ても……まあ……おかしくは……ないのかも？」

誰が比較されているのかを明確にすることで、重要なポイントがもう一つ浮かび上がる。最悪の健康グループや最良の健康グループに属する人はまれだということだ。CDCのデータを用いてウィレットたちが推定したところ、最悪の健康グループに含まれるのはアメリカ人のたった〇・一四％で、最良の健康グループの場合も〇・二九％にすぎなかった。ほとんどの人は中間あたりに集まっているのだ。この重要な事実にも、二とおりの見方ができる。楽観主義者ならこう考えるだろう。「すごいぞ、アメリカ人の九九・七一％が、生活習慣を改善する余地があるなんて！　素晴らしいチャンスじゃないか！」一方、悲観主義者は同じ数字を見てもこのように考えるだろう。「五種類もある達成困難な生活習慣を完璧な状態にもっていけているのが、アメリカ人の〇・二九％だけ？　そりゃそうだろうよ、〈調べるまでもない当然の結果大賞〉の受賞おめでとう！」

寿命を大きく延ばすためにすべきことを考え始めると……やはり悲観的になってしまう。たとえば、五〇歳の時点での平均余命を三年ほど延ばそうと思った場合には、次のようなことが考えられる。

・ＢＭＩの数値を五つ下げる（かなり大きい変化だ）

- **一日に二〇本吸っていたタバコを、一〇本に減らす**
- **週に二時間だった運動を四時間に増やす**

はっきり言っておくが、どれか一つをやればいいわけではなくて、すべてやる必要がある。

これって……かなり厳しい！

視点を変えて、たった一人ではなくて、アメリカ人全体に目を向けると、もう少し楽観的な見方ができる。たとえば、週に二時間だった運動を四時間に増やして、あなた個人の平均余命が一年間延びたところで、誰も気にはしない。しかし、もしもアメリカの人口の一〇%が運動時間を二倍にしたならば、誕生日会がもっと増えることとなる。しかも、すでに逼迫(ひっぱく)している保健医療制度への負担が軽減されるというおまけつきだ。もちろん、これらすべては、関連性が正当な因果関係だと仮定しての話だけど。

さて、以上をふまえて、僕からどんなアドバイスができるだろうか。

では発表しよう。

僕からの四つのアドバイス（おおむね健康な人向け）

まず、注意してほしいのは、僕は医者ではないということだ。主治医から、この本の内容と矛盾する指示があった場合には、僕のアドバイスは無視して、主治医の言うとおりにすること。あなたの主治医はあなたのことに詳しいけれど、僕はそうじゃないから。

さてと、ここからが本番だ。

アドバイス　その①

心配しすぎないこと。食と健康に関するほとんどの記事は無視していい（安全上の懸念による回収や食品汚染などの記事は別として）。健康に関する記事の目的は、しっかりとした背景の説明や精密な情報を提供することではなくて、何かの広告や料理本を売ることにある。それに、まだ不確かな最新情報であって、決定打となる最終的な情報ではない。

特定の食品や食事法、医薬品について正しい情報を知りたいならば、最良にして最も簡単な方法は、Cochrane Database of Systematic Reviews（非営利団体コクランが作成するシステマティック・レビューを収録したデータベース）を確認することだ。何もかもが網羅されているわけではないが、それでも多くの食品や施策、健康への影響に関する研究がレビューされており、科学文献に紛れ込んだ不正行為の検出と指摘が行われている。コクランも完璧ではない。だが、最も多くの情報と、エビデンスの質に対する最も厳密なレビューをまとめあげて、最も短くて読みやすい要約を提供している。しかも、論文発表された最新結果を反映するよう、常にレビューを更新している。

アドバイス　その②

タバコを吸わないこと。吸っている人は禁煙しよう。喫煙者にとっては、禁煙が、長生きするために飛びぬけて重要である。タバコを吸わない人にとって長生きのために飛びぬけて重要なこととは、喫煙を始めないことだ。

電子タバコについてはどうだろうか。もしあなたが喫煙者であれば、電子タバコが禁煙の助けになるというエビデンスがあり、ニコチン置換療法と同等（あるいはそれ以上）の効果を得られる可能性があるとお伝えしておこう。一方、非喫煙者であるあなたに対して、電子タバコの使用をすすめる理由は、本当に、まったくない。前に説明したように、電子タバコにはタバコの煙と同じ発がん性物質が含まれているし、電子タバコがきっかけになって、紙巻きタバコを吸い始めることだってありえるからだ。

アドバイス　その③

体を動かすこと。喫煙のようには因果関係が明らかになっておらず、運動によって寿命が延びるのか、運動と長生きに単に関連性があるのかはわかっていない。しかし、この違いは重要ではない。体を動かすと気分がよくなるし、基本的にリスクもないので（＊6）、体を動かしたほうがいいだろう。

アドバイス　その④

最後に、食に関するアドバイスを。なぜ最後なのかって？　さっき言ったように、ウィレットの分析によると、最も健康的な食事をしている人は、最も健康的でない食事をとる人と比べると、（五〇歳時点での）平均余命が四～五年長いという。だが、何をもって「最も健康的な食事」と言っているのか？その食事には、果物、野菜、ナッツ、全粒穀物、多価不飽和脂肪酸、長鎖オメガ3脂肪酸はたくさん含まれるが、加工肉や赤身の肉、甘味飲料、トランス脂肪、塩は、ほとんど、あるいはまったく含まれないとのことだ。

では、この一一種類をリストにしよう。このリストで気づいたことはあるかな？　僕は二つのことに気づいた。

一つ目。やけに長いこと。（これに比べると「タバコを吸わないこと」や「体を動かすこと」なんて、項目は一つしかない。）長いことの何が問題なのか？　一一項目の足し合わせによって約四・五年の平均余命の延びにつながったのだとすれば、一個の項目につき、貢献はたったの約五カ月ということになる（各項目が等しく貢献したと仮定している）。

二つ目。実際は、このリストは一一項目よりもはるかに長いということだ。このリストは、四つの個別の品目（塩、トランス脂肪、多価不飽和脂肪酸、オメガ3脂肪酸）と、七つの食品カテゴリー（果物、野菜、ナッツ、全粒穀物、加工肉、赤身の肉、甘味飲料）からなる。気前よく「甘味飲料」を一つの品目とカウントしたとしても、五つの個別の品目と六つの食品カテゴリーになるだけで、各食品カテゴリーには数十あるいは数百種類の食品が含まれるのだ。さらに、五つの個別品目とは実際には特定の分子（塩、砂糖、脂肪酸、トランス脂肪）のことであって、いずれも広範な食品に含まれている。ここで指摘したいのは、「健康的な食事」というと、まるで「大きな一つの事柄」のように聞こえるかもしれないが、実際には何百という細かい事柄が非常に複雑に絡まり合っているのだ。つまり、一つの食品（ブルーベリーや深煎りコーヒーなど）が平均余命に及ぼす影響というのは、それはもう、ものすごく小さいと思われる。

健康的な食事をする努力に意味がないなどと言っているわけではない。僕が言いたいのは、多価不飽和脂肪酸が最も多く含まれる魚はなんだろうとか、アボカドが熟したらオメガ3脂肪酸は増えるのか減るのかとか、コーヒーは深煎りと浅煎りではどちらが抗酸化物質を多く含むのかとか、くだらないあれやこれやが健康雑誌に載っているのを見たことがあるけれど、そんなことを気に病む必要などないということだ。同じ理由から、どの食事法を選ぶべきかということにもあまり意味はない。怪しげなダイエット法は論外として、本物の医師が推奨する食事法であれば正解から大きく外れることはないし、少しばかり外れた点があっても、あなたの余命にはほとんどなんの影響も出ないのだから。

もちろん、食事法は長生きするためだけのものではない。ときには――ほとんどの場合かもしれないが――食事法とは「最高の自分になる」ためのものであったり、「気分よく過ごす」ためのものであったりする。なんらかの食事法を続けたところ、健康になったように感じたり、なんとなしに気分がよくなったように感じたりという経験をもつ人は多いだろう。問題は、その特定の食事法を続けたおかげで気分がよくなったのか、どんな食事法でも気分がよくなるのかがわからないということだ。ある食事法（どんな食事法だとしても！）の継続という単純な行動それ自体によって、気分がよくなった可能性もある。また、何らかの食事法を続けているような人なら、おそらくは、運動量も多く、二日酔いでつぶれる時間も少なく、十分な睡眠時間をとるなどしているだろう。食事法とは無関係に、こういったことによって気分がよくなったのかもしれない。

超加工食品を完全に断つのはどうだろうか。それが正しいことだと示すような質の高いエビデンスがあるのかという疑問が浮かぶことだろう。喫煙の研究で明らかになったような、超加工食品と死をつなぐ確固たる「真実の架け橋」が見つかっているのだろうか？ 見つかってはいない。だが、前にも言ったとおり、公衆衛生総監は、揺るぎない橋の完成を待たずに、喫煙をやめるよう、人びとへの告知に踏み切った。本書で示したエビデンスを読んで、「後悔するよりは安全策をとるほうがよさそうだ」と思うのなら、同意する人もたくさんいるだろう。結局のところ、チートスやほかの超加工食品を食べないことと関連性のあるリスクは見つかっていないのだから、食生活から完全に除外してしまうのもいいだろう。

実際に、多くの食事法で、加工食品を食べないことが推奨されている。僕もその方針に対して基本的な点で異論はない。だけど……加工食品を「毒」と呼ぶのはやめるべきではないだろうか。下痢を生じさせたり心臓を止めたりといった働きのある、正真正銘の毒物に対して失礼ではないか。砂糖（あるいは超加工食品）のようなものを「毒」と呼び始めると、言葉のもつ重みがなくなってしまう。キャンディ（candy）が体にいいとは言えないが、いかに綴りが似ていても、シアン化物（cyanide）とは違うのだ。

僕のことを些細なことにこだわりすぎだと思う人もいるだろうし、確かにそうなのだろう。しかし、よく考えてほしい。もしあなたが超加工食品のことを恐ろしい毒物だと信じ込んでいるとしたら、「超加工食品をまったく食べなければヘビースモーカーのままでいてもリスクは相殺されるはず」だとかなんとか、論理的に結論づけるかもしれない。だが、それはとんでもない妄想だ。それに、皆が何かを毒だと簡単に言い続けたら、誰もがその表現に慣れ切ってしまって、本当に毒性のあるものが現れたときに、その危険性を見過ごしてしまうかもしれない。イソップ物語で「オオカミが来た！」と叫ぶ少年を信じなくなるみたいに。あなたが超加工食品を一切食べないと決めるのなら、それはたいへん結構なことだ。超加工食品の代わりに、ほとんどの食事法で推薦されている果物や野菜などを食べることで気分がよくなるかもしれないし、あるいはプラシーボ効果で気分がよくなるかもしれない。

しかし、いくら超加工食品断ちをしたところで絶対にかなえられないことがある。それは、永遠に生き続けることだ。

（＊1）自分で元の生命表を確認する場合には、死亡リスクが〇から一までの数字で表示されていることが多い点に気をつけよう。この数字をパーセントに変換するには、一〇〇をかけるだけでいい。たとえば、三〇歳で亡くなる確率は〇・〇〇一一八五だが、これは〇・一一八五％と同じだ。本文の生命表に記載した数字は、すべてパーセントに変換済みだ。

（＊2）死亡リスクの指数関数的な増加は、一〇五歳くらいまで維持される。それ以降はわからないけれど……。

（＊3）結論として言えるのは、高齢になった人たちと過ごす時間をもう少しとったほうがいいということ。あなたと比べて高齢者の死亡リスクははるかに高くて、死亡リスクが増加する割合もずっと大きいのだから。

（＊4）複雑な数学的理由から、死亡リスクの一四％増加は厳密には一二％（＝1－1/1.14）の寿命の減少に相当するのだが、細かいことはいいだろう。

（＊5）数式を導くために、重要な仮定を置いた。毎年増加するリスクが生涯を通じて一定だとしたのだ。これは事実ではないのだが、ここではこの仮定が成り立つものとした。もしあなたが統計学の専門家であれば、僕の簡素化した式ほど単純な話ではないと気づくだろう。だけど、染みのあるナプキンの裏に書くにはこれで十分だ。

（＊6）運動した方がいいとは言っても、その運動が「ワニの捕獲」の場合には、科学研究でよく「運動」の例にあがる「早歩き」などと比べて、死亡リスクははるかに高くなるだろう。また、体調が本当に悪い人にとっては、運動によるリスクが高まる可能性がある。

エピローグ

プロセスチーズ、個人の責任、キルバサ

『ハリー・ポッター』シリーズでは、ダンブルドア校長が非のうちどころのない善人で、ヴォルデモートが救いようのない悪人だということを誰もが知っていて、僕らは食べものもこんなふうに単純であればと思う。しかし、食べものはむしろフランスのアート映画『La fin des haricots（ラ・ファン・デ・アリコ）』のようなもので、登場人物全員に欠点があって、何が起きているのかさえよくわからない。

けれど、僕としてはおおむねウォルター・ウィレットよりもジョン・ヨアニディスの見解に同意することが多かった。確かに、前向きコホート研究にはいくつかの強みがある。人びとに特定の食べものを食べる指示など与えず、普段どおりの生活を送ってもらって、長期的なデータが得られる。意味のありそうな関連性が見つかれば、それをランダム化比較試験で検証すればよい。そして、喫煙のように、関連性が因果関係だと確信できるケースもある。しかし、僕が調べた内容を総合すると、こういった種類の研究には、リスクの一四％の変化といったものを検出できるほど、信頼性や正確さがあるとは思えない。また、誰もが——科学者もジャーナリストも一般の人びとも——、二つの事柄のあいだに関連性があるとみると、一方がもう片方を引き起こした原因だと、あまりに安易に考えてしまうように思う。こうした点に目をつぶり、従来の栄養疫学を信じて、超加工食品と死亡リスクが一四％高いこととの関連性に正当性と因果関係があると仮定しても、一四％というのはきわめて小さい値であって、人生の約一年にしか相当しないのだ。

本書の最初のほうで、この旅によって僕の食べものやいわゆる「消費者製品」に対する見方が完全に変わったと書いたのを、覚えているだろうか。確かにそれは事実だが、この旅はそれ以上のものを僕に与えてくれた。科学に対しても、まったく新しく、以前よりも優れた見方ができるようになった。変だと思う人もいるだろう。なんといっても僕は本書の後半一五〇ページを費やして、正当で因果関係のある関連性への道に存在する穴ぼこについて、ひたすら書いているのだから。だが、僕が学んだ最も重要なことは（たぶん最も明白なことでもあるのだけれど）、僕らが食べたり飲んだり吸ったり体に塗ったりしているあらゆるものについての真実を明らかにするのは、見かけよりもはるかに難しいということだった。この世界のほとんどは、純粋で単純な反応によって純粋で単純な生成物が生じるような、基礎有機化学の世界とは違う。むしろ上級有機化学の世界であって、そこではALL HELL BREAKS LOOSE（大混乱）が生じている。どうにかして真実を明らかにしたとしても、その真実が複雑な場合もある。超加工食品によって本当に死亡リスクが一四％も増加することが明らかになったとしても、そこから導き出される答えと同じくらい多くの疑問が生じるだろう。すべての超加工食品が同じように悪いのか？　何が原因で悪くなったのか？　それほど悪くないものに変えられるのか？　いっそ、良いものに変えられないか？

科学の進歩は遅く、その進みは不安定だ。外部からのぞき込んで何が真実かを見極めようとすると、とてつもなくストレスが溜まる。だが、最終的に完成する非常に堅固な「真実の架け橋」は、それをつくりあげた「科学」というプロセスと同じく、とても美しい。

本書では、科学を、企業の資金や権力の影響といった通常の世事とは関係なく発展するものであるかのように描いてきた。だが、もちろん科学も、ほかとの関わりをまったくもたずに機能しているわけではない。過去一五年間にはさまざまな食にまつわる運動があったが、それらへの食品業界の反応に注目してきた人は、業界の主張には、僕の主張と驚くほど似た点があると気づいたことだろう。

たとえば、「分別をもって食べて、心配しすぎない」というのは、「私たち企業側は何を売るかについて規制されるべきではない。何を買い、何を食べるかを選択する側が、自身の心のなかに個々のレベルでの規制をもつべきなのだ」と言い換えられる。同様に、「もっと運動すること」というのは、「こういったひどい超加工食品を食べるという罪を償うために頑張って動くべきなのは、あなたたち消費者であって、私たち企業ではない」との意図を隠した表現だと解釈できるだろう。

アメリカ社会は個人の責任を重んじるので、人びとはこの種の主張に寛容であることが多い。しかし、ある業界が中毒性のある商品をつくっておきながら、一転して、その中毒性に抵抗するのはあなた方の責任ですよと言うのは、おそらく不誠実な態度でもある。この問題を僕らがどう考えるかというのは、突き詰めれば、超加工食品に中毒性があると信じるかどうかなのかもしれない。僕は、間違いなく中毒性があると思っている。多くの人には、後ろめたさを感じつつ食べるのをやめられないものが一つくらいあるはずだ。(僕の場合は Necco のチョコレート味のキャンディだ。あまり理解はされないけれど。)

だが、超加工食品に中毒性があって体に悪いということが証明されたとしても、その後もスーパーの棚に並び続けることだろう。タバコには中毒性があり、肺がんのリスクが一一倍以上になることがわかっているが、数十年経ってもまだ売られているくらいなのだ。仮に、蔓延する肥満の唯・一・の・原・因が超加工食品だとわかったとしても、すべての超加工食品を禁止する法律が成立するとはとうてい思えない。おそらくFOXニュースが『アメリカの食文化とプロセスチーズ』などという番組を放送し、上院で法案が否決されるそのスピード感たるや、腹毛動物が死ぬよりも早いくらいだろう(*)。

とはいえ、炭酸飲料など、特定の超加工食品への課税を積極的に導入すべきだという人もいる。僕は、栄養価がまったくない炭酸飲料への課税は検討に値すると思っている。しかし、超加工食品すべてに課税するのは、とくに安い商品の場合には、ほとんどありえないことだろう。ぎりぎりの生活をしている人のなかには、その安さのおかげで家族が飢えずに暮らせている人もいるはずだ。ケビン・ホールのランダム化比較試験のことを覚えているだろうか? あの研究で食事を用意するためにかかった費用からケビンが概算したところ、二〇〇〇キロカロリーを得るための費用は、超加工食品で約一五ドル、加工を最小限に抑えた食品では二二ドルだった。一年間で一人あたり約二五〇〇ドルの差が出ることになる。四人家族ならば、一年間で一万ドルの差だ。つまり、多くのアメリカ人にとって、超加工食品を買わないという選択肢はない。超加工食品なしの生活は、贅沢なのだ。

この問題には簡単な解決策があるとは思えない。なにしろ、どこかの時点で、僕たちの政治システムという、人間の生活において代替物のない数少ない要素の一つを、通さなければならないのだから。

話を戻そう。

あなたが今も、この本の最初に登場する「健康意識の高い消費者」の意見に共感し、食品や毒性や化学物質の問題を命に関わるものとして深く憂慮していて、念のために栄養疫学のお墨付きを得た「最も健康的な」食事をしたいものだと思っているようなら……この本を読んでも、あなたの科学に対する根本的な考え方は変わらなかったということなのだろう。しかし、正当で因果関係のある関連性への道に存在する穴ぼこなど大した問題ではないと思い込んでいる人でも、食事法を変えたところで寿命は数年ほども変わらないことは認めねばなるまい。

では、食事法を変えることに価値はないのか？

それはあなた次第だ。

今の僕には、寿命を一・三歳延ばすために超加工食品の摂取量を一〇％減らすというのは、取り組むだけの価値があるようには思えない。だけどそれは、僕がまだ若いからかもしれない。三三歳の僕からすると、七七歳と七八・三歳の差はすごく小さく感じられる。だが、自分の死期が近づいてきたら、考えが変わる可能性はある。僕が話を聞いたある人口統計学者はこんなふうに言った。「明日死ぬと言われることと、一五カ月後に死ぬと言われることを想像してみてください。同じ一・三年でも、ずいぶんと長く感じられるでしょう？」

しかし、そもそもこの「一・三年」や「一四％」という数字の正当性や因果関係の有無が、はっきりしないのだ。

僕は、栄養疫学に意味があるかどうかについて、それぞれにまったく違った意見をもつ数多くの科学者にインタビューをした。さらに、このエピローグの執筆中に、長期間の前向きコホート研究の被験者の一人と実際に会って話をする機会を得た。つまり、ほかの人たちの人生をより良いものにしたいと思って、自分の生活に関するデータを提供し、かなり有名な研究に長年にわたり参加していた、寛大な人物だ。こうした人びとが、記憶やp値ハッキング、統計的な不正行為などをどう思うのかが気になっていたのだが、結果としては、それらの問題について話す人はいなかった。研究の結果を受けて、自身の食生活を変えたかどうかを尋ねると、次のような答えが返ってきた。

「自分が、食べた物の単なる総体だとは思っていないんですよ。精神状態や会社勤め、ほかにもたくさんの事柄が、健康に大きく影響しますからね。ですから、バターを食べるのをやめたりしていませんし、ワインも飲んでいます。甘い物も毎日食べていますよ。何かを食べて幸せな気分になるなら、それでいいと思うんです。でも、確かに変化はしています。少しずつですけどね。たとえば、キルバサ（ポーランドのソーセージ）を以前ほどには食べなくなりました」

僕にはこの考えが正しい姿勢に思える。

そして、食べものによってどのくらい余命が変わるかを気にするよりも、もっと重要なことがあると思う。たとえば、気候変動の問題や、子どもにワクチンを受けさせない親が急増している問題などは、人びとの生活にはるかに大きな影響を及ぼすのではないだろうか。

だが、これらについては別の本でまた議論することにしよう。

---

* 腹毛動物とは微小な海洋動物であって、ほんの数日しか生きられない。

おまけ：手指消毒剤はどのようにして働いているのか

さて、手洗い場からどんなに離れた場所でも、あなたの手をしっかりと殺菌してくれる消費者製品、「手指消毒剤」の話をしようか。手指消毒剤とは、厳密には、何をしているものなのだろうか。そして、本当に効果があるのか？　この本全体で確認してきたように、何かに効果が「あるかどうか」と、「どのようにして」働いているのかは、別の話だ。まずは、効果が「あるかどうか」から見ることにしよう。そのために、今から約二五〇年前、一八世紀のオーストリアのウィーンへとタイムスリップするよ。

Willkommen!（ようこそ）。

一七八四年、オーストリアのウィーン総合病院が、今でいうところの産科病棟を開棟した。それから四〇年間で七万一三九五人の赤ちゃんがそこで生まれたが、残念なことに、出産時に八九七人の母親が死亡している。この母親の死亡数を出産数で割った値がいわゆる「妊産婦死亡率」で、母体にとって出産がいかに危険であるかを示す指標だ。一七八四年から一八二二年までのウィーン総合病院における妊産婦死亡率は、出産数一〇〇〇人あたり、およそ一二・六人だった。（＊1）

ここで事態は奇妙な展開を迎える。

一八二三年、この病院の体制が新しくなった。前院長の下では、亡くなった母体が解剖されないこともあったが、新院長に変わると、必ず解剖が行われるようになった。すると、その後の一〇年間で妊産婦死亡率は四倍に膨れ上がり、出産数一〇〇〇のうち五三人もの母親が亡くなるようになった。

とんでもない話だ。

しかし、結論に飛びついてはいけない。この本をここまで読んできたあなたなら、僕が言っているのは関連性のことだとわかるだろう。妊産婦死亡率の高さは剖検と関連があったものの、実際にランダム化比較試験を行った人はいなかった。

そして、事態はさらなる展開を見せる。

一八三三年には、産科病棟が過密状態となっていたため、病院のお偉方は病棟の増築を決めた。それまで一つしかなかった産科が二つになったのだ。そして一八三九年、お偉方が決めたのは、片方の産科では医学生だけを養成し、もう片方では助産師候補生だけを養成することだった。妊婦は二つの産科にランダムに割り振られたので、それぞれの産科にかかった女性たちは、資産や健康状態などの変数がほぼ同じであることが保証された。

つまり、まったくの偶然により、ウィーン総合病院がランダム化比較試験を立ち上げたのだ。そして、優れたランダム化比較試験がそうであるように、二つの産科での違いはただ一つだった。助産師の産科では、剖検も妊婦の定期的な膣内診も行われなかった。一方、医学生の産科では、研修中の医学生が前日に亡くなった母親の解剖をしてから、そのまま手も洗わずに出産間近の女性の膣内診をしていたのだ。

いいかげんにしろと言いたくなるよね。(*2)

この偶然の比較試験は、一八三九年から一八四七年までの八年間続いた。結果はというと、助産師の産科では妊産婦死亡率は一〇〇〇人あたり三三・八人で、医学生の産科ではその三倍近い九〇・二人だった。言うまでもなく、これは誰もが気づくような違いであって、医学生の産科に入院するくらいなら路上での出産を選んだ女性もいたほどだった。

一八四六年のこと、イグナーツ・ゼンメルワイスという二八歳の医師が、ある教授の助手として医学生の産科に加わった。彼はすぐに死亡率の衝撃的な差に気づき、何が起こっているのかを解明しようとした。ブレークスルーは、残念なことに悲劇的な事件によってもたらされた。一八四七年、ゼンメルワイスの友人の医師ヤコブが剖検中にメスで傷を負った。ヤコブは間もなく死亡したが、彼の解剖の結果は、産科で亡くなった母親たちの解剖結果と驚くほど似ていた。ゼンメルワイスはすぐに仮説を立てた。医学生らは、「死体の微粒子」とでも呼ぶべきものによって（意図せずして）手を汚染され、その微粒子を直接女性の膣内にもちこんでいるのではないかと考えたのだ。

しかも、彼は単に仮説を立てただけでなく、そこからさらに踏み込んだ。解決策まで提案したのだ。一八四七年五月、彼は医学生に「サラシ粉」の溶液を使って剖検後に手を消毒することを義務づけた。（今日、これは次亜塩素酸カルシウムと呼ばれ、これに近い化学物質があなたの家のどこかにあるはずだ。そう、漂白剤だ。）その後どうなったか、想像がつくことだろう。妊産婦死亡率は出産一〇〇〇人あたり一二・七人にまで落ちて、助産師の産科の死亡率（一〇〇〇人あたり一三・三人）とほぼ同程度になったのだ。

ゼンメルワイスは手洗いを推進した最初の人物ではないが、手指消毒剤の使用によって命が救われることを現代の科学的手法を用いて証明した最初の人物だ。（ちなみに彼がこれを解明したのは、医学界が、「瘴気」などではなく微生物が病気の原因となることを受け入れる数十年も前のことだ。最近では、さまざまな種類の、想像を絶するほど小さな生命体が存在することが分かっている。その代表格が、細菌、ウイルス、真菌の三種類だ。ほとんどは無害だが、それぞれのカテゴリーのなかには、人間に感染し、あらゆる種類の大惨事を引き起こす悪者も存在している。「ばい菌」と呼ばれる連中だ。）（訳注　「ばい菌」は一般には有害な細菌や真菌を指す言葉だが、この付録ではウイルスも含む表現として使用している。）

理屈のうえでは、今でも漂白剤を手指消毒剤として使用することはできるが、お勧めはしない。長時間の（とくに高濃度の漂白剤への）接触は、痛みを伴い、水ぶくれができたり、皮膚組織が破壊されたりする。だから、アメリカの某大統領から漂白剤の服用を勧められたとしても……、僕なら飲まないね。漂白剤は、（青酸カリのように）微量でも即死するようなものではないけれど、飲んで死んだ人はいる。ちなみに、僕なら漂白剤を注射したりもしない。（一〇〇ミリリットルの漂白剤を頸静脈に注射して集中治療室に入った女性がいる。正直言って、彼女が生き延びたのが驚きだ。）

このように、かつては漂白剤が標準的な手指消毒剤だったわけだが、現在僕らが使っている消毒剤の有効成分ではない。その称号を獲得しているのは、エチルアルコール（エタノールとも呼ばれる）という、あなたを酔わせるまさにその分子だ。奇妙な科学的偶然ではないだろうか？　ほろ酔い気分という楽しいことを引き起こすその同じ分子が、手に着いたばい菌を容赦なく抹殺するなんて、可能なのだろうか。多くの化学物質と同様に、その答えは、「摂取量がすべて」である。

「ほろ酔い」とは、エタノールが僕たちの脳の正常な働きを阻害することで起こる現象だ。摂取量を増やすと、楽しい気分から、一気に咽頭反射の喪失へと移行する。（だから、大学のルームメイトの体を横向きにして、吐いたもので窒息しないようにするのだ。）摂取量をさらに増やせば、過剰摂取の領域に入る。そこは、昏睡や死が起こりえる世界だ。つまり、同じ分子であっても摂取量によって効果が異なるのは、そう変なことではない。変なのは、中枢神経系に広範な影響を及ぼすその効果を、人間が実際に楽しんでいることだ。

それはさておき、主題に戻ろう。エタノールはどうやってばい菌を殺しているのか？

そして、本当にばい菌を「殺して」いるのか？

後の問いの答えはイエスだが、残念ながら、どうやって殺しているのかは実際のところわかっていない。

なぜわかっていないのかって？　まあ、次のような流れの実験をデザインするのは結構簡単なんだけれど。

1　特定の種類のばい菌を決まった量だけ何かに汚染させる。（たとえば、大腸菌一〇〇万個、とか。）

2　たとえば七〇％のエタノール（と三〇％の水）の溶液を、三〇秒間、塗布する。

3　生き残ったばい菌の数を数える。

この実験でわかるのは、ある消毒剤が特定の条件下で特定の種類のばい菌を殺すのにどの程度の効果があるのかだ。一〇〇年にわたり同種の実験が行われたおかげで、六〇~九五%のエタノール溶液は、さまざまな細菌、ウイルス、真菌を殺すのが非常に得意であることがわかっている。ただし、エタノールは、細菌の芽胞(*3)を殺すのが非常に苦手であることもわかっている。それでも全体として見れば、ウイルスも含めて病気を起こす可能性のあるほとんどのばい菌を殺すことに優れている。十分に優れているからこそ、世界保健機関(WHO)は現在、実際に医療従事者に対して、石鹸と水による手洗いの代わりにアルコールベースの手指消毒剤の使用を推奨しているのだ(手があからさまに汚れている場合は除く)。(*4)

つまり、エタノールが効果的であることを示す実験はたくさんあるし、説得力もある。しかし残念ながら、どの実験も、どうして効果があるのか、何も示してくれない。理由を知るためには、違う種類の、しかもはるかに難しい数々の実験が必要となる。なぜか? たとえばあなたが、グリズリーが人を殺した現場に行き当たったとしよう。被害者の頭はぺしゃんこ、手足はすべて切断され、内臓がそこらじゅうに飛び散っている。それが人間だったかどうかすらわからないほどだ。こうなると、この人物が正確に何が原因で死んだのか、突き止めるのは困難だ。強烈な力によって頭部に加えられた外傷か。失血のせいか。両方が組み合わさってのことなのか。エタノールがばい菌を殺すとき、それはまるで狂暴な殺人鬼のように、あらゆるものを破壊する。タンパク質を変性させ(*5)(使い物にならない状態にする)、細胞膜を溶かし、ばい菌の「はらわた」をあちこちにぶちまける。では、これらの損傷のなかで致命傷はどれなのか? 刑事さん、これは難しい問題ですよ。

つまり、エタノールがどのようにばい菌を殺すのか、**正確には**わかっていないのだ。しかし、少なくとも特定の条件下において、ばい菌を殺すことはわかっている。エタノールでも他の消毒剤でも、ばい菌を殺すための多種多様な条件を覚えようとするのは、ものすごく大変なことだ。こういった変数すべてを整理するには、プロセスを化学反応として記述すると役に立つ。

ばい菌＋エタノール→死んだばい菌

こんなふうに書くと、疑問が次々と湧いてくる。

どんな種類のばい菌？

どのくらいのエタノール？

どのくらい時間がかかるの？

ばい菌＋エタノール→死んだばい菌

ばい菌の数は？

これらの疑問の答えから、汚れた手に対処するときに気をつけたい有益な指針が見えてくる。

最初の疑問。どんな種類のばい菌を殺そうとしているのか？　ウイルスか？　細菌か？　真菌か？　これまで見てきたように、エタノールには、細菌の芽胞が相手でなければ、かなり効果的な消毒作用がある。だが細菌の芽胞が相手なら、他のものを使わねばならない（＊6）。

次の疑問。ばい菌の数は？　インフルエンザにかかった人の肺をあなたの手のひらに直接ぶちまけたとしたら、地下鉄の汚染された手すりに一瞬だけ触った場合よりも、はるかに多くのウイルスがあなたの手のなかにあることになる。殺すべきばい菌の数が多ければ多いほど、残る二つの問題について考えなければならない。どのくらいのエタノールを、どのくらいの時間、使用するのか。

どのくらいのエタノールか？　これは二とおりに解釈できるので注意が必要だ。訊かれているのが、エタノール溶液の濃さなのかもしれない（濃さは容量パーセントで測られ、通常、ラベルに記載されている）。エタノールは六〇～九五％の範囲で効果があるため、ほとんどの手指消毒剤は六〇～七〇％のエタノールだ。ウイスキーやウォッカなどのハードリカーは通常四〇％以下のエタノールなので、病気になるのを防ぐのに十分なばい菌を殺すことはできない。一方、訊かれているのが、消毒剤の量の可能性もある。この場合は、次にくる「どのくらいの時間」という問いとある程度関わってくる。

エタノールがばい菌を殺すのに何をしているにせよ、それには時間がかかる。エタノールがばい菌と接触している時間が長いほど、より多くのばい菌を殺すことができる。手に消毒用アルコールを塗ったことがある人ならわかるだろうが、残念ながら、アルコールはすぐに蒸発してしまう。そのため、手指消毒剤は一般的に、自由に流れて広がる液状ではなく、ジェル状になっている。ジェル状ならば、アルコールがすぐに蒸発するのを防ぐことができるので、ばい菌を殺す時間がより長くなる。（加えて、ジェルのほうが、汚さないように使いやすい。）エタノールは効果を発揮するには、通常少なくとも三〇秒はかかる。したがって、手指消毒剤を使用するときには、（a）手を完全に覆うくらいの量を使って、（b）拭き取らないようにする。アルコールがすべて蒸発するまで、隅々までいきわたるように、ひたすらこすり続けること。

ドアノブや蛇口、カウンターなどに使用する表面消毒剤も気になるのではないだろうか。これらの製品には通常、アルコールは配合されていない。アルコールを広い面に散布したり、細かい霧状にして噴霧したりすると、とくに引火しやすくなるからだ。（感染症にかからない代わりに住宅火災を起こしたい人はどこにもいないはず。）表面消毒剤に使用される有効成分の種類は多く、ばい菌を殺すのにかかる時間もまちまちだが、たいていは三〇秒よりもずっと長くかかる。そこで非常に重要なのが、ウイルスや細菌を殺すと謳うどんな製品でも、裏面の使用方法をしっかり読んだうえで、その使用方法をちゃんと守ることだ。たいていのスプレー式や拭き取り式の製品に記載されている使用方法によると、消毒剤で表面を十分に濡らし（ばい菌を殺すのに十分な量であることを確実にするため）、四〜一〇分間放置する（消毒剤が役割を果たすのに十分な時間があることを確実にするため）ことが求められる。「量」あるいは「時間」をケチってしまうと、ラベルに謳われる効果を十分には得られないだろう。

もう一つ、手指消毒剤にも表面消毒剤にもあてはまるのだが、先ほどの式では扱わなかった暗黙の条件がある。それは、手であっても表面であっても、泥や油、あるいは尿、便、血液、鼻水、嘔吐物、唾液などの体液で「目に見えて汚れている」場合には、手指消毒剤も表面消毒剤も使用すべきではないことだ。代わりに、石鹸と水で十分に洗わなくてはならない。

なぜって？

具体例として手指消毒剤について見てみよう。エタノールがどのようにばい菌を殺すのか、正確にはわかっていないが、タンパク質を変性させることはわかっている。タンパク質を、本来の機能的な形から、形がなく、仕事をせず、くっつき合ってしまうような役に立たない塊へと変えるのだ。多くの科学者は、タンパク質の変性や凝集が、エタノールのもつ殺菌力の少なくとも一部に寄与していると考えている。そこで、先ほどの化学反応にもう少し肉付けすると、このようになる。

ばい菌のタンパク質＋エタノール → ばい菌の変性・凝集したタンパク質

さて、あなたの手の全体に血液がこびりついているとしよう。血液には大量のタンパク質が含まれている。このときの化学反応は次のとおり。

ばい菌のタンパク質＋血液のタンパク質＋エタノール → ？

そこにはばい菌のタンパク質だけでなく、血液中のすべてのタンパク質があるわけだ。エタノールには、血液のタンパク質に目もくれずばい菌のタンパク質だけに向かう、といった知恵はない。両方のタンパク質に反応するので、ばい菌のタンパク質を変質させるためのエタノールの量が少なくなる。要するに、血液中のタンパク質（およびさまざまな種類の汚れや垢や体液に含まれるタンパク質）が、ばい菌のタンパク質を消毒剤から守る盾になる可能性がある。なので、手に何かしらの汚れがついていたら、石鹸と水でしっかりと洗うようにしよう。物の表面も同様だ。汚れがこびりついていると、それによってばい菌が消毒剤から守られるかもしれない。石鹸と水（とゴシゴシ洗うこと）によって、すべての汚れを分解して、ばい菌を洗い流すことができる。

最後になるが、「人を酔わせるエタノール」と「手を消毒するエタノール」はまったく同じ分子なので、手指消毒剤で酔っ払うことはできるのかと気になる人もいるだろう。方法は、飲むのでもいいし、手にたっぷりすり込んで、アルコールを皮膚から浸透させて血流に乗せるのでもいい。最初の方法については、手指消毒剤のメーカーは通常、「苦味料」と呼ばれるまずい化学物質を添加して、人に飲ませないようにしている。（イソプロパノールという酔わないアルコールをベースにした消毒剤もある。）二番目の方法については、実際にいくつかの研究がなされている。最大規模の研究では、二〇名の医療従事者が超高感度の酒気検査と血液検査を受けてから、一時間のうちに手指消毒剤を三〇回使用して、その後で同じ検査を再び受けた。その結果、二〇名のなかにはエタノールが実際に検出された者もいたが、その値は非常に低い水準で、酔っ払い運転の確認で使われる標準的な検査では検出できないような値だった。というわけで、消毒剤を、はいどうぞ。

（＊1）　一八世紀後半に比べれば、今日の出産はずっと安全だ。イギリスでは、最近の妊産婦死亡率は出産数一〇万人あたり一〇

人未満であり、二〇〇年前に比べると一〇〇分の一という低さになっている（パーセンテージでいうと、リスクが一万％小さいということ）。

（＊2）医学生が剖検後に手を洗ったかどうかについては、資料により見解が分かれる。手を洗わなかったと主張する人もいるし、手は洗っていたが、その後も医学生の手には死体のような臭いが残っていたという人もいる。

（＊3）芽胞は第3章ですでに登場している。休眠状態の細菌で、殺すのが難しく、注意しないと再活性化する。

（＊4）この推奨は、一般の消費者には適用されない。理由はこうだ。医療従事者は一日に一〇〇回以上も手を洗うことがある。そのため、素早くできて、超便利で、素晴らしく効果的な方法を必要としている。そして、手指消毒剤はそのニーズにぴったりなのだ。僕ら一般人はそんなにしょっちゅう手を洗うわけではないし、感染症の患者さんの相手をいつもしているわけではないので、石鹸と水で十分だ。

（＊5）変性とは、タンパク質の三次構造の大規模な破壊であって、まずほとんどの場合、タンパク質はその機能を果たせなくなる。

（＊6）たとえば、クロストリジオイデス（以前のクロストリジウム）・ディフィシル感染症にかかっている人と接触したりしなければ、危険な細菌芽胞にさらされることはおそらくない。

謝辞

僕の編集を担当してくれているダットン社のスティーブン・モローに感謝したい。おかげでこの本が、母親でなければ読もうとも思わないようなものから、母親が本当に読みたいと思うものへと変わったよ。

母さんと父さんへ。二人の愛情と配慮、サポート、寛大さ、そしてどこまでも続く楽観性がなければ、この本は誕生していなかった。ありがとう。

ジュリア、最高の君、本当に愛しているよ。それと、僕と別れないでいてくれてありがとう。ミゲル、君のおかげで人生という壁を登り続けることができている。パスカル、カリーヌ、ミュリエル。黒ずくめの服を着て、それぞれの自宅に忍び込んだことを覚えているかい？　僕は今でもやってるよ。ヴォイテクとリッキー、いつかゴルフを再開することを誓う。いつも無料セラピーをしてくれてありがとう。ケニー、君が読んでくれている原稿は、ちょっと古いものだからね。ケンプ家のみんな、ケンプ家の一員として扱ってくれてありがとう。ケルス、クリスティーナ、僕の顔にケチャップがついているのに気づいたら、今度は教えてくれ。アンドルー、経済学っぽいレビューをありがとう。クラウディア、海外に電子機器を発送したいときには、いつでも僕に任せてくれ。ダン、今度は君の本を読むのが待ち遠しいよ！　ニーナ、励ましの言葉と、山の写真をありがとう。ワシーム、シッギ、ライカ、フレンドシップ・レーンに行くのを楽しみにしているからね。トニーとパトリシア、この本の多くの部分は君たちの家で書いたんだ。二人の励ましとサポートに感謝しているよ。これからもガーデニングの手伝いをするのが楽しみだ！　ノッチ、舐めまわされるとはいえ、懐いてくれて嬉しいよ。

エリザベス・チェへ。本書の前身であるウェブ番組『Ingredients』の形がまだ定まっていなかった頃に、方向性を与えてくれたことに感謝する。エリザベスと僕の番組制作に協力してくれた、ジェームズ・ウィリアムズ、ダニエル・スタインバーグをはじめとする「ナショナルジオグラフィック」のチームのみんな、ありがとう。（第二シーズンをつくるのなら……今が一番いいタイミングだよ！）スーザン・ヒッチコックのおかげで、この「本を書くこと」のすべては始まったんだ。ナショナルジオグラフィックへの売り込みに誘ってくれて、さらに、彼女のエージェントであるジェイン・ディステルに紹介してくれたね（今では僕のエージェントでもある）。

ジェインからのメールのタイトルに、本書誕生の舞台裏が見て取れるよ。

「興味があります」

「確認したいこと」

「確認したいこと、その2」

「ぜひお話したく」

「ぜひぜひお話したく」

「執筆のお願い！！！！」

ジェイン、本当にありがとう。

この本は、以下の方々の信じがたいほどの寛大さがなければ実現しなかっただろう。スー・モリッシー、グレン・ラスキン、デイブ・スモロディン、フリント・ルイス、そしてアメリカ化学会（ACS）の人事部の皆さん。本書執筆のために、僕は六カ月間の休みをもらって、その後に再開させてもらえた。そんなACSの寛大さのしわ寄せをもろに受けたのがヒラリー・ハドソンだ。僕がいない間にしっかりとプロジェクトを管理してくれてありがとう。そして、動画シリーズ『Reactions（化学反応）』製作チームの他のメンバーへ。スティーヴィー・ニックスをバスケットボールチームのニューヨーク・ニックスの選手だと思い込んでいた僕の誤りを正してくれてありがとう。この本に含まれている考え方や意見、つまらない冗談の数々は、すべて僕個人によるものであってACSにその責はないことをここに明言する。

ケイトリン・マーレー、おかげでいくつもある釘を避けて通ることができた。あなたには何カ月も前に草稿を送るべきだったね。鋭くて思慮深いあなたから、もっといろんな指摘を受けられただろうから。制限なしで書かせてもらえたことに感謝している。ダグラス、お前にこそ目に物見せてやるからな。クリスティン・ボールとジョン・パースリー、君たちが結成してくれた優秀なチームのおかげで、ダットン社がこの本が生まれるための完璧な場所になった。ハンナ・フィーニー、メモをとってくれたことと、僕の八七二個のバカな質問にとてつもない忍耐力をもって答えてくれたことに感謝する。ケイトリン・カル、直接会ったことはないけれど、カバー絵の巨大なあれみたいなチートスを見た瞬間に、旅の仲間にふさわしいユーモアセンスの持ち主だと感じたよ。ローリー・パグノッツィ、一一ポイントの

Times New Romanから素晴らしく読みやすい本をつくってくれたね。デイヴィッド・チェサノフ、確かに僕らはコンマの使い方について意見が衝突したけれど、ディズニーに関する僕の恥ずかしい間違いを全部拾ってくれたから、決闘は延期することにしよう（もう二度と「ホール・ニュー・ワールド」の出所については間違わないからね）。ジョエル・ブロイクランダー、スーザン・シュワルツ、レイラ・シッディーキー、ありがとう。ペンギン・ランダムハウスの法務部の皆さん、免責について感謝しています。あれに似たチートスについては、申し訳なかったけど。同じくダットン社から本を出していて、以前はご近所さんだったダニエル・ストーン、見通しを教えてくれたこととウイスキーをありがとう。ジョン・エッシグマン、彼女と別れたばかりの大学生を午前一時に慰めるよりももっとマシなやるべきことがあっただろうに、眠らずにそうしてくれたよね。あなたがいるおかげで、ＭＩＴは温かくて親しみやすい場所になっている。

　本当にたくさんの科学者がこの本の原稿を読んでくれて、間違いを指摘してくれたり、追加すべき情報を教えてくれたりした。レジーナ・ヌッツォは統計学の素晴らしい師匠であって、彼女が時間とエネルギーを費やしてくれたおかげで、第Ⅲ部の内容が大幅に改善された。ジェイ・カウフマンは疫学の良心だ。アリソン・ファン・ラールテとミハウ・エンゲルマンは人口統計学の女神たち。そして、ジョン・ディジオバンナは太陽光のスーパーヒーローだ。デニス・ビアー、愚痴を言いたくなったらいつでも電話してくれ。タイラー・バンダーウィール、授業を参観させてくれてありがとう。キャサリン・フリーガル、議論の相手をしてくれたことに感謝する。ウォルター・ウィレットは、たぶんこの本の内容の九〇％に同意していないと思うんだけど、それでも完璧に礼儀正しく、温かく接してくれた。ディラン・スモール、因果推論の議論に飛び入り参加させてくれてありがとう。デイヴィッド・ジョーンズ、二〇〇六年のエッセイを譲ってくれてありがとう。シェリー・プシュー＝ハストン、素晴らしく詳細なメールに感謝している。デイヴィッド・シュピーゲルホルター、予定していたインタビューの開始時間が二〇分も遅れ、お待たせしてしまってすみません。正直なところ、どうしてあんなことになったのか今でもまるでわからないのだけれど。

以下に挙げるたくさんの人たちは、正確な事実を伝えるために大切な時間を惜しみなく費やしてくれた。ケン・アルバーラ、デイヴィッド・アリソン、フィリップ・オーティエ、チャーリー・ベーア、レイ・バーベヘン、ボブ・ベッティンガー、ダグ・ブラッシュ、ダン・ブラウン、ケリー・ブラウネル、ビンセント・カンナターロ、デイヴィッド・チャン、ピーター・コンスタベル、アリッサ・クリッテンデン、ジェニファー・デブロイン、パティー・デグルート、ブライアン・ディフィー、ジョアンナ・エルズベリー、スコット・エバンス、クリー・ガスキン、クリス・ガードナー、ロス・グリアドウ、サンダー・グリーンランド、ゴードン・ガイアット、ケビン・ホール、ビル・ハリス、スティーブン・ヘクト、メロニー・ヘロン、ミッシー・ホルブルック、ケーシー・ハインズ、ジョン・ヨアニディス、グルナツ・ジャバン、ニシャド・ジャヤスンダラ、レネ・イェスペルセン、ティム・ジョーンズ、シャンタル・ジュリアア、マーティン・カタン、デイヴィッド・クルフェルド、スーザン・ノーコル、クリスティーネ・コノプカ、デイヴィッド・クプスタス、トレーシー・ローソン、ビル・レオナルド、ジェームズ・レッツ、ヤンピン・リー、ルーシー・ロング、デイヴィッド・マディガン、ラムジー・マーカス、ファビアン・ミケランジェリ、カルロス・モンテイロ、リーフ・ネルソン、ローラ・ニーダーンホーファー、ブライアン・ノセック、サム・ヌーゲン、ベッツィ・オグバーン、ウリ・オスターワルダー、チラグ・パテル、トム・パーフェッティ、オースティン・ローチ、アンドレアス・サシェジー、デイヴィッド・サヴィッツ、レオニード・サザノフ、ロドニー・シュミット、カティア・シンダリ、カット・スミス、ジョージ・デイヴィー・スミス、バーナード・スルール、ヤネス・スターレ、ヴァス・スタヴロス、ドーニー・ステッドマン、マイケル・ステップナー、ダイアナ・トーマス、ボブ・タージョン、ピーター・アンガー、リー＝ジェン・ウェイ、ボブ・ワインバーグ、フォレスト・ホワイト、トルステン・ウィル、アダム・ウィラード、セラ・ヤング、スタン・ヤング。

そして、最後になったが、僕が今こうしてあるのを助けてくれた以下の皆さんに感謝したい。バッセム・アブダラ、ヒラリー・ボウカー、マギー・アブ・ファディル・チニアラ、サミーラ・ダスワーニ、アレックス・フランク、マックス・ハント、タラ・ニコラス、マイク・ラグネタ、ガブリエル・セカリ、アレックス・スナイダー、リサ・ソング、アマンディン・ウェインロブ。

出典

僕が参考にした情報源のすべてを紙面に印刷して紙資源を無駄にするよりは、サーバースペースを無駄にすることにした。www.ingredientsthebook.com に、原論文へのリンクを含めて出典の全一覧を掲載したので、アクセスしてほしい。本書で何か誤りがあれば、oops@ingredientsthebook.com にメールしてくれれば、しっかりと調べるからね。

訳者あとがき

本書のタイトルを見て、「加工食品や日焼け止めが体に悪いか悪くないか、論文を1000本も読んだ人が、ズバリ回答してくれるんだ！」と素直な気持ちで手に取ったあなた。そんなあなたこそ、この本を読むべき人です。というのも、この本は、私たちが自ら選んで体内に取り込んだり体表面に塗りつけたりするものについて、悪いか悪くないかという答えが科学的に明らかになっているものはほとんどないことを、そして、ズバリ回答してくれるような人や文章を安易に信じてはならない理由を、教えてくれるからです。

それだけではありません。そういった答えが簡単には明らかにならない理由がわかるし、どこまでがわかっているのか、何が確実だと言えるのかを教えてくれるし、科学的結論にいたるまでの過程の面白さを存分に伝えてくれるし、さまざまな視点でものを見る訓練にもなります。その結果、科学的に見える言説をまずは疑って、一歩引いて考えることができるようになるでしょう。とはいえ、不信感に満ちた本ではありません。科学への愛情と信頼と好奇心に溢れた本であることを保証いたします。

「もう少し具体的に」とか、「章タイトルから内容がよくわからない」といった声が聞こえてきそうなので、参考のために各章の内容をざっくりまとめます。（もちろんすべてではありません。本書の醍醐味は細部や脱線にこそあるので、本文をじっくりとお読みくださいね。）

第1章は、加工食品の定義の難しさ、喧伝される超加工食品と高い死亡リスクとの関連性について。

第2章は、植物が自らを食物へと変える光合成の仕組み、樹液の配管システム、植物毒の仕組み、人間の最初期の「加工」である毒抜き。

第3章は、微生物による腐敗、防腐処理としての加工、アブラムシの甘露、風味づけとしての加工。

第4章は、喫煙が肺がんの原因だと証明する研究の積み重ね、科学的理論の重み、紙巻きタバコと電子タバコの違い。

第5章は、日焼けの仕組み、日焼け止め剤の成分や仕組み、SPFの測定法、日焼け止め剤の選び方。

第6章は、栄養疫学の研究結果に見られる矛盾の多さ、栄養欠乏症、関連性、因果関係について。

第7章は、正当な関連性の証明を妨げる数々の障壁について。特に、偶然による関連性、その指標となるp値と、p値ハッキング（統計的不正の一種）。

第8章は、さらなる障壁である交絡関係と研究デザイン（ランダム化比較試験、観察研究、化学的仕組みの解明）、研究結果の種類と質について。

第9章は、栄養疫学の派閥争い、メディアや記憶や観察研究の問題点、健全な科学について。

第10章は、生命表、死亡リスクの寿命への換算、食生活の変化を誘う嘘について。そして必読の、**作者からのアドバイス**で締めくくられます。


本書では、私たちの思考に影響を及ぼす心理的枠組みについても、しばしば触れられます。たとえば、壊血病がビタミンC不足により発症しビタミンCの摂取で快癒することを解明した成功体験から、ほかの病気も何か一つの食品で治療できるという話を信じやすくなっていること。p値にまつわる思い込み。そして、関連性（相関）があるだけで因果関係を想定してしまうことなどです。

特に、関連性と因果関係は本書後半の大きなテーマなのですが、翻訳に際して自分自身もこの心理的枠組みに囚われているのだと痛感しました。たとえば、「卵は心臓病のリスクが二七％高いことと関連性あり」という記事タイトルが登場しますが、これがどうもぎこちなく感じられ、ついつい「卵によって心臓病リスク二七％上昇」などと因果関係の文章へと書き換えそうになるやら、「増加」「高リスク化」などと因果関係を思わせる表現を使いそうになるやら。何かの宣伝をするべく盛って断定的に書こうといった意図があるわけではなく、ただ自然で読みやすい（記事タイトルらしい）文章を心がけただけで、無意識にそんな文章へとずれそうになるのです。関連性の文章をぎこちなく感じること自体が、そういった考え方に慣れていないことの表れなのだろうかなどと考えながら、大量の関連性の文章に最後まで気を抜けない翻訳作業となりました。

軽いノリに見せかけて恐ろしく誠実に書かれた本書の著者、ジョージ・ザイダンは、ＭＩＴで化学の理学士号を取得。教育面で高い評価を受け、ティーチングアシスタントとしての貢献によりＭＩＴで表彰されただけでなく、教育関係の複数の団体からの受賞歴があります。著者紹介に詳しいように、科学コミュニケーターとして数々の番組制作に携わっています。ＴＥＤ提供のＴＥＤ－Ｅｄでもアニメ教材を複数制作しており、本人がナレーションをつとめ、日本語字幕もついているので、ぜひご視聴ください。本書に登場するアブラムシのメイベルが主役を張る動画もあります。「なぜケチャップを出すのに苦労するか」などもおすすめです。

最後になりましたが、株式会社化学同人の後藤南さん、上原寧音さんをはじめ、お世話になった皆様方に深く感謝申し上げます。また、夫・弘士にも感謝を。彼が買ってきたお惣菜の数と翻訳時期とのあいだには、偶然による関連性ではなく、因果関係がありそうなので。

二〇二三年七月

藤崎 百合

【ま】

【や】

【ら】

【た】

【な】

【は】

索　引

【語句・数字】

【あ】

■著者紹介

ジョージ・ザイダン（George Zaidan）

ジョージ・ザイダンは科学コミュニケーターであり、テレビ番組やウェブ番組の司会および制作を務める。ナショナルジオグラフィックによるウェブ番組『Ingredients: The Stuff Inside Your Stuff（イングリディエンツ：あなたの何かのなかにある何か）』を製作し、MIT のウェブ番組『Science Out Loud』を監督した。彼の取り組みは、『ニューヨーク・タイムズ』紙、『フォーブス』誌、『ボストン・グローブ』紙、『ナショナルジオグラフィック』誌、NPR が発行するブログ『The Salt』、NBC の科学記事『Cosmic Log』、『サイエンス』誌、オンライン経済メディア『ビジネスインサイダー』、技術情報サイト『ギズモード』などで紹介された。ザイダンは現在、アメリカ化学会の動画シリーズの製作責任者を務めている。本書はザイダンの第一作である。

■訳者紹介

藤崎 百合（ふじさきゆり）

高知県生まれ。名古屋大学の理学系研究科にて博士課程単位取得退学。訳書に『ぶっ飛び！科学教室』（化学同人）、『博士が解いた人付き合いの「トリセツ」』（文響社）、『生体分子の統計力学入門』（共訳、共立出版）、『ディープラーニング革命』（ニュートンプレス）、『すごく科学的』『ハリウッド映画に学ぶ「死」の科学』（草思社）などがある。

体に悪い、悪くない、ホントはどっち？
体内に取り込む化学物質が気になったから論文 1000 本読んでみた

2023 年 8 月 25 日　第 1 刷　発行

訳　者　藤 崎　百 合
発行者　曽 根　良 介
発行所　（株）化学同人

検印廃止

〒600-8074　京都市下京区仏光寺通柳馬場西入ル
編集部　Tel 075-352-3711　Fax 075-352-0371
営業部　Tel 075-352-3373　Fax 075-351-8301
振　替　01010-7-5702
e-mail　webmaster@kagakudojin.co.jp
URL　https://www.kagakudojin.co.jp

印刷・製本　創栄図書印刷株式会社

ISBN 978-4-7598-2342-4